精品课堂

室内设计手绘精讲精练

火星时代　主编

罗晨盈　编著

人民邮电出版社

北京

图书在版编目（CIP）数据

精品课堂 ：室内设计手绘精讲精练 / 火星时代主编；罗晨盈编著. -- 北京 ：人民邮电出版社，2024.8
ISBN 978-7-115-63645-4

Ⅰ. ①精… Ⅱ. ①火… ②罗… Ⅲ. ①室内装饰设计－绘画技法 Ⅳ. ①TU204.11

中国国家版本馆CIP数据核字(2024)第028235号

内 容 提 要

本书主要介绍手绘在工作中的应用、学习室内设计手绘前的准备工作、线条的绘制方法和排列方法、材质的表现方法、透视原理、单件家具的表现方法、家具组合的表现方法、室内空间的徒手表现方法、彩色铅笔和马克笔的表现方法、不同风格空间的手绘表现方法和平面布置图的手绘表现方法等。

本书适合从事建筑设计、景观设计和室内设计的人员阅读，也可供手绘初学者参考。

◆ 主　　编　火星时代
编　　著　罗晨盈
责任编辑　张天怡
责任印制　陈　犇
◆ 人民邮电出版社出版发行　　北京市丰台区成寿寺路 11 号
邮编　100164　　电子邮件　315@ptpress.com.cn
网址　https://www.ptpress.com.cn
雅迪云印（天津）科技有限公司印刷
◆ 开本：787×1092　1/16
印张：18.75　　　2024 年 8 月第 1 版
字数：373 千字　　　2024 年 8 月天津第 1 次印刷

定价：79.00 元

读者服务热线：(010)81055410　印装质量热线：(010)81055316
反盗版热线：(010)81055315
广告经营许可证：京东市监广登字 20170147 号

内容介绍

本书共13课。主要内容如下。

第1课讲解手绘在工作中的实用性和手绘快速表现技法的艺术性，并提供学习方法与建议。

第2课讲解学习手绘时需要用到的工具，包括笔、纸、尺子和各种辅助工具。

第3课讲解手绘线条的特点和线条的连接方法。

第4课讲解线条排列的作用、线条排列的方向和方法。

第5课讲解如何使用线条排列来表现不同物品的材质。

第6课通过生活中的透视现象讲解一点透视原理、两点透视原理、一点斜透视原理、圆形透视等。

第7课讲解家具表现基础和家具绘制步骤。

第8课讲解家具组合的透视方法和各空间家具的组合表现。

第9课讲解室内空间几何体的徒手表现、室内空间的徒手表现。

第10课讲解彩色铅笔的表现方法与几何体绘制步骤、彩色铅笔的家具表现、彩色铅笔的家具组合表现和彩色铅笔的空间表现。

第11课讲解马克笔的表现方法与几何体绘制步骤、马克笔的家具表现、马克笔的家具组合表现和马克笔的空间表现。

第12课讲解不同风格空间的色彩表现，这些空间的风格分别是现代风格、后现代风格、混搭空间、新中式风格、欧式古典风格、法式风格和北欧现代风格。

第13课讲解平面布置图绘制基础、家具平面布置图绘制、卧室平面布置图绘制和平面布置图的色彩表现。

本书特色

本书内容循序渐进、理论与应用并重，能够帮助读者实现从入门到进阶的提升。此外，本书综合了作者在长时间的教学工作中积累的手绘学习方法和自身从事室内设计的经验，增加了许多实用的室内设计手绘技法，有助于读者深入理解本书内容。本书具有以下特色。

- **理论知识与实践案例相结合**。在室内设计手绘的技法方面，本书详细讲解了不同风格、不同类型的室内空间线稿表现；使用彩色铅笔、马克笔的色彩表，进一步增强了本书的实现方法等，再通过案例加深读者的理解，让读者真正做到活学活用。
- **结合丰富的素材展开讨论**。本书结合大量的室内设计手绘图样展开讨论，旨在为手绘初学者进行室内设计手绘训练提供参考。

· **重视实践训练**。本书从绘画基础（包括线条的绘制、笔触训练、透视技法、着色技巧等）开始讲述，大部分课的后面有作业，有助于读者在练中学。

读者收获

学习本书后，读者不仅可以熟练地掌握室内设计手绘的方法，还可以深入理解不同风格、不同类型的室内空间表现，以及不同家具的组合表现和着色技巧等。

罗晨盈

作者简介

罗晨盈　本科就读于江西师范大学，研究生毕业于中国人民大学，从事室内设计行业工作15年，在手绘方面具有丰富的教学和实践经验。获得的奖项有第10届中国国际空间设计大赛餐饮空间工程类铜奖、第12届中国国际空间设计大赛居住空间工程类银奖等。目前主要工作内容是讲授室内设计课程，承接室内设计项目与软装设计项目。

目录

目录

第6课 透视原理

第7课 家具表现

第8课 家具组合表现

第 9 课 室内空间的徒手表现方法

第 10 课 彩色铅笔的表现方法

第 11 课 马克笔的表现方法

目录

第12课 不同风格空间的手绘表现方法

第13课 平面布置图的手绘表现方法

第 1 课

手绘在工作中的应用

随着科技的发展，计算机成了设计师的必备工具。计算机虽然能够准确表达出施工所需要的精确数据和细节，但是难以完全表达设计师的想法和设计作品的“灵魂”。使用计算机简化了设计的过程，同时减弱了艺术的氛围。因此，手绘在设计师的工作中是不可或缺的，手绘可以让设计师把“突如其来”的灵感和想法立刻记录下来，这对设计是非常重要的。本课将讲解手绘在工作中的实用性、手绘快速表现技法的艺术性，并给出学习方法和建议。

第1节 手绘在工作中的实用性

手绘能力对室内设计师非常重要，它不仅能体现设计师的艺术功底和设计思维，还能提升设计师的创新能力，帮助设计师更好地完成作品。图1-1展示的就是一幅室内设计手绘作品。

图1-1

手绘是一门艺术，它能很直接地表达设计方案和思路，以便设计师和客户更好地沟通。设计师用手绘来表达自己的设计思想。

优秀的设计作品通常源于新颖的想法或独特的创意，而这些都是设计师最初的设计理念的延续，手绘是这些设计理念最直观的表达方式，这种表达方式胜过语言的描述，如图1-2所示。虽然现在的室内设计工作大多用计算机软件来完成，施工方案所需要的精确数据需要用计算机软件表达出来，但是手绘才能准确表达出设计师的内心和作品的“灵魂”。

学习手绘是一个长期的过程，需要具备美术基础以及进行长期积累和练习，这样才能让设计师的设计理念得到完全的释放，让设计师熟练地应用手绘表达自己的设计思路，做到设计思路和表现一体化。

图1-2

知识点 1 培养设计师的观察能力

不同职业的人员通常会从不同的角度去观察同一个事物，历史学家看见建筑时会研究它的建造年代和历史价值，画家会去看它的整体及色调，建筑设计师会研究它的构造，室内设计师则会研究它的内部装潢及细节布置。一个优秀的室内设计师不仅要研究建筑的内部，还要学会如何观察建筑的整体（见图1-3），如点线面的特点、线条与自然环境元素的对比等，在不知不觉中提高视觉修养，增强对事物的敏锐度，提高洞察力。

图1-3

对色彩的感觉是可以培养的。大自然具有最美的风景，大自然的色彩与建筑的色彩之间的联系可以通过手绘的形式来表达，如图1-4所示。不同色彩的融合与相互搭配可以加深大家对色彩的理解和对色彩的印象，提升对色彩和色调的控制能力。

图1-4

在对事物进行观察时，要同时兼顾整体和局部。例如，当大家看到古典建筑时，第一印象通常是它的外形、肌理、历史感、材质及周围的环境，这是对建筑的整体观察，而这些信息给人的印象大多是浅显的。如果要更深入地理解它或者收集更多的信息，就需要对建筑的局部（如窗户的构成及其原理、材质的运用和点线面的关系等）进行观察。大家应带着这样的疑问去观察建筑的图案、造型、比例之间的关系，如图1-5所示。长此以往，这种多角度的观察就会让人形成一种习惯，这不仅可以拓宽视野，还可以让人有意想不到的灵感。

图1-5

例如，图1-6所示的建筑中的柱子比较引人注意，而柱子在室内设计中是常用元素。大家可以在平时把它们画下来，画的同时去分析它们的结构，让自己对这些元素产生记忆，在需要的时候把它们放入自己的设计创意中，让这些元素在室内空间中的比例与形式和整体结合起来。

图1-6

知识点 2 素材的积累与记录

“生活中从不缺少美，而是缺少发现美的眼睛。”从事设计工作的人需要发现美的眼睛。当大家看到美丽的风景时，要知道它不只是一处风景，还要发现这处风景里季节的变换、颜色的重叠、颜色的层次等，可以尝试在脑海中创建整幅画面的构图，或者将画面拆分成小的部分，再组合成新的景象，如图1-7所示。长期积累生活中发现的事物会开阔你的思路，增强你对事物的感知能力，这对设计工作无疑是一笔财富。

图1-7

当大家发现一些新鲜事物或美好事物时，可能都想要记录下来。对于从事设计工作的人员来说，使用随身携带的速写本把这些记录下来要比使用照相机更好；在记录的过程中，感受到的不只是美不胜收的风景，更多的是对细节的深入刻画、对结构的透彻理解、对形式的具体分析，如图1-8所示。这可以刺激大脑去思考和加深对它们的印象，因此养成速写记录的习惯会给大家带来很有价值的收获。

图1-8

速写记录的习惯还会影响大家观察事物的角度，无论是一棵植物、一座房子还是一枚贝壳，都会让大家在记录的过程中关注其造型，这些信息都会影响设计过程中的思考。

例如，图1-9所示的建筑有江南水乡的意境，记录的工具可以是钢笔、水彩笔或马克笔，概括出的轮廓是设计师对建筑的解读。虽然图1-10这样的速写记录的只是简单的外形，但是大家在记录过后应该知道这样的建筑会有什么样的结构，包含什么样的图形，在以后进行创作时能适当地融合什么元素。这样的记录形式是新颖的，当大家尝试用不一样的方式去表现一座建筑时，可以用大面积的空白留给别人想象的空间，也可以细腻地表现建筑的屋檐或者窗户。这些都能显现个人的创造能力，设计需要的正是这样的能力。

图1-9　　图1-10

知识点 3 分析与探索的能力

通常设计师会有自己的记录本，上面可能会有一些数据、设计元素、想法等，可能是在工作之余记录的一些元素，或者是在工作时遇到的一些问题。经常翻阅记录本，能更好地激发创作灵感。从图1-11中可以看出，记录本上的东西大多是随手记录的，不是井然有序的。

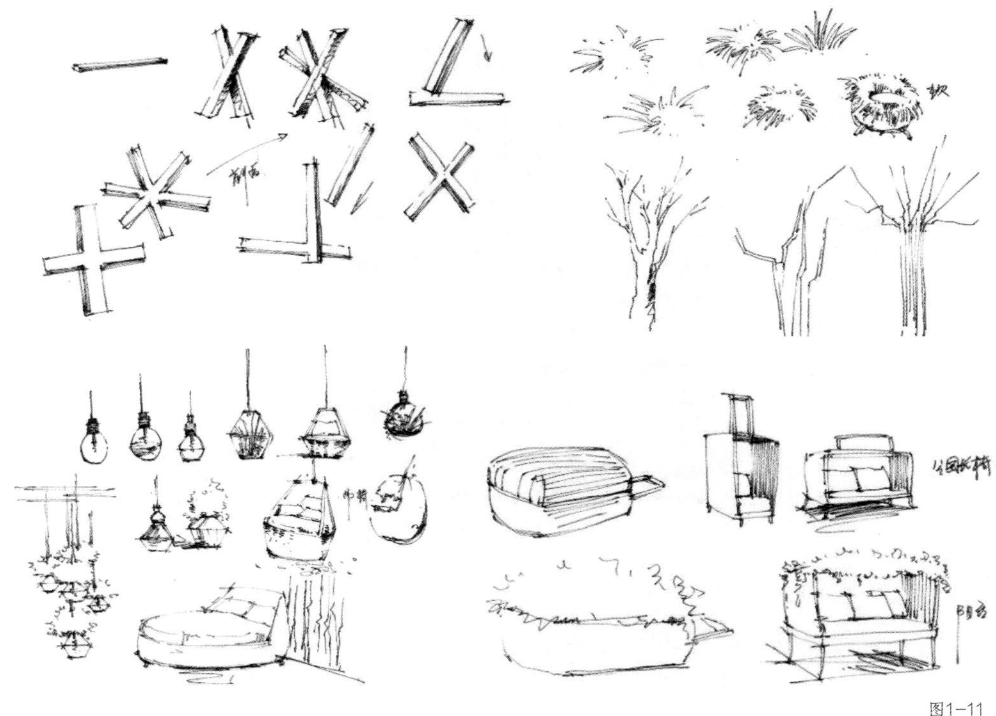

图1-11

当大家记录的素材积累到一定量时，就可以经常去分析、研究、概括或者重新组合，在组合的同时去分析与探索，分析造型、特征、记录的关键词等，如图1-12所示。

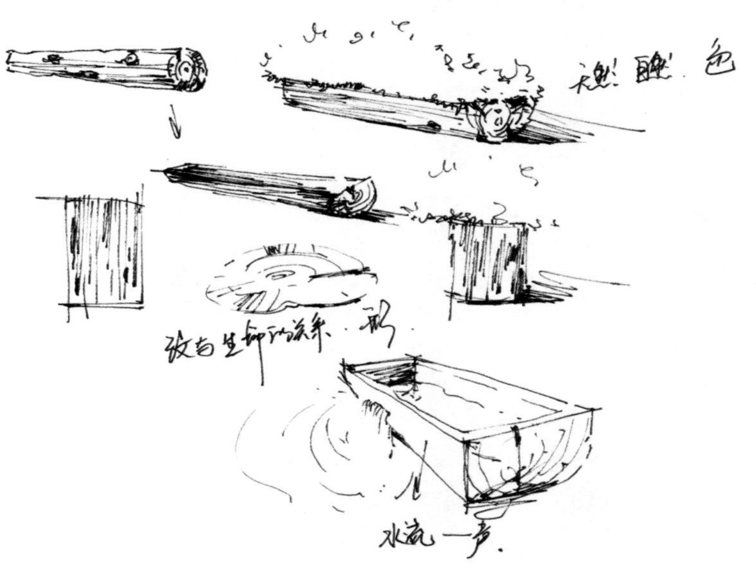

图1-12

在做分析的过程中，大家可以尝试总结造型、简化细节、精选要点，也可以进行元素比较，再在实际的设计案例中反复地推敲与应用，如图1-13所示。

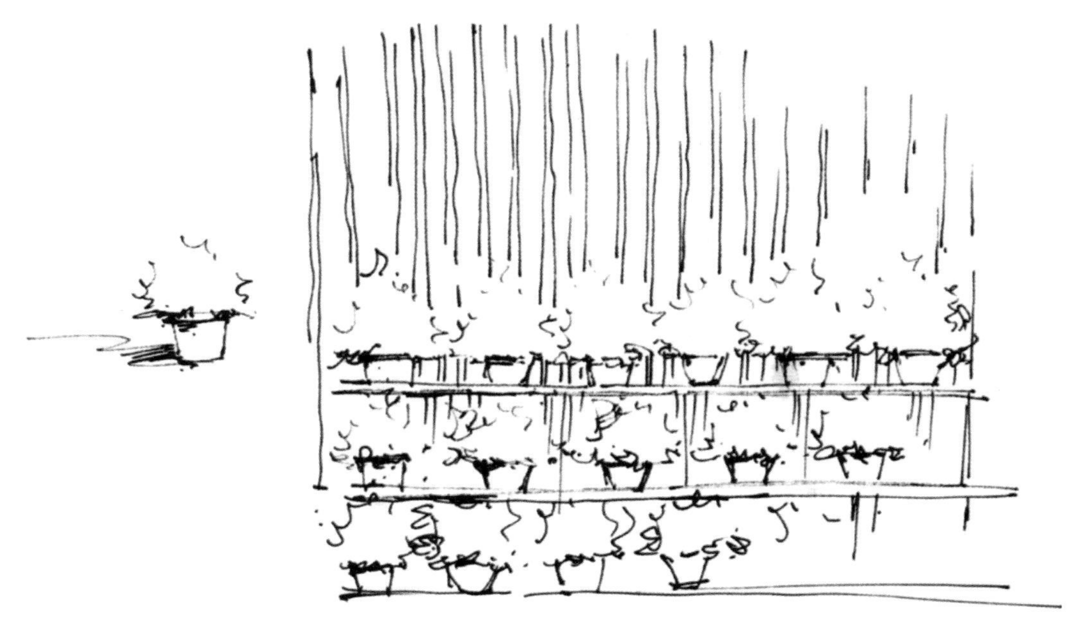

图1-13

设计本身是一个探索未知领域和实践的过程，在这个过程中会出现无数种的可能，可以是发散的，可以是打破常规的，也可以是冒险的，甚至推翻原来所有的想法建立新的模式，如图1-14所示。

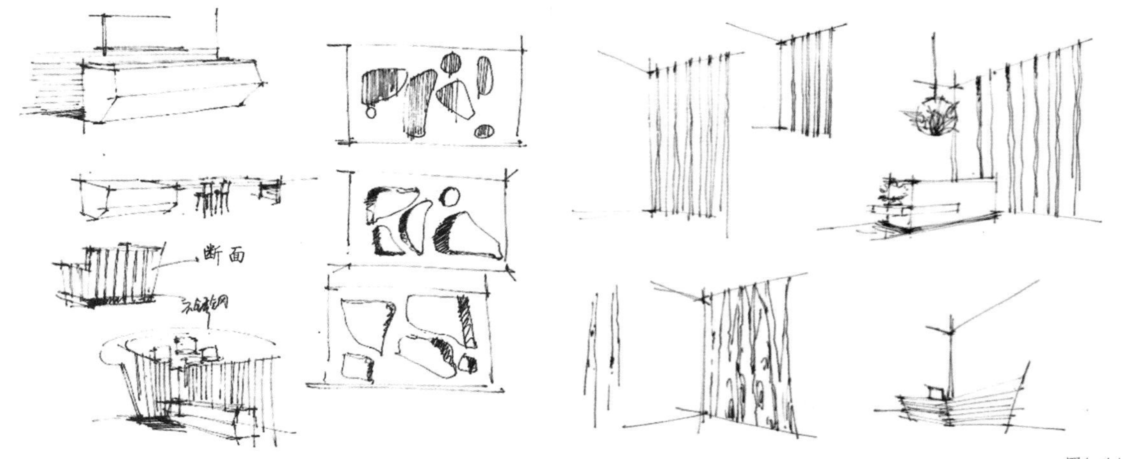

图1-14

当设计师在设计案例的时候，总会从很多方面（包括功能、舒适度、装饰等）去考虑，对各个方面权衡的时候可能会有一些取舍，这个过程通常用于探索和验证想法实现的可能性。在设计室内平面功能分区时，设计师可能会有数十种想法，而每一种想法都可能是短暂的。这时，不仅需要用一些简单的线条草图来记录和分析，还需要验证想法的可行性。当把这数十种想法都以草图的形式表现出来以后，如图1-15所示，就会发现不同想法之间的差距，对比优缺点，再把这些草图重新分解和汇总，就能形成新的方案，这就是一个不断验证的过程。

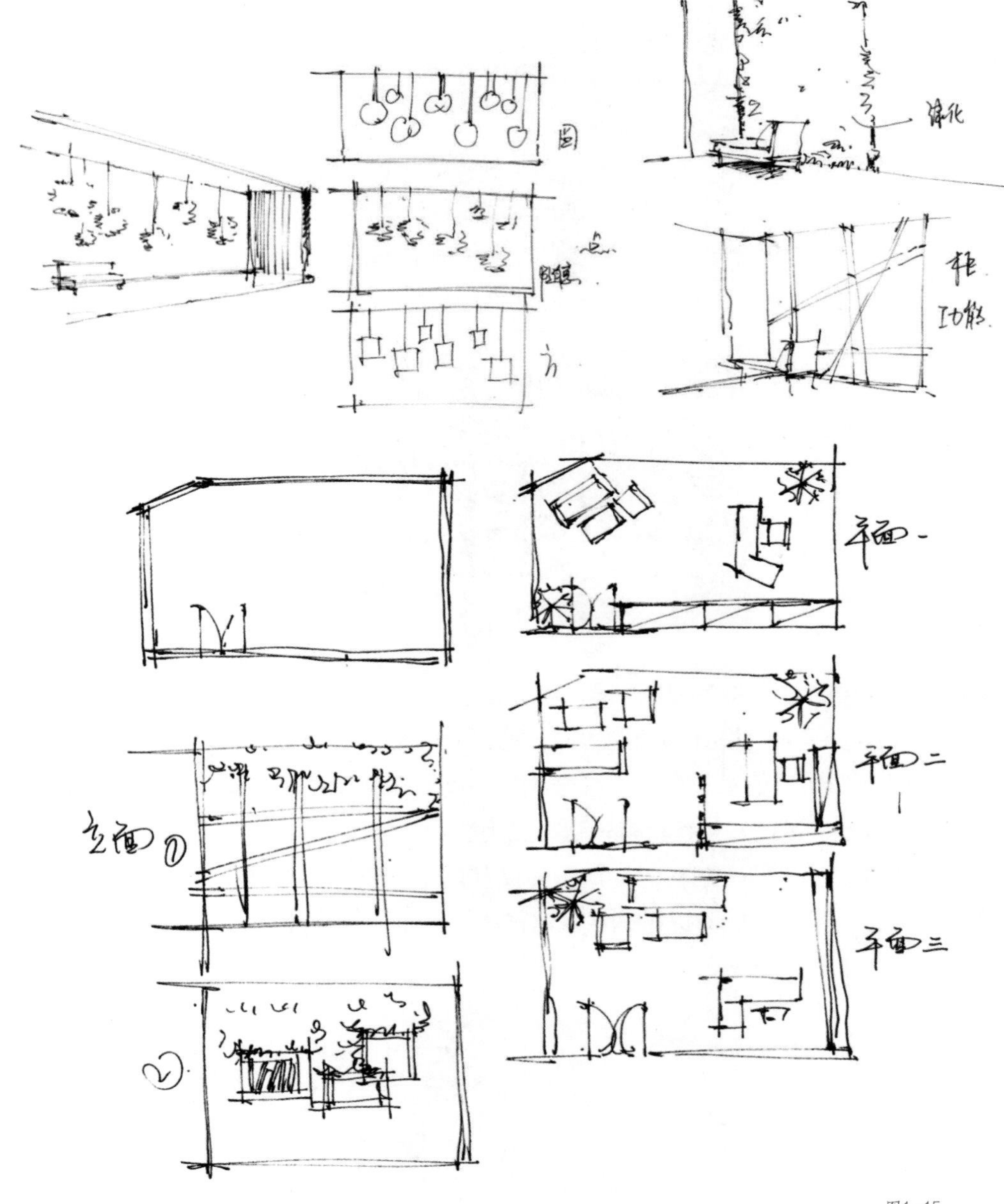

图1-15

知识点 4 应用与表达

经过手绘前期的积累，设计师在实际创作的时候可能一拿起笔，脑海中就会闪现很多元素，这些元素经过提取和概括会落实到实际的案例中。在这个过程中大家可能会遇到一些问题，比如方案的选择和比较，这时可以通过手绘的形式一步步地记录和分析整个思路，在记录和分析的过程中想办法去解决问题。当大家用手绘去分析或表现方案的思路时，可能又会产生新的想法或新的方案，这是一个不断创作和发现的过程。图1-16 所示为作者在设计酒瓶墙面时产生的新想法。

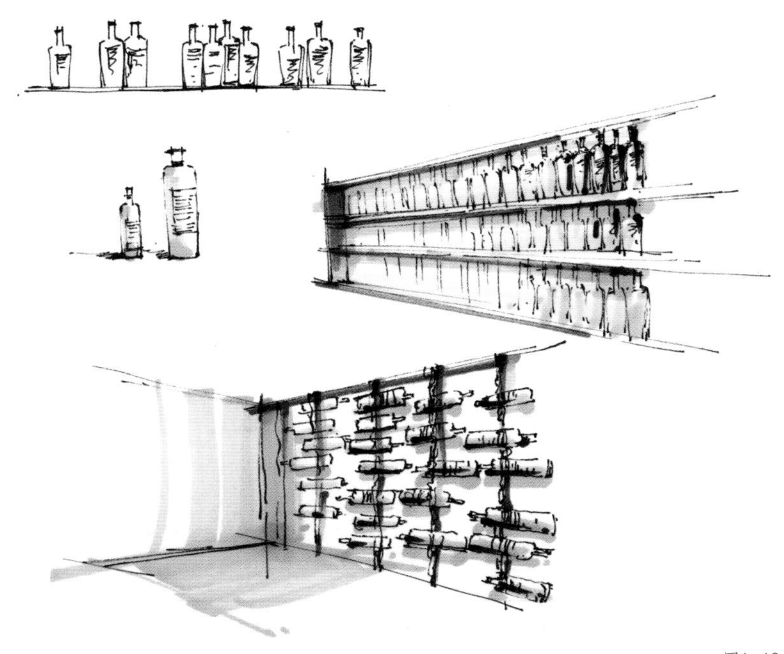

图1-16

大家在通过手绘的方法去表达的时候，可能总会觉得缺少一些意境。这个时候，一定要明确一个概念：手绘图是表达设计预想的媒介，虽然它表达的最终效果可能和真实效果有一些差距，但是它是能很快地记录某一个灵感产生的瞬间或思路变化的方法，而使用计算机软件不具备这样的时效性。因此，手绘具有较强的实用性。

在应用手绘的时候，要根据实际的情况先做前期草图表达的扩展和分析，然后运用发散思维去思考和验证，最后对细节进行确认。这样的过程可记录设计方案从产生到确定的过程，如图1-17所示。

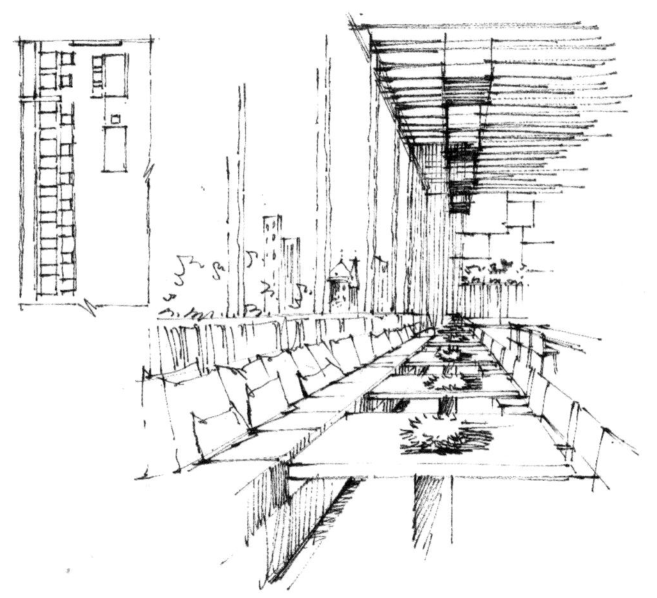

图1-17

最终方案确定后还可进行大致的上色，这样可使之更接近实际效果，如图1-18所示。

图1-18

产生这样的结果需要大家养成对生活进行观察和用手绘进行记录的习惯，这会加深大家对生活中各种元素的印象与理解，有利于分析和探索。在后期设计的工作中大家可以随意地调取记忆中的任何元素来进行应用与表达，这就是手绘所带来的独一无二的设计财富。

第2节 手绘快速表现技法的艺术性

室内设计手绘效果图要求真实、准确地反映室内场景的风格、色彩搭配及配饰的效果，如图1-19所示。随着时代的发展、审美教育的普及和公众艺术鉴赏品位的提高，手绘还能多方面地借鉴其他艺术的表现形式，通过与其他艺术手段融合，发展成一种不仅具有较强专业性且兼有应用性、艺术性和观赏性的综合绘画艺术。

在室内效果图的绘制中采用适当的艺术性表现技法，可以模仿某一画派、画风或画种，也可以综合运用计算机辅助技术与传统技法。这不但可以令原本的画面呈现出生机与活力，而且会使设计本身显示出艺术的创造性和生动感，如图1-20所示。这可让室内设计从生活走进艺术的殿堂。

图1-19

图1-20

第3节 学习方法与建议

知识点 1 素描基础训练

素描是美术的基础，在室内设计课程中，素描是手绘及空间设计的基础。素描中的线条、透视、光影等基础绘画知识在手绘中是很重要的，如图1-21所示。学习素描是一个长期的基础训练过程，在业余时间有限的情况下，建议大家用两周的时间集中学习素描在室内设计手绘快速表现中的知识点，接下来多加练习，熟练地把素描的知识运用到室内设计手绘快速表现中。

图1-21

知识点 2 学会临摹

素描的基本功练好之后，就要经常临摹一些优秀的作品。很多优秀的画家往往是从这一步开始的，临摹能很快地提升你的手绘技法并促使你掌握手绘的技巧，从而形成你自己对手绘的理解和你个人对手绘的表达方式。

开始时可以先临摹简单的东西，如一个灯具，如图1-22所示。在这一步只要将临摹的对象“画得像”就可以了。在整个临摹中会经历看、分析、画、修改和表达的过程，而这个过程就是学习与进步的过程。

当大家能把简单的东西临摹好时，就可以慢慢增加难度了，可以画一些有意思的或者自己比较喜欢的东西。比如，喜欢建筑的可找老师的建筑画来临摹，临摹了很多张之后，就能总结老师的表现方法和表现技巧，加入自己的想法后，可以将积累的这些方法和技巧应用到自己的作品中，如图1-23所示。

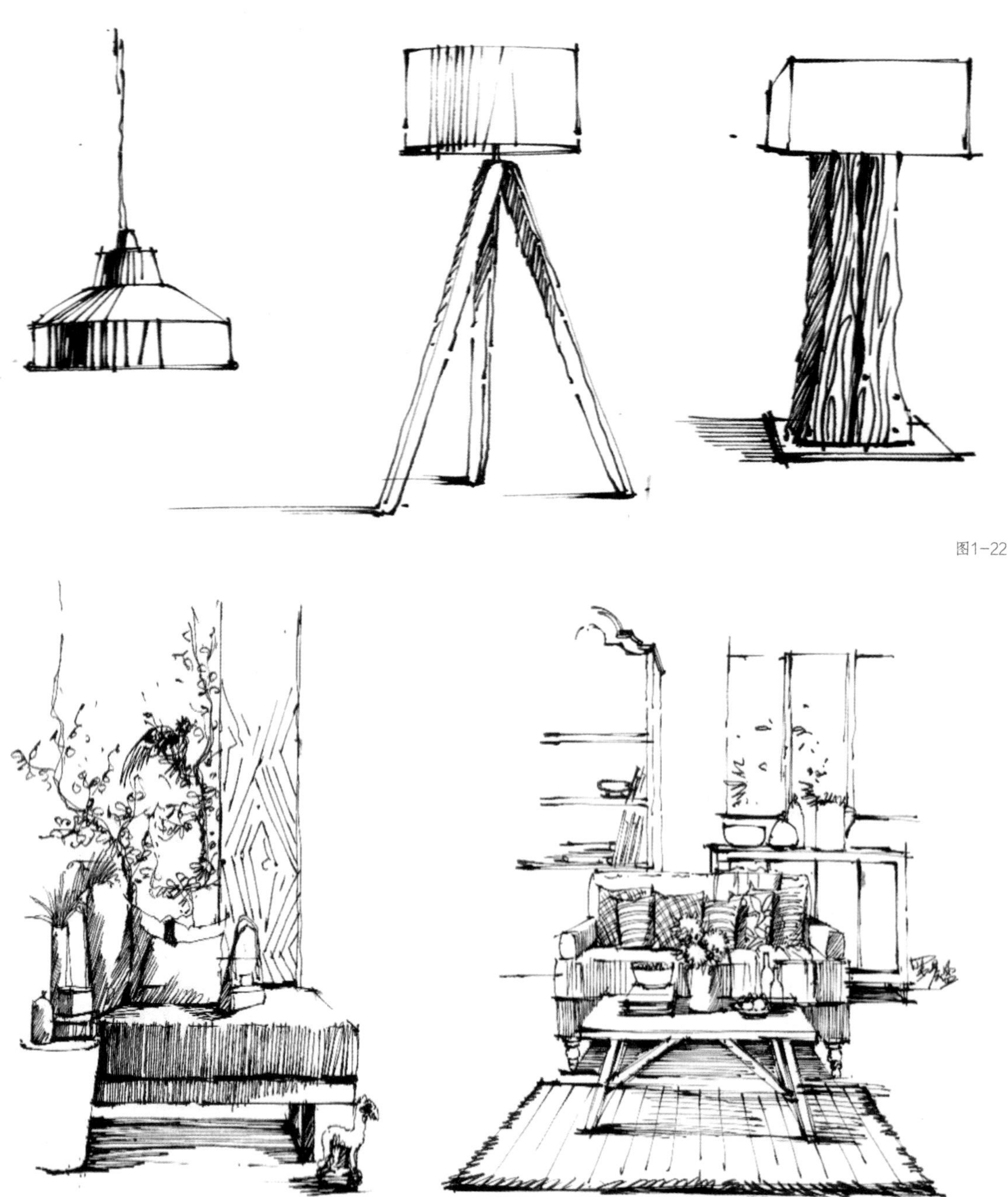

图1-22

图1-23

临摹的幅数肯定是越多越好，建议在每一课临摹的幅数要超过20幅，这样才能基本具备每一课要求的能力。有了这些前期的积累，才能在临摹和练习中快速地克服每一课增加的困难，培养需要的能力。

第 2 课

学习之前的准备工作

在学习手绘之前，不仅要了解手绘的应用和艺术表现形式，还要知道学习手绘是一个漫长的过程，要有持之以恒的决心。在学习手绘之前，我们还有不少准备工作需要完成，最基础的莫过于准备学习手绘的工具。本课将讲解学习手绘需要使用的工具，包括笔、纸、尺子和辅助工具。

绘画工具的种类非常多，本课将讲解适合室内设计手绘表现和设计师工作的常用工具。在实际进行手绘的时候，大家选择自己熟悉而且擅长使用的工具即可。

室内设计手绘表现常用的工具主要有笔、纸、尺子和辅助工具4类。下面讲解这4类工具具体有哪些，以及如何选择。

知识点1 笔

常用、好用的笔类工具有美工钢笔、针管笔、彩色铅笔、自动铅笔、马克笔等，建议初学者准备好这些笔。如果对水彩晕染技法感兴趣，也可以准备水彩笔和水彩颜料。

美工钢笔

在购买美工钢笔的时候，需要选择笔尖粗细不同的型号，一般建议初学者选择笔尖为F号的美工钢笔，如图2-1所示。使用美工钢笔的绘制效果如图2-2所示。美工钢笔的质感比较好，外形美观。因为墨水在视觉上给人的感觉是很清晰的，所以用美工钢笔画出来的线稿的线条很明确，流畅性好。另外，美工钢笔可以更换墨水，是一种比较实惠的手绘工具。

图2-1

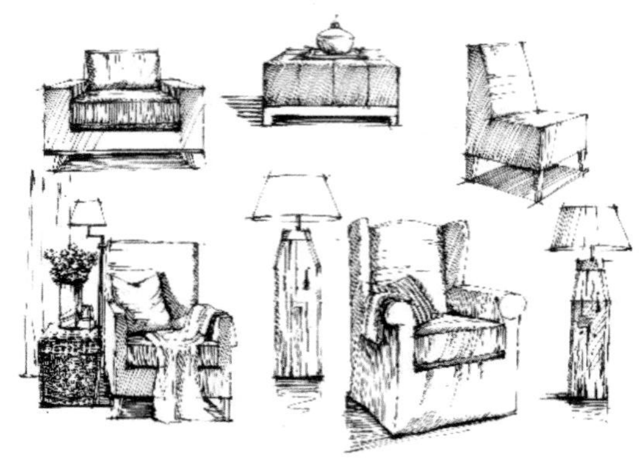

图2-2

针管笔

针管笔如图2-3所示，它出水均匀流畅，不容易坏。针管笔的绘制效果如图2-4所示。针管笔不可以循环使用，笔内的墨水用完了，它的“生命”就结束了。针管笔的使用方法简单，方便携带，且不需要准备配套墨水，很适合初学者使用。

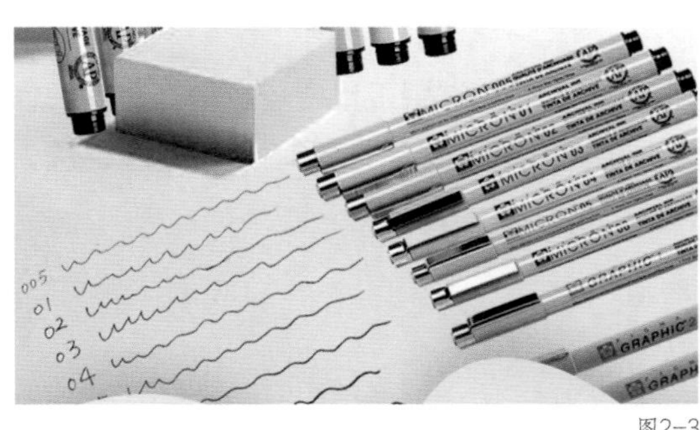

图2-3

图2-4

彩色铅笔

彩色铅笔是一种颜色表现工具，当然，也可以把它当作普通铅笔使用，如图2-5和图2-6所示。彩色铅笔的特点是使用方法容易掌握，在进行色彩表现的时候，变化、层次和细节都可以表现得很丰富，使用起来比较方便，是设计行业常用的手绘表现工具。

图2-5

图2-6

自动铅笔

自动铅笔（见图2-7）的特点是所绘的线条便于修改，可以自由控制线条的深浅，很适合在学习透视原理的时候结合尺子使用。在学习透视原理阶段，要绘制很多的透视线，可以通过深浅不同的线条变化来表现不同的结构线和透视线，如图2-8所示。

图2-7

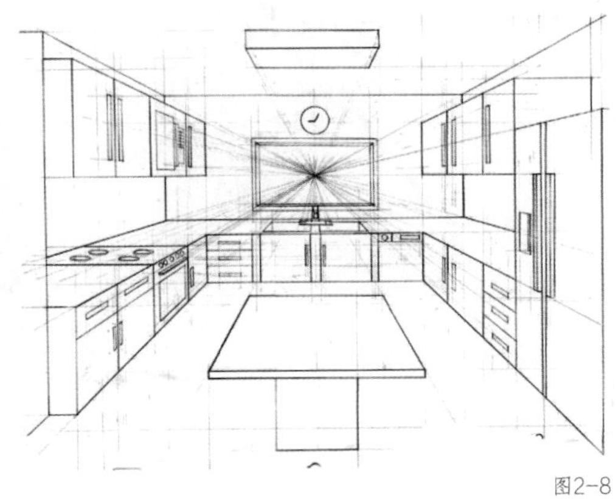
图2-8

马克笔

马克笔（见图2-9）是设计行业用来进行色彩表现的常用工具之一。马克笔有油性和水性两类，一般设计类手绘的从业者和学习者会选择油性马克笔。油性马克笔颜色明快，比较容易干，方便着色，比较能表现设计意图和概念，如图2-10所示。

图2-9

图2-10

水彩笔

水彩笔（见图2-11）也是一种用于颜色表现的工具。用水彩笔画的手绘图艺术性很强，但是需要很熟练的表现技法。比起马克笔和彩色铅笔，水彩笔的使用方法更难掌握，学习的时候可以先从小的家具或单体开始，如图2-12所示，然后慢慢过渡到大的场景。

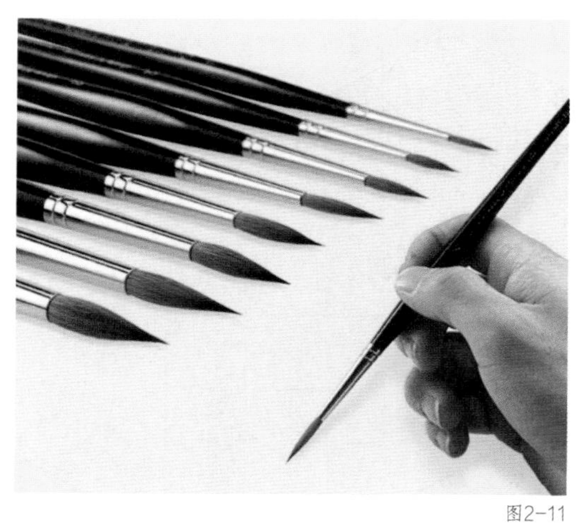

图2-11

图2-12

工具是武器，虽然工具的种类有很多，但是用起来最顺手而且掌握得好的才是最好的工具，选择自己最擅长和使用最熟练的工具才是明智的。

知识点 2 纸

如果绘制普通的设计图，选择纸面光滑的纸就可以了，普通的打印纸也是可以的，或者使用方便携带的速写本。如果要画水彩画，可以选择水彩纸，其晕染的效果较好。

打印纸

打印纸就是普通的打印文件的纸张，如图2-13所示。这种纸价格便宜，两面光滑且都可以使用。如果使用这种纸，最好准备一个绘图板，因为纸张很薄，需要用绘图板来支撑。

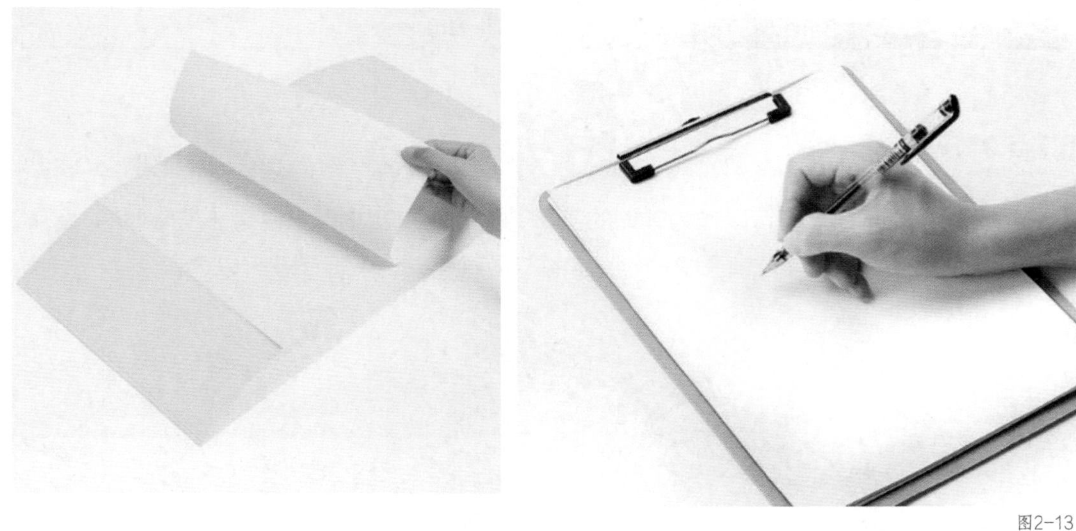

图2-13

速写本

速写本是比较方便携带的纸质工具（见图2-14），可以放到工具包里，在办公室、工地或者外出见客户时使用都比较方便。同时，速写本也是一个笔记本，画的图纸都可以保存在速写本里，可以很好地进行积累。

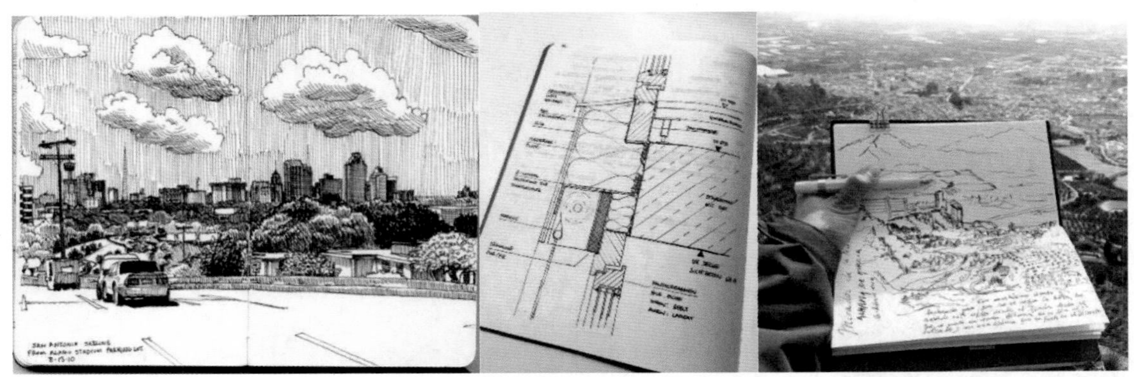

图2-14

水彩纸

水彩纸是水彩画专用的纸，有很强的肌理感，结合水彩颜料的晕染效果，可使画面充满艺术气息，可以表现很自然、不拘束的感觉，如图2-15所示。

图2-15

知识点 3 尺子

在学习透视的时候尺子可以作为辅助的工具，因此它对初学者来说是非常必要的。不需要选择太复杂的尺子，初学者选择图2-16所示的普通直尺或者平行尺就可以了。

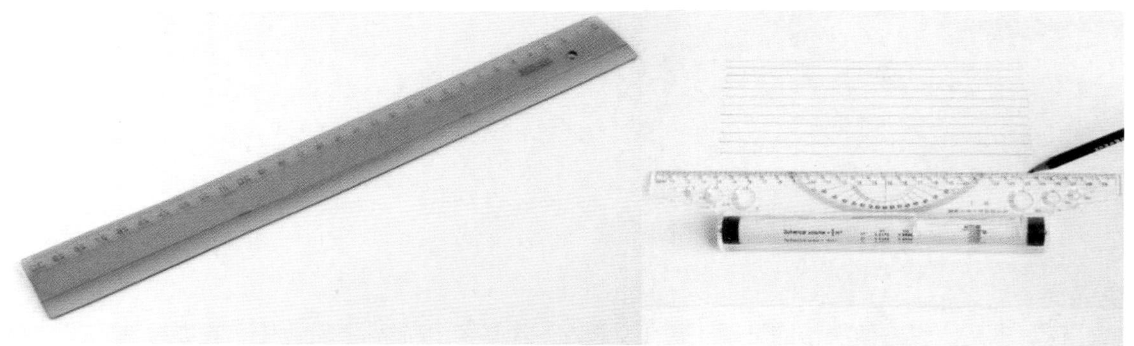

图2-16

知识点 4 辅助工具

可以准备一些高光笔和修正液，如图2-17所示，在画图的过程中用来提亮局部或者表现一些小的细节。可以准备细的高光笔和粗的高光笔各一支。

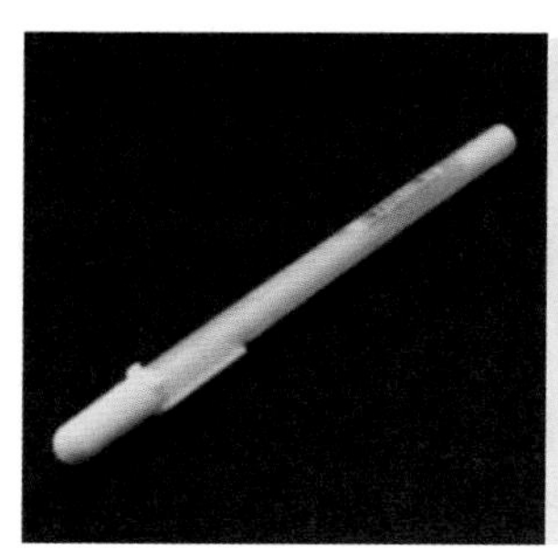
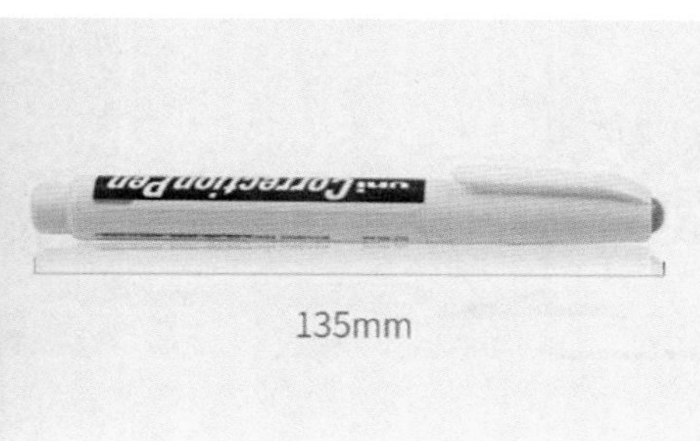

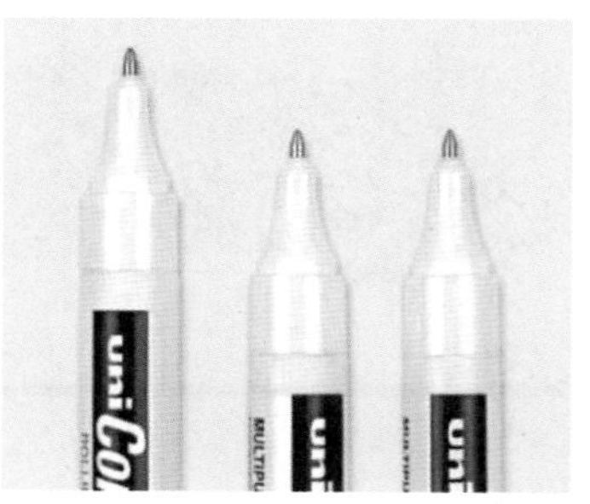

图2-17

可以准备一个便携的笔盒，以方便收纳画笔和工具，如图2-18所示。

图2-18

提示 对于笔，刚开始学习手绘的时候不用太在乎品牌，找一个卖手绘工具的文具店并试用一下，用起来顺手且出水流畅就可以了。纸也一样，画起来不堵笔、不卡笔就可以了。至于美工钢笔型号，建议先用F号笔尖的；而对于针管笔，先用0.5 mm的或者更粗一些的，等自己熟练以后就可以自由选择工具了。

第 3 课

线条怎么画

在了解了绘画工具之后，就可以初步学习手绘了，大家可以从最简单的线条开始。线条看似简单，想要画好却不是一件容易的事情。本课将讲解线条的特点和线条的连接方法，带领大家一起领略线条的魅力。

线条是造型艺术中重要的元素之一，简单的线条可以表现出设计师的手绘功底及艺术修养。绘制好线条是快速表现技法的基础。快速表现技法注重线条的灵动性、美感，线条的变化有虚实、快慢、轻重、曲直等，如图3-1所示。要画出线条的生命力、灵动性、气势，需要进行大量的练习。每个人对线条的理解程度不一样，用笔力度也不一样，所以画完以后会表现出不一样的意境。对绘制线条的手法掌握熟练后，每个人将会形成自己的风格，因此没有必要完全仿照其他人的绘制手法。

图3-1

第1节 手绘线条的特点

对于手绘线条，注意虚实变化、起点、落点、力度。如果在手绘图里的线条有虚实变化、起点、落点且力度适中，那么这些线条会非常简洁且有层次，用这样的线条画出来的手绘图在空间结构上会表达得非常清楚。

知识点 1 虚实变化

当我们去看一张室内设计手绘图的时候，会看到场景的空间结构、家具的摆放、配饰的细节等，所有这些东西都是由线条构成的，所以线条是手绘中非常重要的表现要素，如图3-2

所示。线条的虚实变化不仅可以体现出场景的空间感，还能直接展示作画者手绘的能力和手绘图的生命力。

图3-2

有虚实变化的线条的中间部分通常比两端更细，即从起笔到落笔，同一线条的粗细是不一样的，如图3-3所示。

没有虚实变化的线条的中间部分的粗细和两端的粗细是一样的，即从起笔到落笔，同一线条的粗细都是一样的，如图3-4所示。

图3-3　　图3-4

若用没有虚实变化的线条进行空间表现，其作品会缺少空间感和生命力，如图3-5所示。

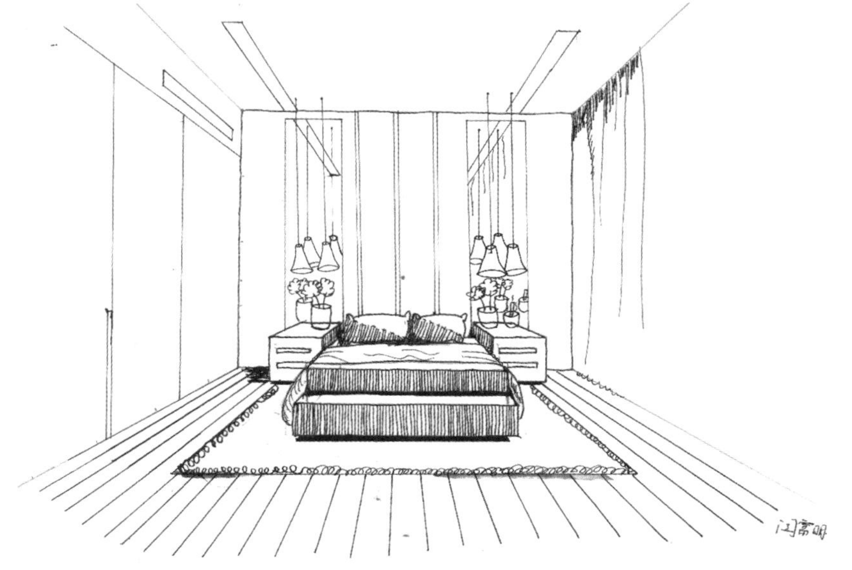

图3-5

那么，如何画出有虚实变化的线条呢？非常重要的一点就是画线条的速度要快。快速画线条的时候，力度通常很强，线条在绘制的过程中形成连笔，中间自然变细，虚实变化就有了。

大家平时可以先在纸上快速、随意地画线条，速度越快越好，然后分析线条的虚实变化，如图3-6所示。当画出来的线条有了虚实变化后，就可以按照图3-7所示的排列方法进行进一步的练习。

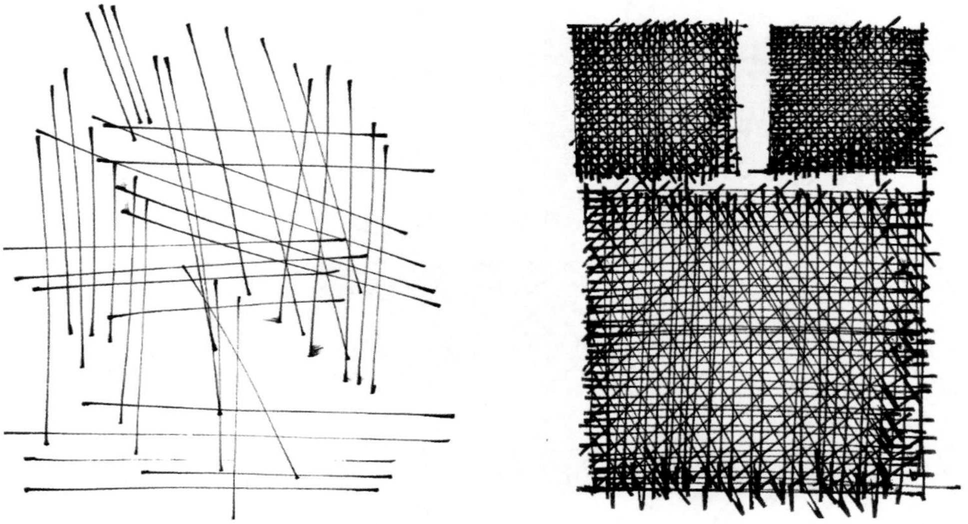

图3-6

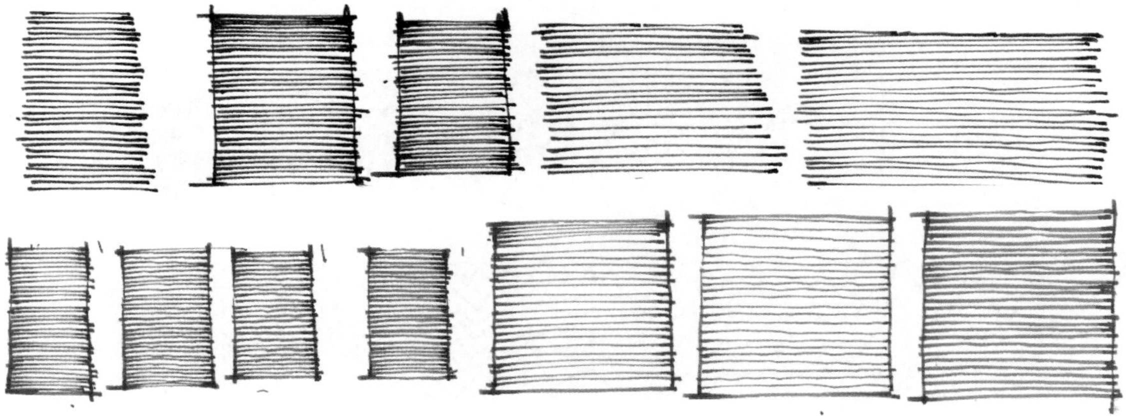

图3-7

在练习时可以先画横向的、竖向的和倾斜的线条，然后绘制一些曲线或弧线等，如图3-8所示。绘制的速度都是先快后慢。

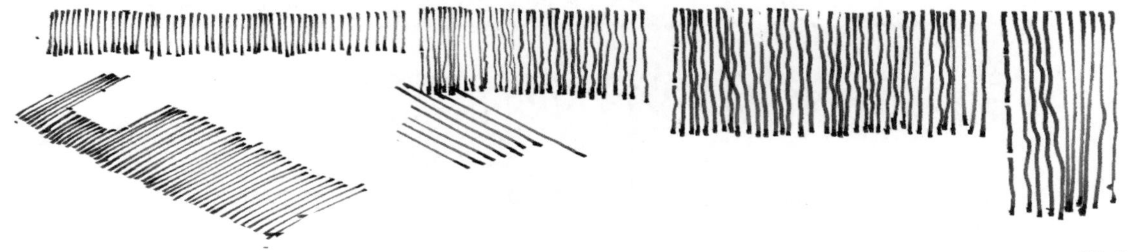

图3-8

图3-8（续）

知识点 2 起点和落点

线条有起点和落点说明它有开始与结束，就像我们讲述一个故事一样，有头有尾，表达才清楚。有起点和落点的线条才是完整的线条，如图3-9所示。

图3-9

有起点和落点的线条的两端会自然形成线条的起始点与结束点，这不是刻意为之的，是自然停顿产生的，是线条完整的表现，如图3-10所示。如果线条没有起点和落点，会显得非常随意，让人感觉“摸不着头脑”，如图3-11所示。用这样的线条画出来的作品也会显得非常空洞，没有“灵魂”，如图3-12所示。

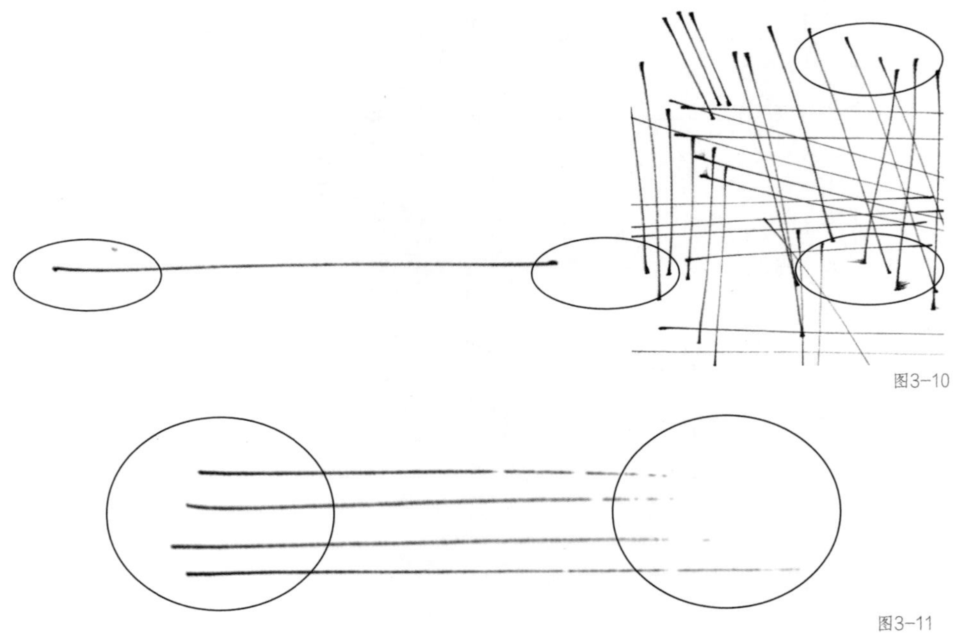

图3-10

图3-11

图3-12

那么，如何画出有起点和落点的线条呢？结合前文绘制有虚实变化的线条的方法，在画线速度很快的情况下，在线条绘制开始和结束的时候停顿一下，线条的起点和落点就会自然产生了。注意，停顿时间不要太长，若停顿时间太长，落点会很大，会显得比较刻意。在练习线条绘制时，可以先做短线条绘制的练习，再慢慢画长的线条，如图3-13所示。

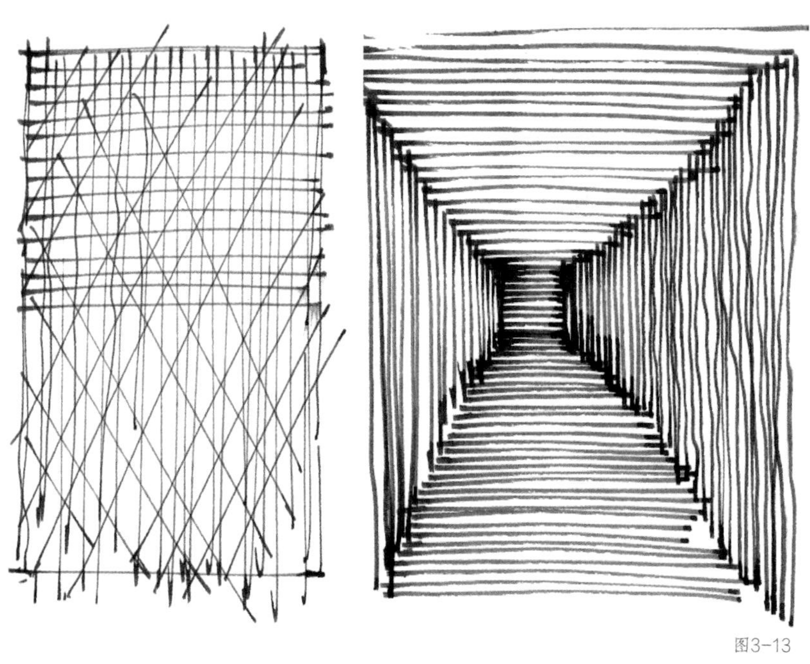

图3-13

在练习阶段找到感觉之后，就可以画一些大的方形格子，再在格子里画线条，让线条尽量在格子的边线上停顿，它和格子边缘的交点就是起点和落点。用这种方法还可以练习不同形状的线条的绘制，如图3-14所示。

图3-14

知识点 3 线条力度

线条力度是指线条表现出来的力量感。若线条很直，力量感会强一些；若线条稍有弯曲，力量感会弱一些。图3-15所示为力量感较强的线条，这样的线条在手绘作品中的表现会非常出彩，如图3-16所示。图3-17所示为力量感较弱的线条，这种线条会使手绘作品显得很没“精神”。

图3-15

图1-16

图3-17

线条的力度在手绘作品里比较能体现个人的特点与魅力，线条的表现力度不一样，手绘图的视觉效果就不一样：力度强的，个性鲜明；力度弱一些的，温和婉转。需要注意的是，在表现不同空间、不同造型的时候，可以应用不同力度的线条。若曲线多，会显得力度弱一些，如图3-18所示。在简洁的现代建筑造型多的空间中，常会应用力度强一些的线条来体现空间的特点，如图3-19所示。

图3-18

图3-19

与表现现代建筑造型不一样的是，在表现古典建筑造型时可以多使用一些曲线，这样其历史感会更好一些，如图3-20所示。从图3-21可以看出力度弱一些更适合表现柔和的东西。

图3-20

图3-21

知识点 4 绘制要点

大家在学习手绘的前期需要先做大量关于线条的绘画练习，在画线的时候要注意姿势和手臂的力度，以肩膀作为支点，利用手臂滑动的幅度来画出长短不一的线条，这样的线条清晰、真实，是优秀的手绘作品所需要的。在刚开始练习的时候大家可以找一些参照物，比如可以在纸的边缘练习，以衡量画出的线条直不直；也可以画一些小的方形，去练习如何保持线条的流畅性和准确性。

练习方法一

先画一个方形，在方形里面画横向和竖向的线条，这样能练习如何保持两点之间连线的准确性，在练习时要尽量让线条之间保持平行，间距不要太大，如图3-22所示。

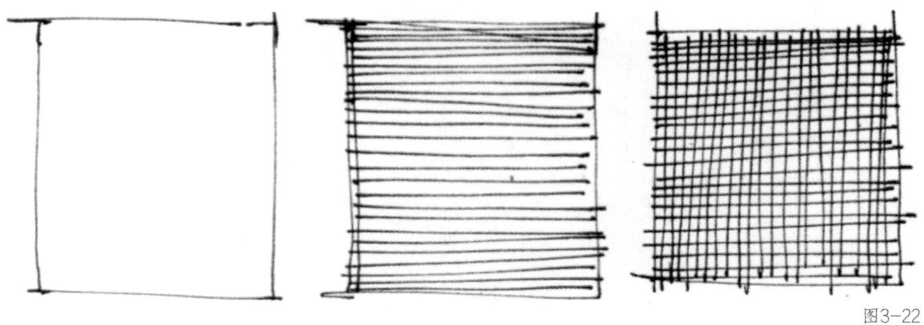

图3-22

练习方法二

在白纸上画横向线条、竖向线条、右斜方向线条和左斜方向线条，最后形成一个方形，如图3-23所示。这能练习绘制多方向线条的准确性，提高对线条的把握能力。在练习的时候还可以尝试控制时间，尽量快速地完成。

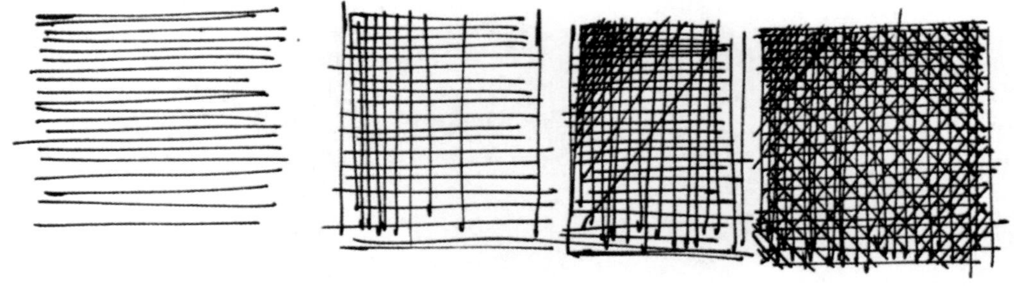

图3-23

练习方法三

长线条往往很难画直，这个时候大家可以采用接线的方式，把长线条分成两段或者3段去画，但是不要分成太多段，这需要根据线条的长短去把握；也可以采用小曲大直的方式练习（见图3-24），让长线条的“大方向”和“整体感”是直的，但是中间有一些曲线，这样能更好地掌握画长线条的方法。图3-25展示的是长线条接线的正确表达方式，图3-26所示为长线条接线在手绘作品中的应用。

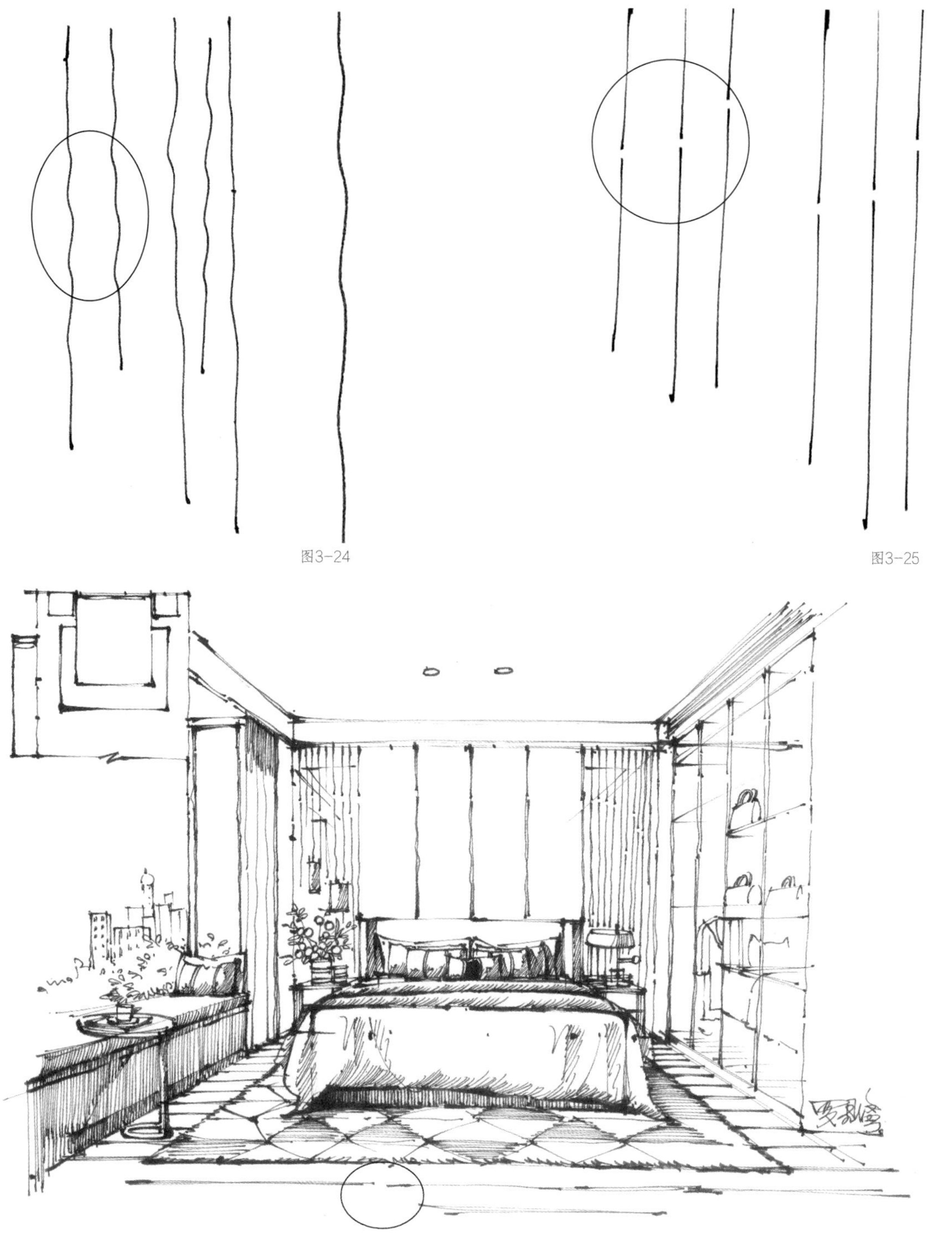

图3-24

图3-25

图3-26

常见的错误接线方式有以下两种。一种是接线的时候在连接点上有一个接头，这样会显得线条不很流畅，如图3-27所示；另一种是把长线条分成很多段，这样的连接方式会让线条看起来比较松散，如图3-28所示。

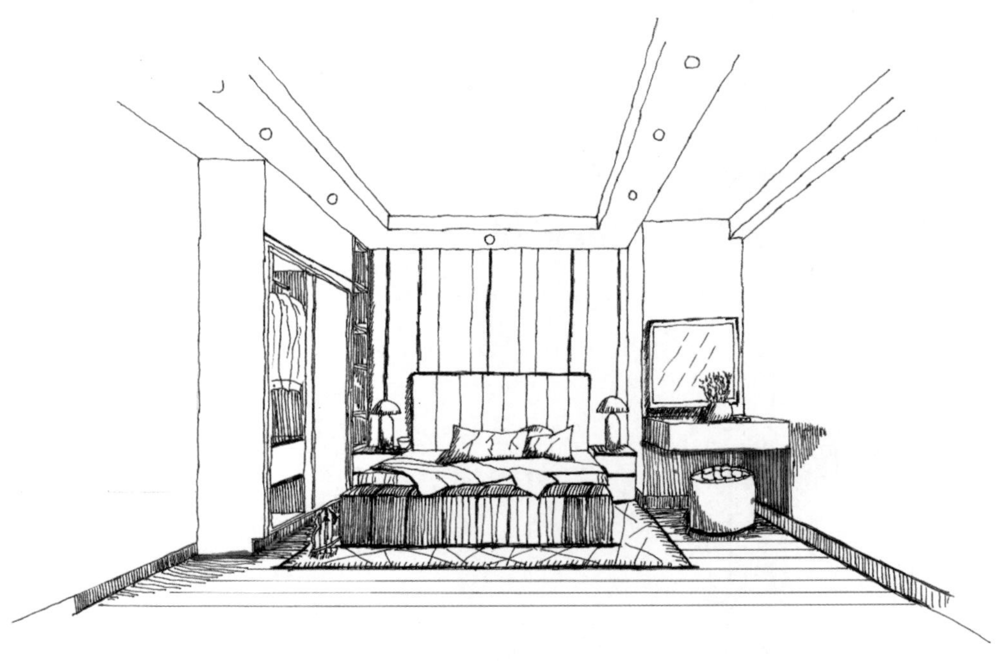

图3-27

图3-28

第2节 线条怎么连接

除了虚实变化、起点、落点、力度之外，线条的连接也是很重要的。掌握好线条的连接，会让手绘作品的视觉效果较好。

两条线可能相交、刚好接上和没有相交。在手绘图里，线条的连接可以体现出手绘图的结构、比例和严谨性。因此，在进行手绘表现的时候，需要使用正确的连接方式，如图3-29所示。

图3-29

连接线条的时候要特别注意线和线之间的关系，要让线条连接得自然、清楚，不要太散或连接头太长，以免整体显得混乱。画连接的线条时可以在连接处画出头一点，这样的整体效果会比较“稳重”。

图3-30和图3-31所示的是正确的线条连接方式。在两条线相交的地方画出头一点是手绘中常见的连接方式，不要出头太多，否则会显得乱。初学者可以通过图3-32所示的方法来练习如何画线条的连接。注意，线条只要相交就可以了。

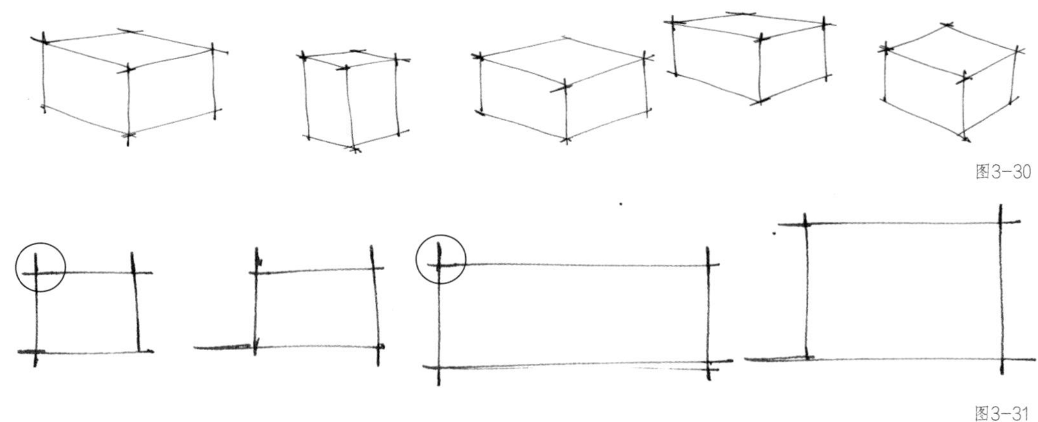

图3-30

图3-31

图3-32

图3-33所示的是不正确的线条连接方式，这样的连接方式会让手绘图呈现出散乱的视觉效果，不能准确地表达空间和物体的结构，如图3-34所示。

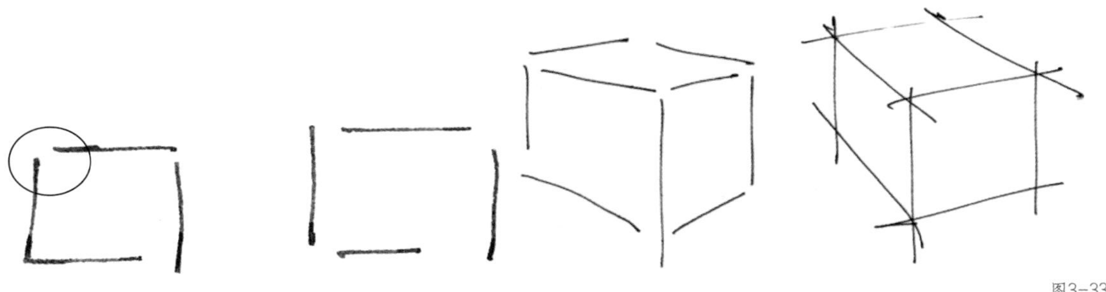

图3-33

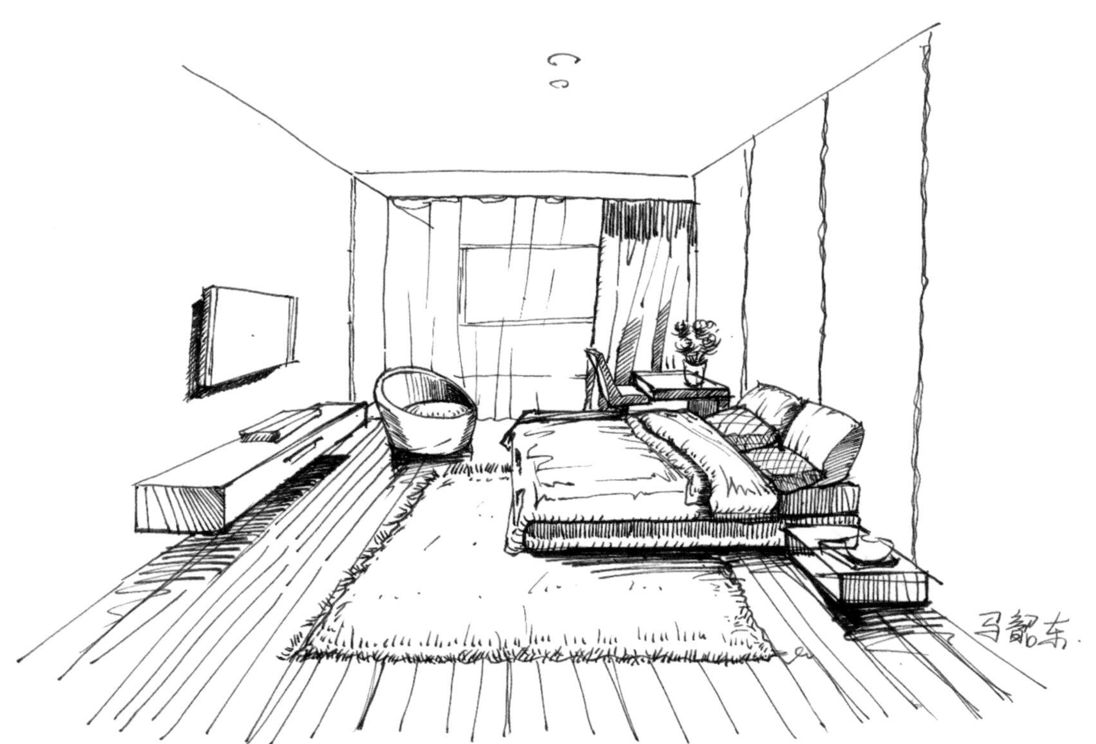

图3-34

作业

先在纸上画大约5 cm×5 cm的方格子，然后在里面练习不同方向线条的绘制，画的时候，要表现出虚实变化、起点、落点、力度，可参考图3-35和图3-36。

图3-35

图3-36

第 4 课

线条排列

掌握线条的特点和画法之后，就可以开始练习线条排列了。线条排列是手绘中非常重要的内容，能直接决定手绘效果图的立体感和空间感。本课将讲解线条排列的作用和线条排列的方法。

在手绘图里，除了透视法之外，还可以用光影关系体现空间感。在手绘图中表达光影关系能增加立体感或空间感，这和素描有很大的区别。相对于素描来说，手绘图需要表达简洁明了的设计概念，不需要很细腻的过渡关系，因此手绘图中光影的表达会更简洁，如图4-1所示。

图4-1

第1节 排列的作用

在手绘图里，可以用简单的线条和线条排列的方式来表现家具、空间、物体的材质与建筑等，有线条排列的手绘图可以体现一定的光影效果，也会更有细节感。图4-2所示是没有线条排列的和有线条排列的手绘图的对比，可以看出这两张手绘图的重量感和视觉冲击力是不一样的。

图4-2

线条排列在很多绘画形式中会用到，在不同的形式里其表现的意图不一样。在手绘图中使用的线条排列有以下几种作用。

首先，表现光影的作用。在手绘空间中进行线条排列可以表现家具、结构 、细节的光影。在绘制室内空间时，可先根据主光的方向确定投影的方向，然后用排线的方式把不同面的光影表现出来，如图4-3所示。

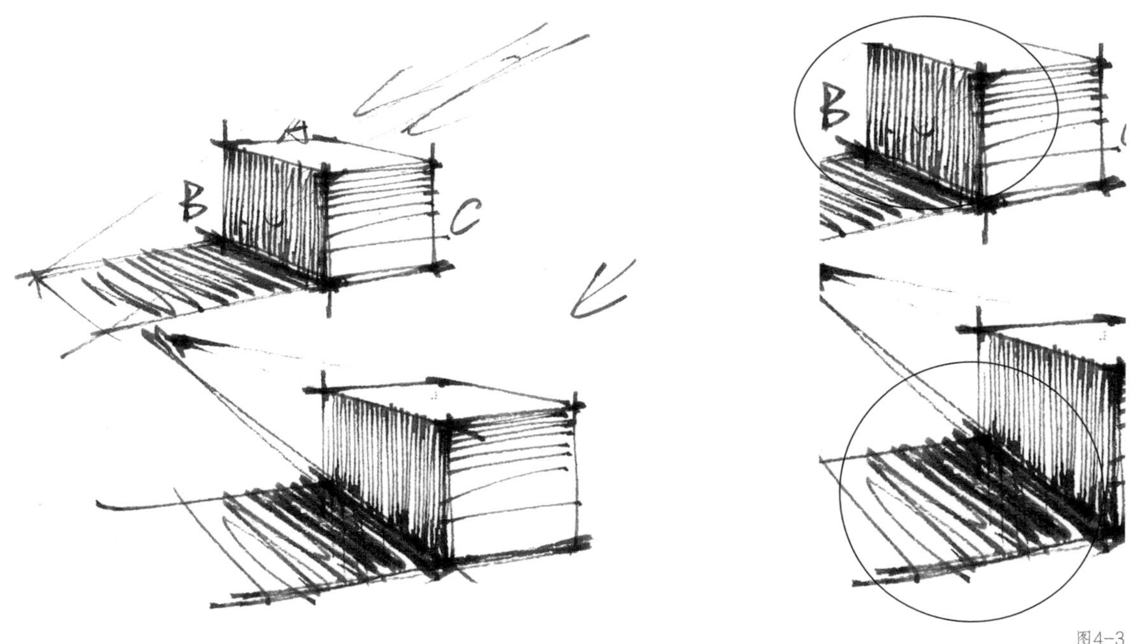

图4-3

在绘制家具时，家具结合的地方会产生光影，可先选择自然光作为主光，依据其方向来找到投影的位置，再用线条排列来体现家具的光影，如图4-4所示。

图4-4

在练习时，注意，根据主光的方向和物体的结构，选择合适的线条排列方式来表达光影的效果，如图4-5所示。

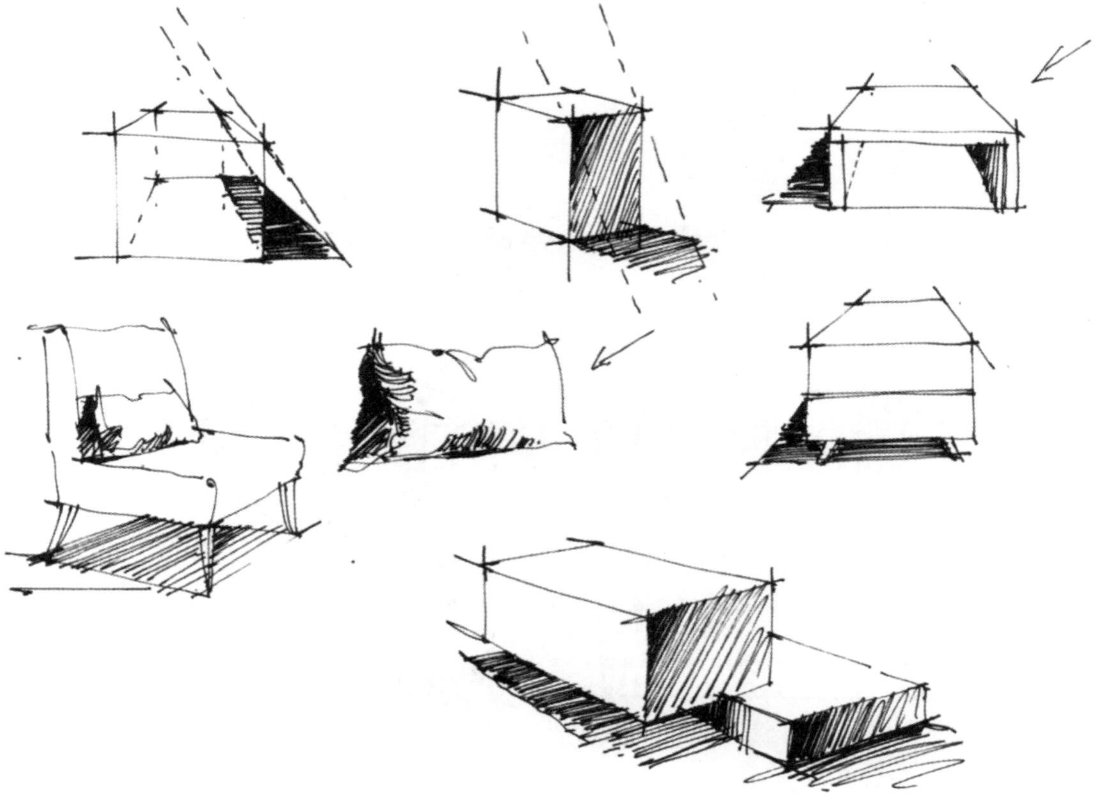

图4-5

其次，在手绘图里可用线条排列来强调结构。有了线条的排列，几何体的结构会表现得会更清晰，如图4-6所示。当家具有了线条排列后，结构会更清楚，特点会更明显地表现出来，如图4-7所示。

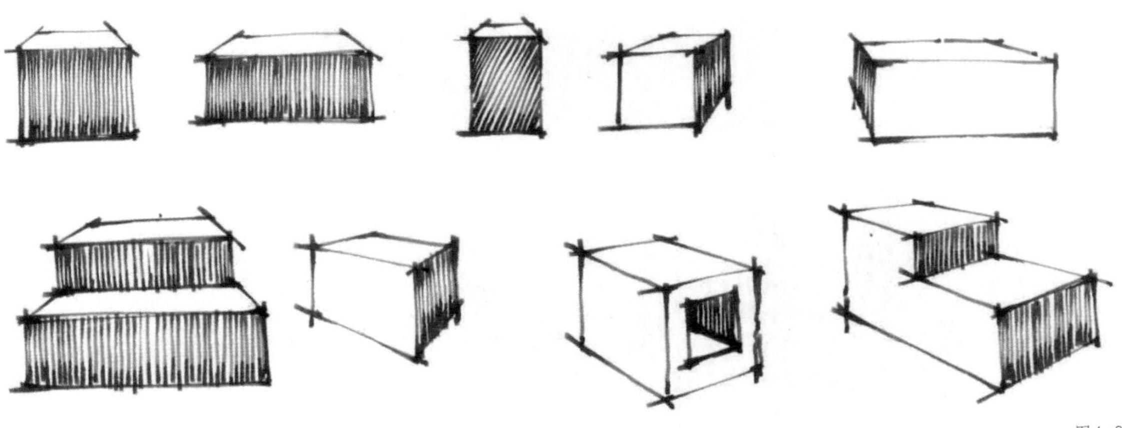

图4-6

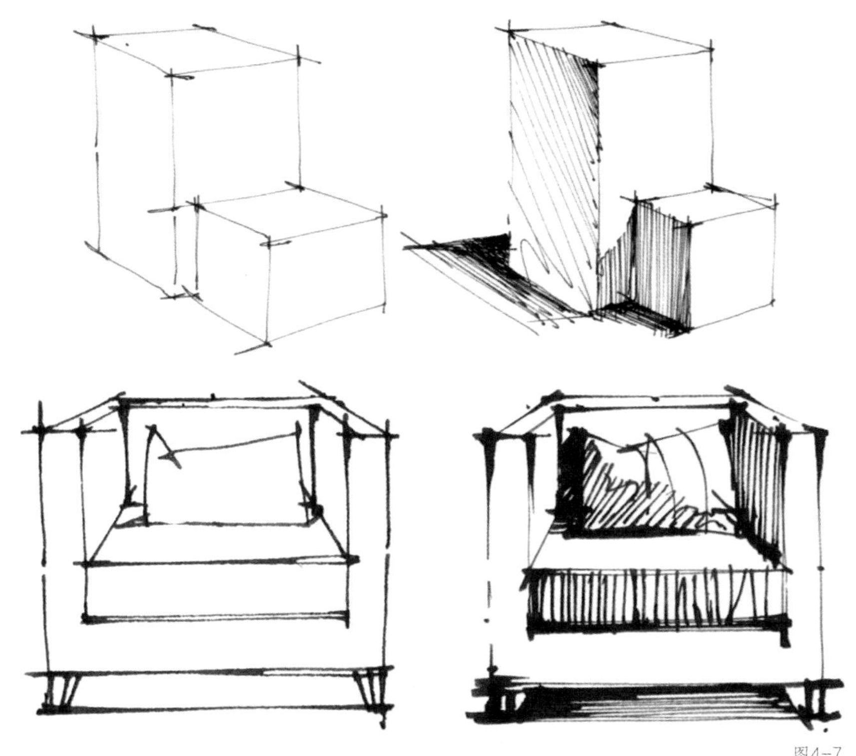

图4-7

另外，线条排列还可以体现物体的材质。图4-8和图4-9分别展示了如何在手绘布料和木材物品时通过线条排列的方法来表现其质感。

图4-8

图4-9

第2节 怎么排列线条

线条排列在手绘中的应用非常广泛，好看的线条排列会提高手绘图的美观度，如图4-10所示。怎么绘制出好看的线条排列呢？本节将讲解在表现家具和空间时排列线条的方法。

图4-10

知识点 1 线条排列的不同方向

手绘图中的线条通常有3种不同方向的排列方法——横向、竖向和斜向。在应用的时候需根据要表达的元素选择合适的排列方向。

如果要画竖向长方形的面，那么在排列线条的时候选择横向绘制线条且竖向排列，这样画出来的线条会比较合适，如图4-11所示。

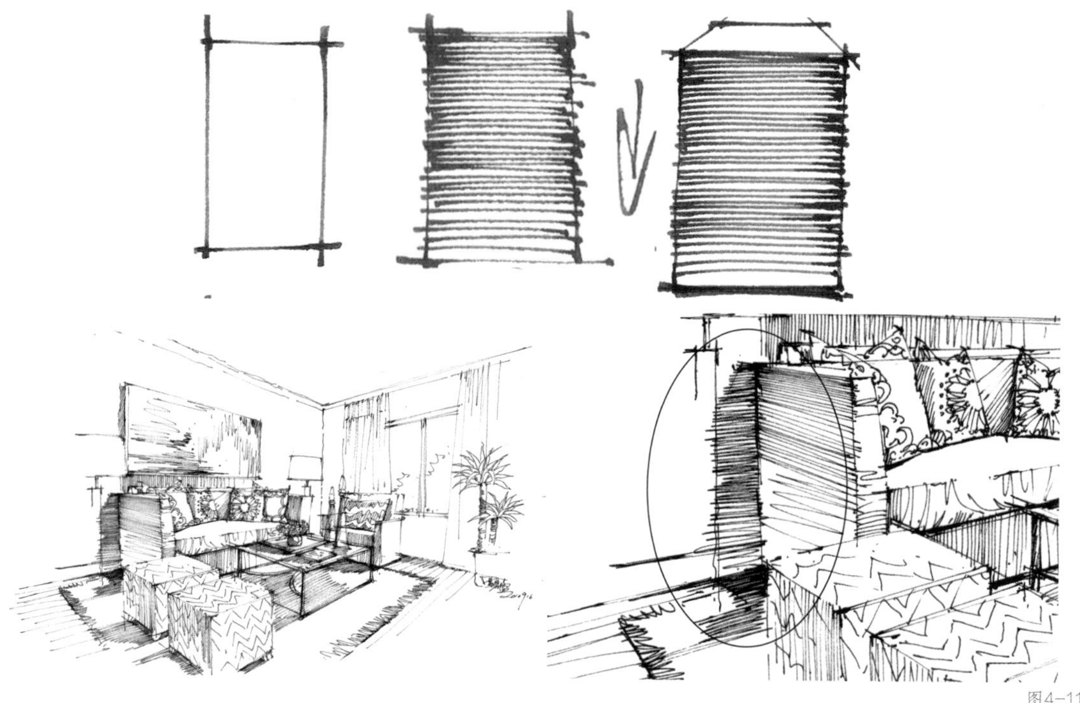

图4-11

如果要画横向长方形的面，那么在排列线条的时候选择竖向绘制线条且横向排列，画出来的线条会比较合适，如图4-12所示。

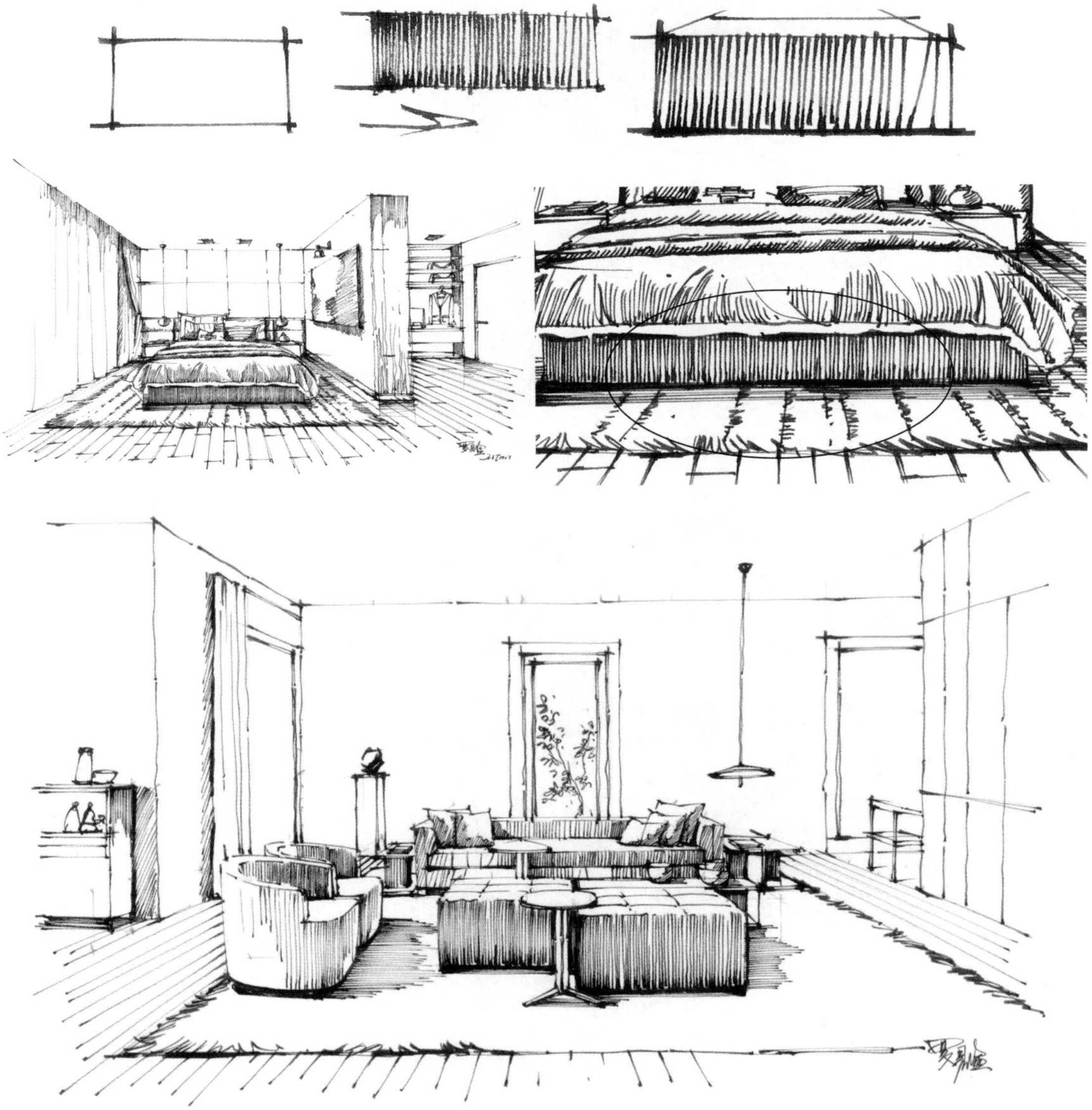

图4-12

除了横向和竖向排列线条以外，还可以斜向排列线条。斜向排列看起来会更活泼一些，这是在不同的形状里都可以用的排列方式，如图4-13所示。

图4-13

图4-13（续）

以上是几种常用的线条排列方向，但是其方向不是绝对的，大家在手绘图中可以灵活应用。针对不同的形状，用什么方向去排列线条完全由自己把握和控制，只要能准确地表达空间结构，线条排列的方式可以多样化，艺术是没有局限性的。

知识点 2 线条排列的方法

要画出好看的线条，除了根据形状排列线条外，还需要掌握线条排列的3个要点——渐变、密度和边缘整齐，如图4-14所示。满足这些要点的线条会让手绘图看起来更有艺术性。

图4-14

渐变是线条排列的重点。如果一个面中线条的疏密程度是一样的，那么看起来就比较单调。如果线条有疏密变化，那么画面会有虚实感。图4-15所示为没有渐变和疏密变化的线条，在排列方向上，疏密程度几乎都是一样的。图4-16所示为有渐变和疏密变化的线条，线条在排列方向上依次减少，看起来层次感很强。因此，在排列线条的时候应尽量画出由密变疏的效果，让手绘图的结构更清楚，更有艺术性。

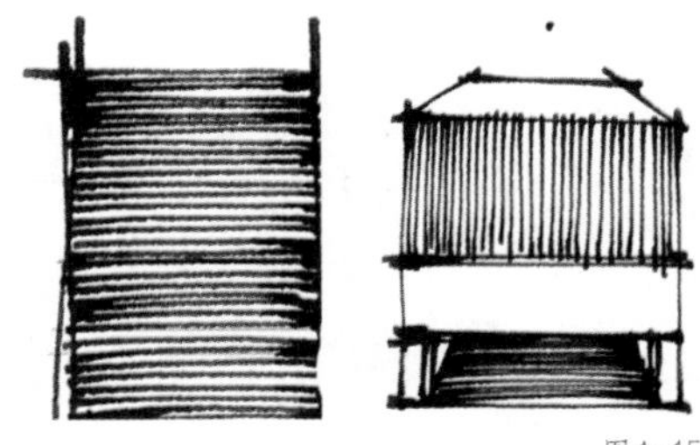

图4-15

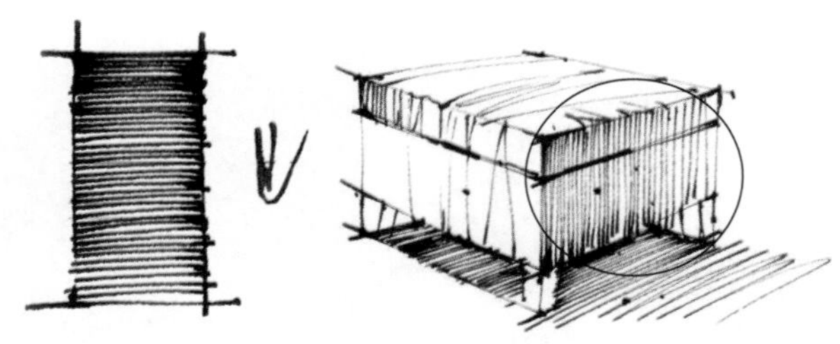

图4-16

线条密度是指在一个区域范围内线条的多少。若线条排列得多，密度大；若线条排列得少，密度小。图4-17所示为没有线条排列和有线条排列的对比。左边的图中没有线条排列，体现的是外形，视觉效果和材质的体现比较弱；右边的图中线条排列得很密且有变化，体现出了结构感和立体感。因此，线条密度可以体现物品的结构和光影。图4-18所示为不同密度的线条体现的不同效果。图4-19和图4-20所示为手绘图中线条密度的表现效果。

图4-17

图4-18

图4-19

图4-20

边缘整齐是指线条在排列上不要太乱，线条的两端和物体的边缘刚好相交或连接后出头一点。如果出头太多或还没相交，就断开了，在视觉上会显得不严谨，结构会表现得不够清楚，如图4-21所示。

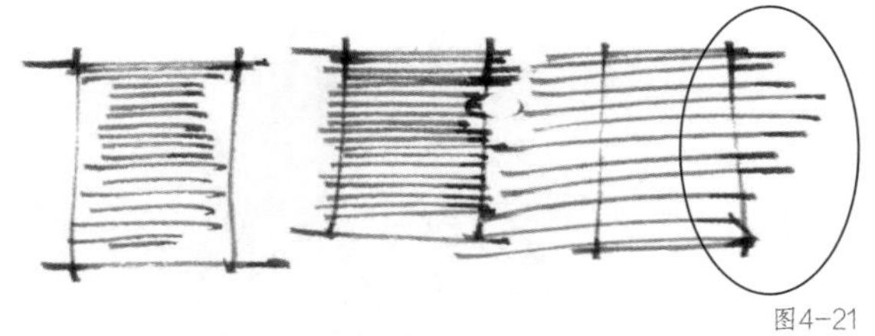

图4-21

图4-22所示的线条排列是比较整齐的，线条两端和物体边缘的连接比较清楚，没有断开，也没有出头太多，用这样的线条来表现家具或空间，会让人更容易理解其结构。

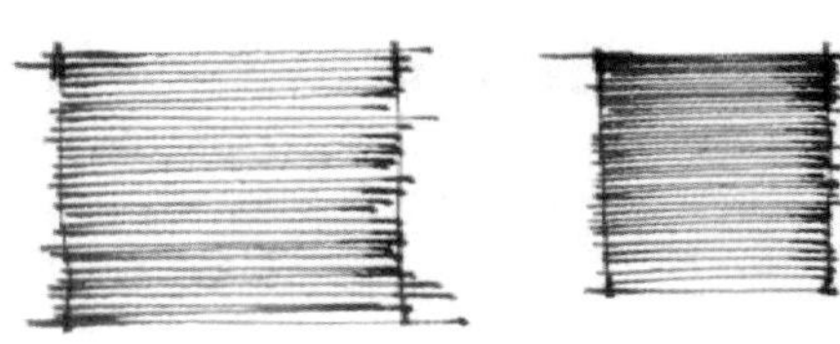

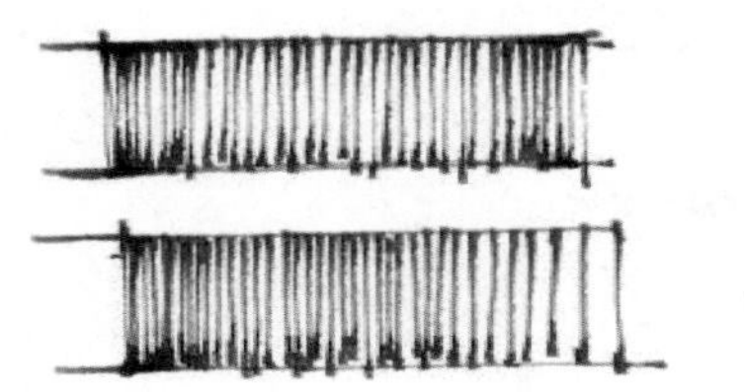

图4-22

在练习初期，为了让线条排列整齐，可以放慢画的速度。等基础扎实以后，再练习连笔的画法。速度慢时，画出来的线条会稍显呆板，如图4-23所示。连笔的画法是熟练之后可自然掌握的，如图4-24所示。连笔可以画得很快，提高效率，但是手绘是一个需要稳扎稳打的过程，只有在前期勤加练习才能在后期提高效率。

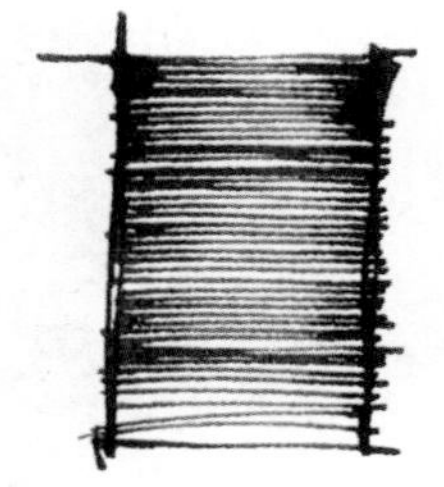

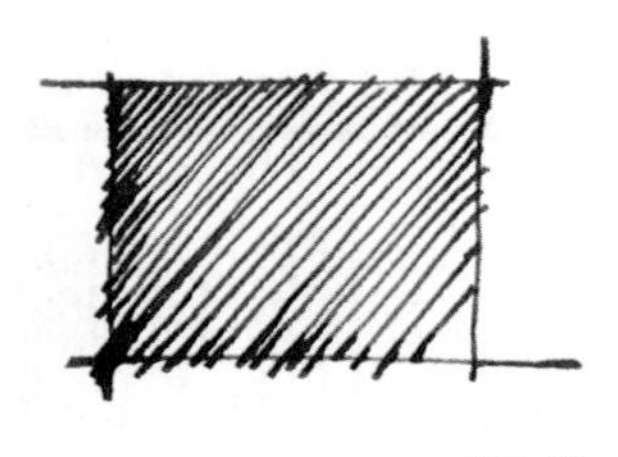

图4-23

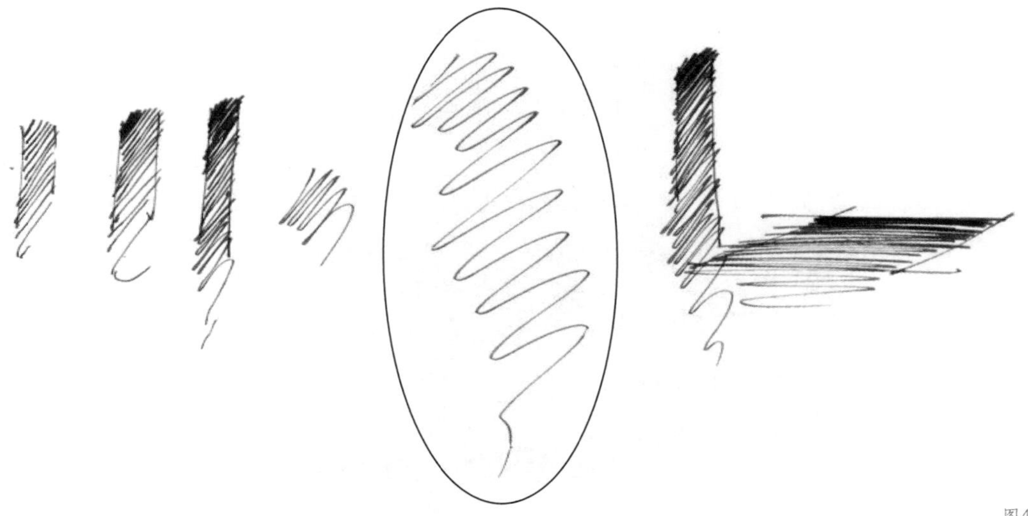

图4-24

图4-25和图4-26所示作品没有采用线条排列的连笔画法，用这种画法画出来的线条整齐、表达准确，但略显生硬。图4-27和图4-28所示作品采用了线条排列的连笔画法，用这种画法画出来的线条的整体效果更成熟一些，能体现出设计师想快速表达设计灵感。

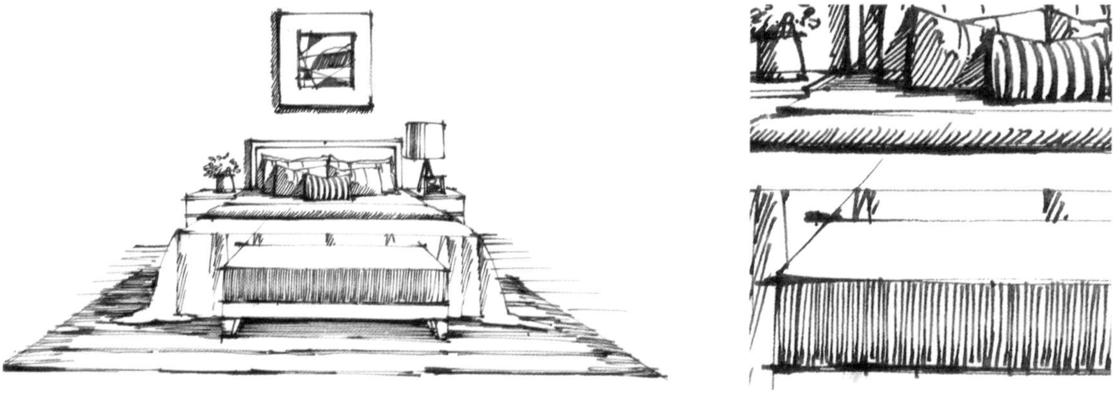

图4-25

平面图

立面图

图4-26

图4-27

图4-28

作业

先在纸上画图4-29所示的方形或平面，然后在里面进行不同方向和疏密程度的线条排列。在练习时，先放慢速度画，再用连笔画法，注意线条排列的渐变、密度和边缘整齐。最后，大面积地使用线条排列绘制物体。

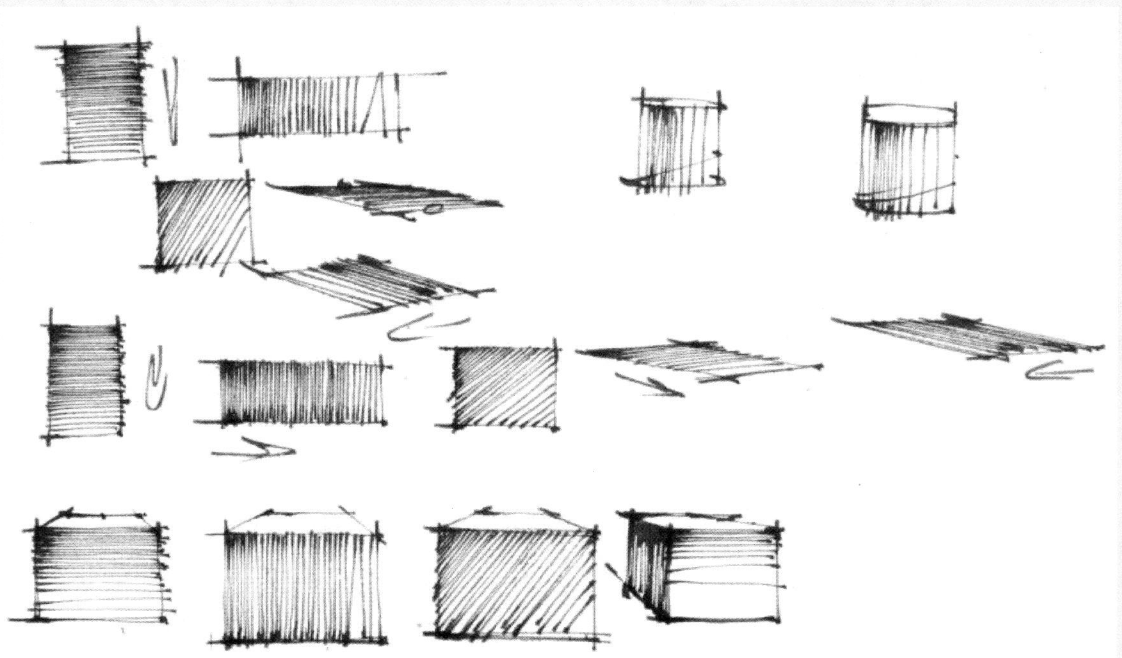

图4-29

第 5 课

材质表现

我们在生活中会见到不同材质的物品，例如，地板的材质是瓷砖或木头，水龙头的材质是金属，沙发的材质是皮质或布料，窗户的材质是玻璃，还有大自然中的花草树木，这些都给人不同的触感。在手绘表现中，可以用线条排列来表现这些不同物品的材质。本课将讲解材质的表现方法。

在手绘图中经常需要表现空间的不同性质和氛围，这就需要表现出空间里物品的不同材质，如图5-1所示。不同的材质会给人不一样的感受，例如，木材让人觉得亲近、自然，石材让人觉得硬朗，金属让人觉得时尚、现代，玻璃让人觉得透明、干净，而布料让人觉得柔软、舒适。在表现材质时，可以使用线条，也可以结合色彩类工具。

图5-1

知识点 1 木材

同其他任何建筑材料相比，木材具有与众不同的质感和美丽的外观，其纹理、质地和芳香的气味都深受大众的喜爱。作为天然材料，每一块木材都具有独一无二的色彩、纹理、光泽和质地。在室内设计中，常见的木材包括红木、水曲柳木、胡桃木等，如图5-2所示。

红木

水曲柳木

胡桃木

图5-2

木材的特点是有自然的、疏密有致的纹理，在室内设计中常用来做家具，以及一些立面造型物。以下是在手绘中表现木材纹理的方法。

先进行不同方向和类型的线条临摹练习，如图5-3所示。

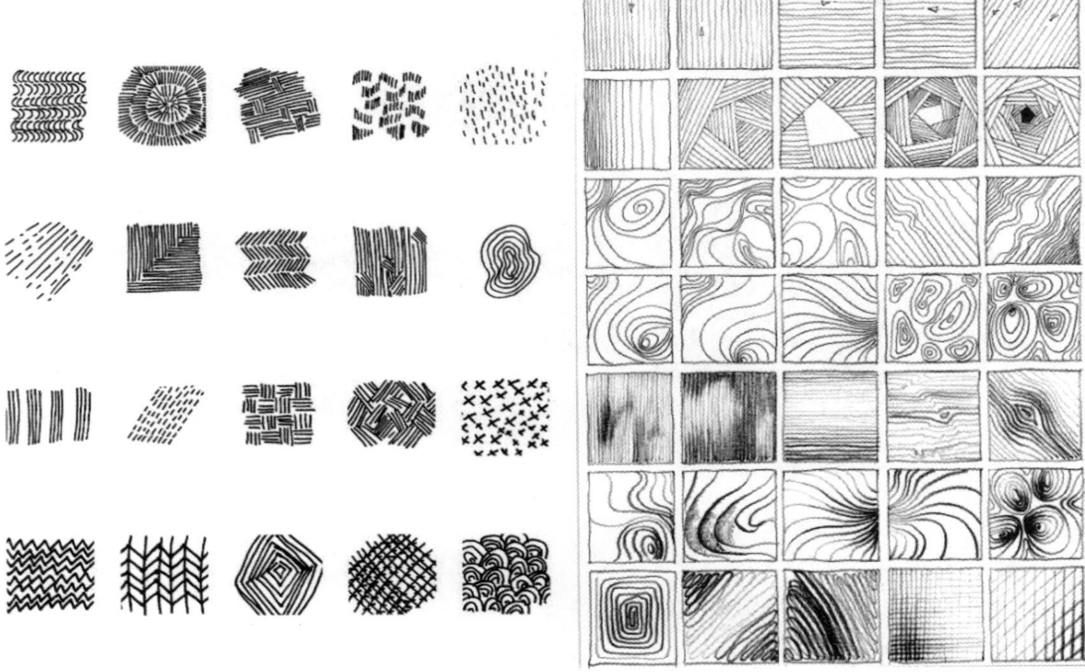
图5-3

在画木材时先练习绘制单条曲线，结合木材本身纹理不规则的特点，注意线条的流畅、虚实变化、疏密结合，利用线条的粗细变化来表现木材的特点，如图5-4所示。

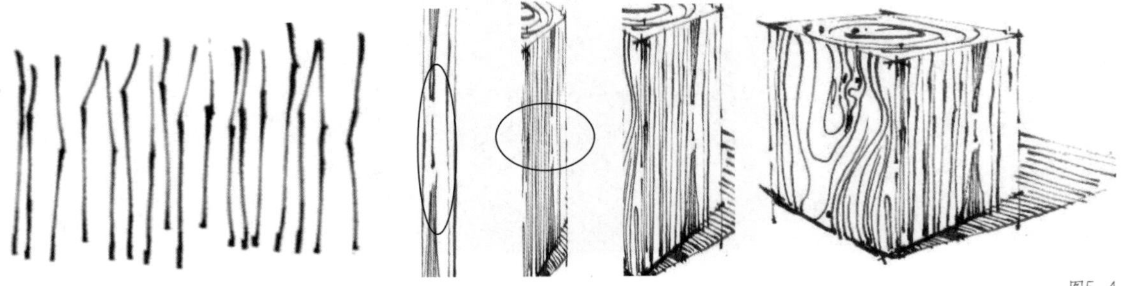
图5-4

当用曲线来表现木材上的木结方向或年轮方向时，可以不用考虑线条力度的问题，更需要考虑的是自然的变化和随机性，如图5-5所示。

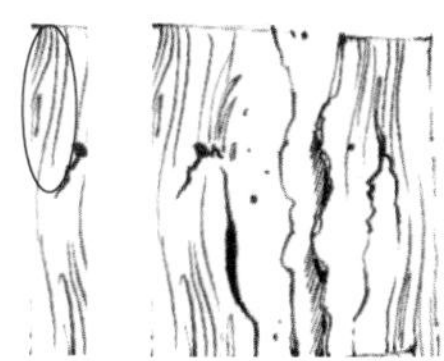

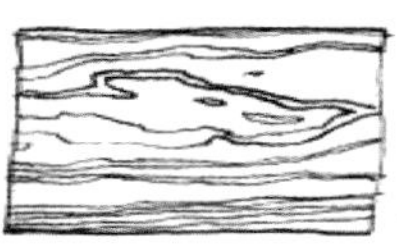

图5-5

在表现木材的颜色时，选择偏红、黄的颜色。当使用马克笔上色时，可以叠加颜色、适当留白，体现出木材天然、丰富的颜色关系，如图5-6所示。

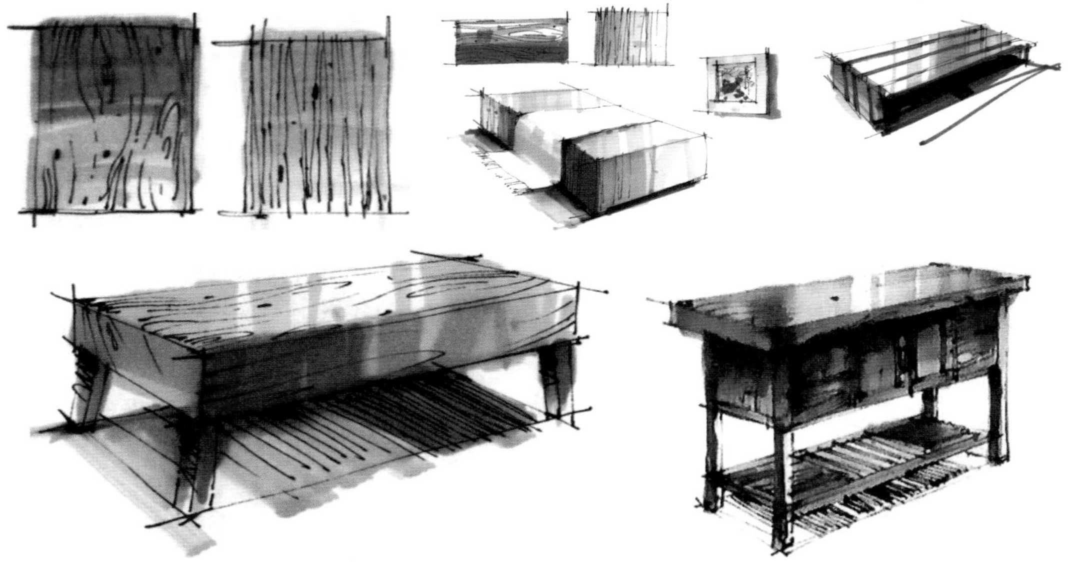

图5-6

知识点2 石材

在室内设计材料中，石材通常分为天然石材、人造石材和复合石材，前两种石材的应用更广泛。室内设计的手绘图中比较常见的有大理石、假山石、文化石和鹅卵石等。大理石和鹅卵石如图5-7所示。

大理石

鹅卵石

图5-7

以下是在手绘图中石材的表现方法。

石材属于自然材质，不规则是它的特点，在用线条表现时主要运用线条的虚实变化。多进行线条的基础临摹学习，在反复的练习中掌握线条粗细的变化，可表现出不同的视觉效果，如图5-8所示。

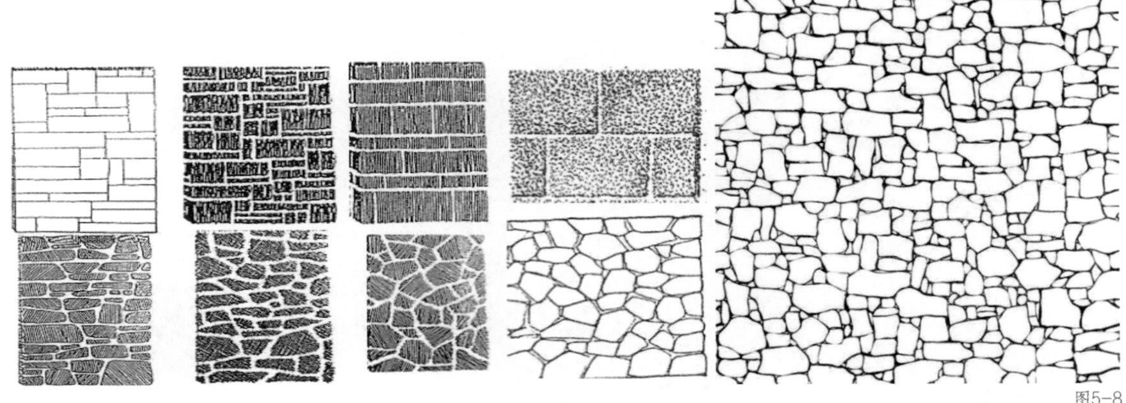

图5-8

画石材的时候要结合石材本身的特点。鹅卵石的特点是圆润与立体，在画鹅卵石顶的时候注意用笔要轻，可以留出一些空白或用虚的线条来表现。在鹅卵石接近地面的位置，用笔要重一些，用实线来体现它的立体感，如图5-9所示。

图5-9

普通石头的特点是外形不太规则、质地较硬、颜色较浅，在用线条表现时要注意线条力度，在着色时保持颜色层次单一。在室内设计中，普通石头多应用在地面或墙面上，而在空间表现中这两个面属于背景，都不需要太突出。普通石头的颜色比鹅卵石的丰富，通常是暖灰色、冷灰色、浅黄色或其他浅色，如图5-10所示。

图5-10

大理石的天然纹理在视觉上看起来有点乱，没有太多的规律，在手绘图中要适当表现这种乱的特点，如运用线条的粗细变化、没有规律的交叉，再适当地增加一些点来表现，如图5-11所示。在给大理石上色时，要注意表面纹理的表现，变化要多，通常选择深色，也可选择浅黄色和暖灰色，如图5-12所示。

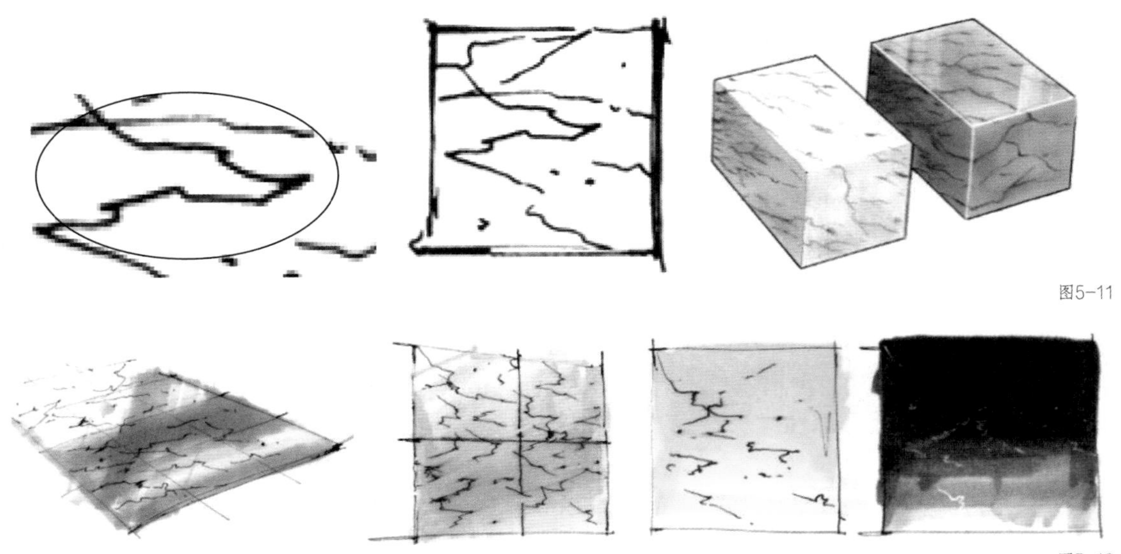

图5-11

图5-12

知识点 3 金属

金属在室内设计中应用得比较少，使用金属材质的物品主要有水龙头、厨具和装饰品等，如图5-13所示。因为金属的质感在空间里的表现效果比较强烈，所以它在手绘图中比较突出。

在表现不锈钢材质的金属时，注意，其外形是整齐的，颜色是简单的，通常选择中灰色来表现，在深色的部分要接近黑色，需要留白，如图5-14所示。

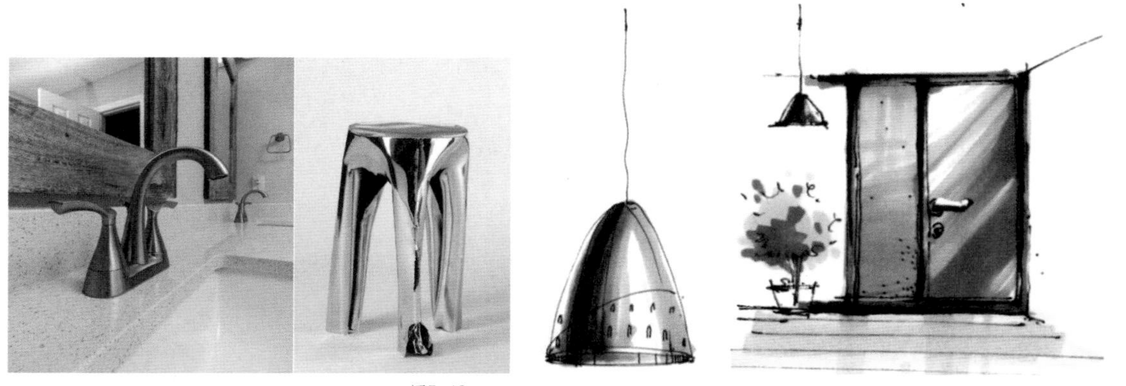

图5-13

图5-14

知识点 4 玻璃

玻璃在室内设计中应用得较广泛，使用玻璃材质的物品主要有窗户、隔断、家具等，如图5-15所示。绘制玻璃有以下几种方法。

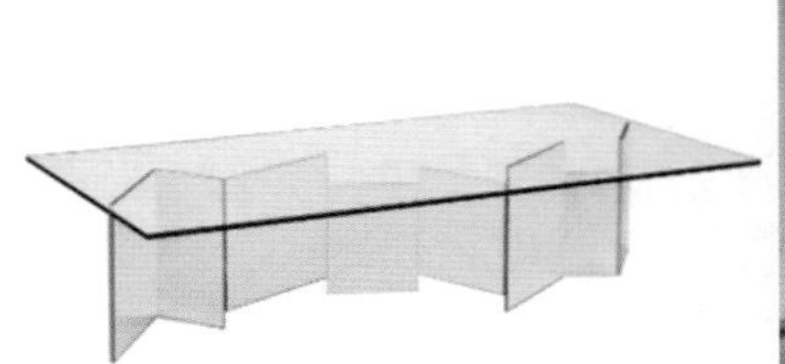

图5-15

玻璃的外轮廓比较简洁，整体看起来透明、干净，在画玻璃时，线条要画直，可以适当借助直尺来画，中间画一些没有落点的直线来体现玻璃的光滑，不要随意修改线条，如图5-16所示。

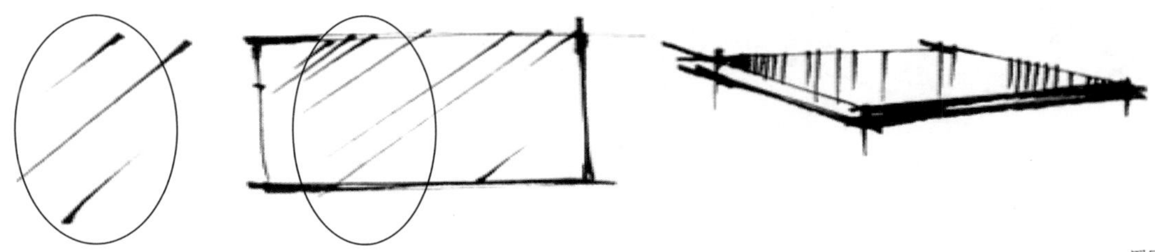

图5-16

在表现玻璃材质时，推荐选择浅蓝灰色或较浅的蓝色，用笔要有力度，适当留白，边缘的颜色较深，使整体看起来干净、整齐，如图5-17和图5-18所示。

图5-17

图5-18

镜子的画法和玻璃的画法基本一样，镜子的留白面积要更大一点，如图5-19所示。

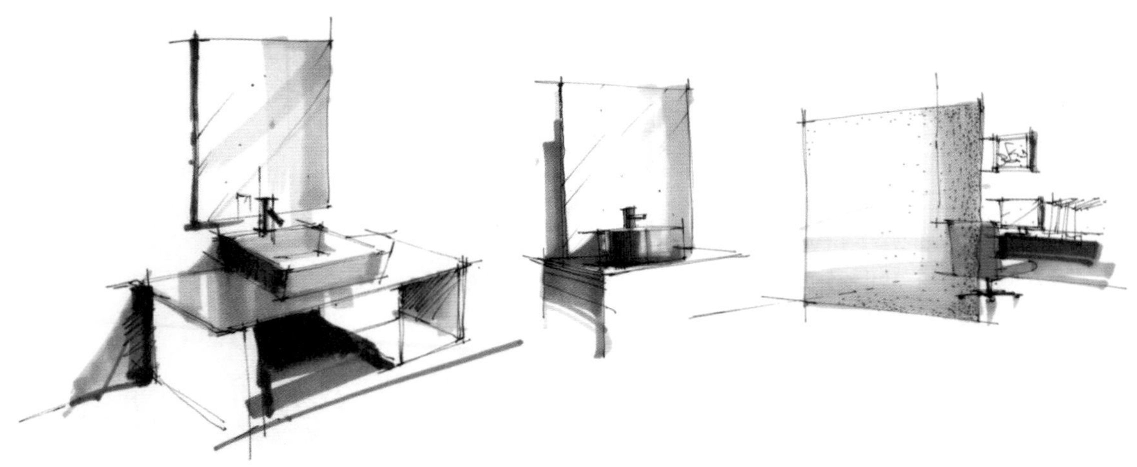

图5-19

在绘制磨砂玻璃隔断的时候，玻璃颜色的纯度要低一些，中间稍微留白，可以绘制一些从边缘扩散的黑点来体现磨砂玻璃的质感，如图5-20所示。

图5-20

知识点 5 布料

布料在室内常用于椅子、沙发和靠垫的外蒙面，床罩、桌布、窗帘等，如图5-21所示。布料的特点是不规则、容易变形和色彩丰富。在手绘图中表现布料时，线条应柔和、细腻，注重虚实变化。这里介绍几种绘制布料的方法。

图5-21

布料有非常多的褶皱和多种多样的图案，在表现布料的材质前可以先进行线条的基础练习，多积累一些表现布料的图案元素和曲线的表达方式，如图5-22所示。

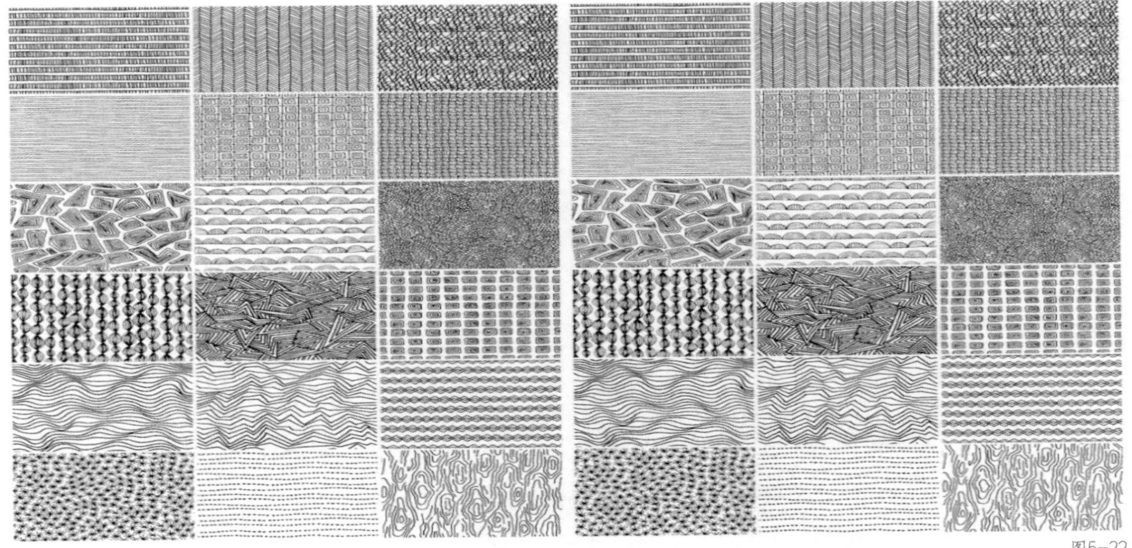

图5-22

表现布料褶皱常用到的线条是曲线，图5-23中的连笔曲线就可以很好地体现布料的自然褶皱。快速地竖向连续画3笔或4笔就能完成这样的连笔曲线，用这种方法表现出来的布料的效果非常自然，可以用在靠垫、床上用品等软性元素上。

图5-23

在表现布料材质时，可以结合线条排列与光影来体现布料的柔软和立体，排列线条的时候采用弧度大一点的线条能更好地体现布料的特点，如图5-24和图5-25所示。

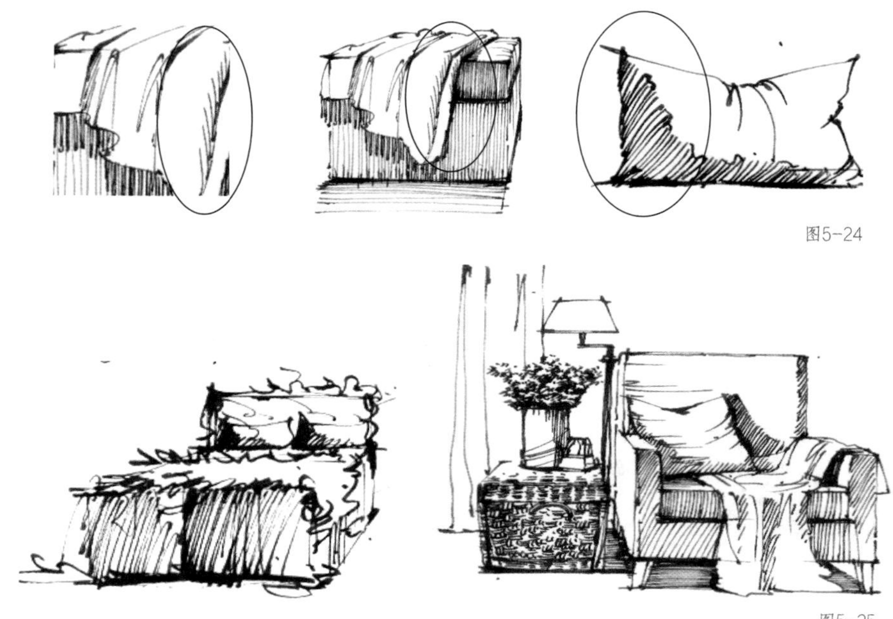

图5-24

图5-25

布料色彩丰富，花色繁多，在颜色搭配上一定要注意视觉效果。在布料颜色的选择上通常会以浅色为主，比如浅紫色、淡绿色、淡蓝色等，再搭配比较鲜艳、亮丽的颜色。绘制布料材质时，注意，线条要柔软，不能太实，绘制边缘时，适当断开线条以体现虚实效果。如图5-26所示，布料材质的颜色要丰富、有层次。初学者可以使用彩色铅笔来体现布料的特点；马克笔的笔触偏硬，更适合用于快速表现，不过也可以用马克笔点画，特别是在绘制地毯时，点画能体现布料柔软的质感和空间感。

图5-26

窗帘的外形相对于其他布料产品来说更整齐一些，在绘制窗帘的时候线条可以断开，中间的线条少一些，两端的线条多一些，因为中间的线条少能体现出窗帘轻盈的质感和透光感，在颜色表现上可以跟着线条的分布来着色，如图5-27所示。

图5-27

在绘制布料材质的靠垫和座椅时，颜色的纯度可以高一些，颜色也可以更丰富一些，如图5-28所示。

图5-28

知识点6 编织材质

编织材质属于纹理感较强的材质，在室内设计中，多用在家具和装饰品上。编织品是用比较自然的材料制作的，能体现出朴素的风格，无论是从物品颜色上还是从编织纹理上都能在视觉上给人强烈的感受，同时能很突出地体现家居的风格，如图5-29所示。编织材质的绘制方法有多种。

图5-29

在绘制编织材质家具时，先对一些有组织的线条进行临摹练习，线条在不同的组合下会呈现不同的效果。在练习时需要使速度慢下来，耐心地画出每种编织材质的特点，如图5-30所示。

图5-30

生活中的编织品有不同的编织手法，因此在绘制时要根据不同的编织手法表现对应的质感。图5-31所示为较简单的编织手法的纹理，绘制时先画短的弧线，然后按照编织的方向去排列，绘制出渐变的效果。对于编织材质的颜色，通常根据整体需要选择，常选择编织品原始的颜色，如偏暖的土黄色或偏浅的类似于木材的颜色。

图5-31

图5-32所示为采用交叉编织手法的编织品纹理，在绘制时线条要有一定弧度，线条连接的位置不能有太多的空白，否则会显得很散。选择的颜色可以丰富一些，推荐使用类似于木材的颜色和偏浅的黄色。表现编织材质需要有耐心。

图5-32

采用图5-33所示的编织手法的编织品纹理比图5-31、图5-32中的更复杂，它在吊灯或者吊椅上比较常见，绘制的线条同样要带有一定弧度，线条的长短差别不能太大，要按规律交叉排列。 因为使用这种编织手法的编织品中间有空隙，所以推荐选择偏深的颜色来表现。

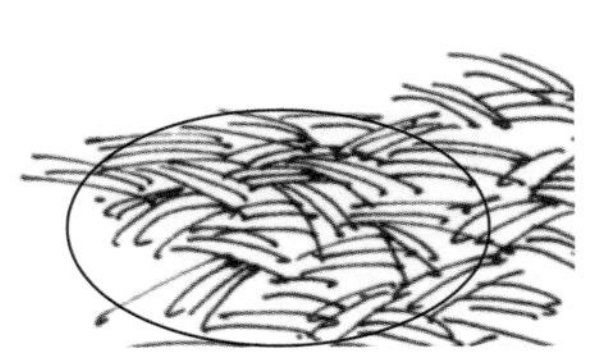

图5-33

在实际绘制编织材质时，要注意整体的虚实处理。编织材质具有密集的排列形式，为了让画面看起来不拥挤，要在受光亮面做留白处理或做疏密变化的处理。可根据物体的功能选择颜色，如灯具的颜色选择偏暖色，再用黄色作为光源色，在使用马克笔时笔触不要太硬，柔和过渡会使画面看起来更自然，同时可以使用彩色铅笔去表现光的效果，如图5-34所示。

图5-34

在将编织材质和植物或花卉等结合时，颜色应更丰富，要表现出环境的影响，如图5-35和图5-36所示。

图5-35

图5-36

在绘制藤编材质的家具时，要注意面的纹理变化，前面可排列得满一些，后面部分要慢慢地虚化，才能塑造空间感和近实远虚的效果。颜色可以有更多的变化，不一样的颜色组合要有明度的对比，如图5-37所示。

图5-37

知识点 7 植物

无论在现实生活中还是在设计案例中，空间中都会涉及植物的搭配。植物能体现美好的生活氛围，在手绘图里画植物还能体现出空间中的自然氛围，如图5-38所示。

图5-38

植物是造型不规则的物体，没有明确的透视关系，可采用随意、自然的表现形式，因此，线条要流畅简洁、虚实结合，以表现植物富有生命力的姿态和形象。在颜色选择上，植物和景观建筑的颜色相对于室内单体来说要明快与丰富一些，如图5-39所示。

图5-39

下面介绍几种绘制植物的方法。

植物是自然生长的生物，因此使用的线条应是自由与随意的。可以练习不规则的线条组合，以制造渐变效果，方便在绘制后期表现植物的立体关系，如图5-40所示。

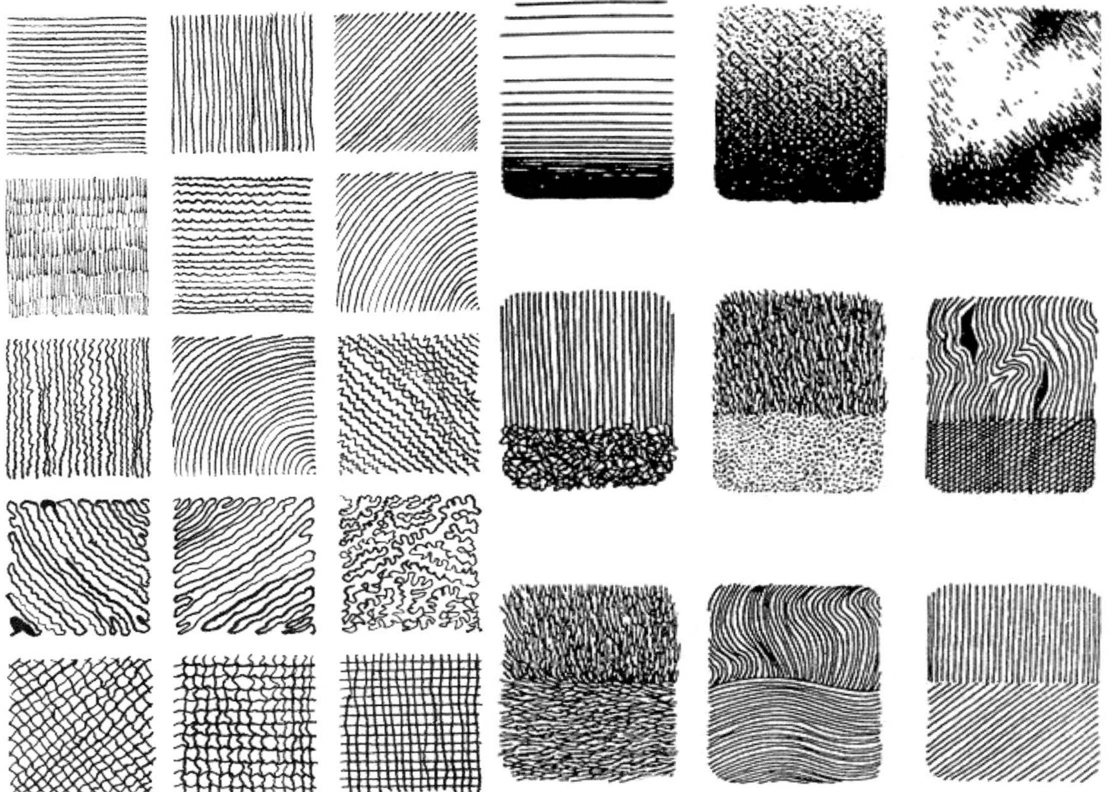

图5-40

在练习前期可以先画一些规则的植物，对植物的每条线进行分解，一步一步地画，表现植物的线条在不同方向的转折关系，如图5-41所示。大一些的植物的结构也可以参照这种方法，根据植物的特点进行绘制，如图5-42所示。

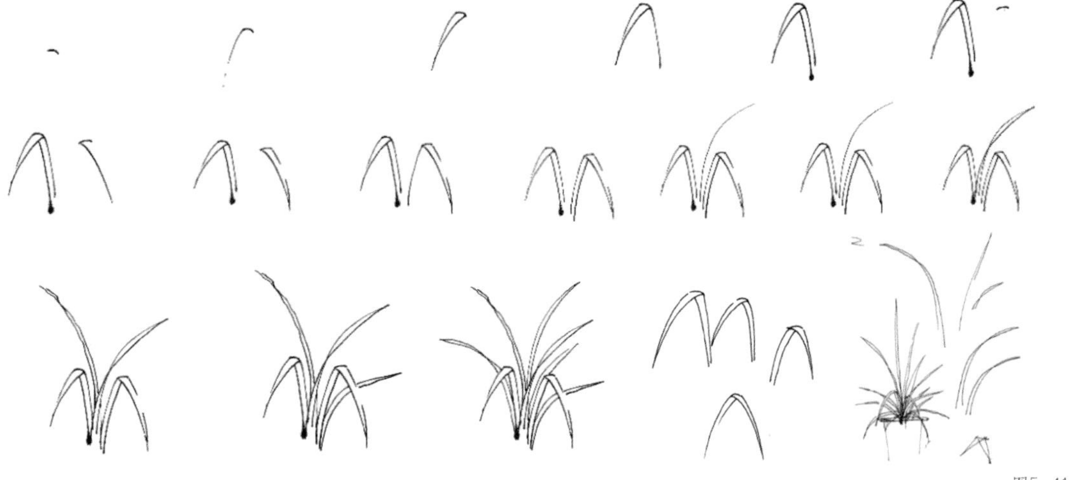

图5-41

图5-42

如果要绘制缺少具体造型的植物，那么要先进行椭圆形绘制练习，画的速度快一些，再加上连笔的效果，让植物看起来随意且自然，如图5-43所示。图5-44所示的是植物的光影、明暗关系，这里借用一个球体的光影关系来大致说明，假设光源在左上方，那么球体的右下方就是暗面。图5-45所示的是明暗关系的4种绘制方法。

图5-43

图5-44

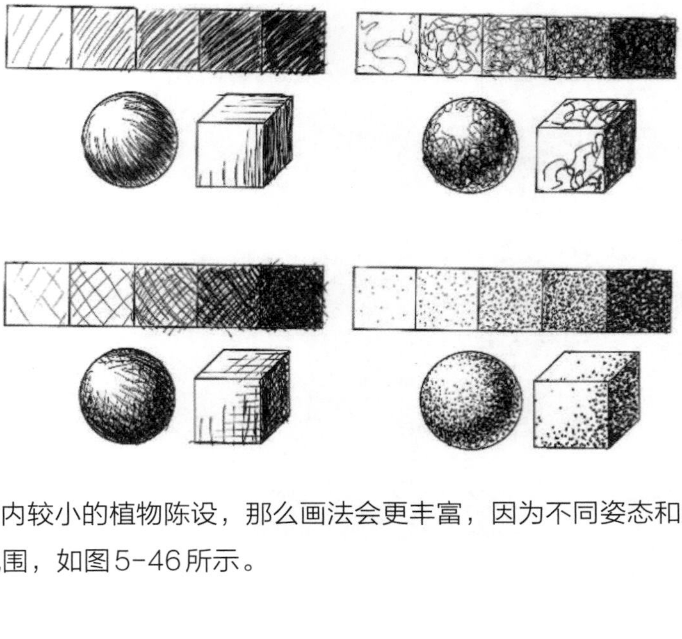

图5-45

如果画的是室内较小的植物陈设，那么画法会更丰富，因为不同姿态和造型的植物可以体现空间不一样的氛围，如图5-46所示。

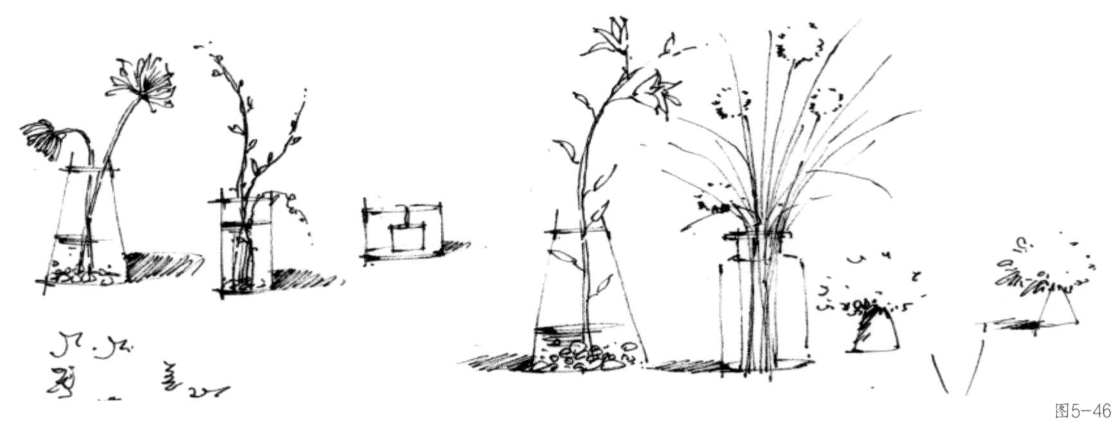

图5-46

当表现较复杂的植物组合时，要考虑植物的前后关系并进行虚实处理，后面的植物要越简单越好，这样才能体现空间的前后关系，如图5-47和图5-48所示。

图5-47

图5-48

植物让生活更加美好，在室内设计手绘中植物是必不可少的元素。接下来，将挑选一些美丽的植物，运用前几课介绍的内容来讲解其绘制方法。

1. 蝴蝶兰的绘制方法

第1步　找一张蝴蝶兰的实景图片，如图5-49所示，观察并分析蝴蝶兰的造型与特点。

第2步　画出花瓶。如果对花瓶的对称形状把握不好，就把线条分成几段画，如图5-50所示。

图5-49　　图5-50

第3步　根据花瓶的高度画出植物的高度——大致是花瓶高度的两倍，根据植物的特点画出叶子，如图5-51所示。

第4步　蝴蝶兰的枝干中一部分是弯曲的，画出曲线，在枝干上画出花的形状，如图5-52所示。

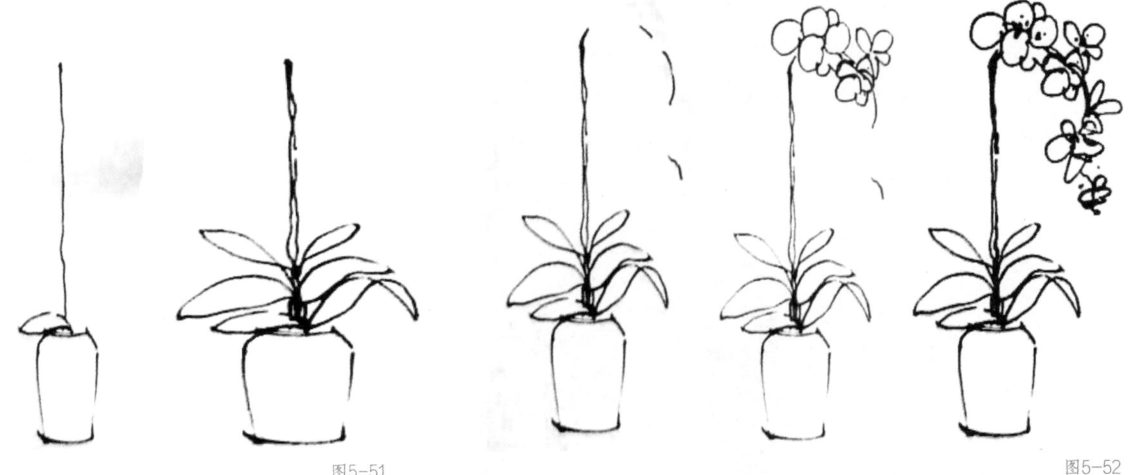

图5-51　　图5-52

第5步　画出花瓶上的格子图案，画的时候注意光影关系，亮的一面可以不画或少画几笔，以体现植物的立体效果，如图5-53所示。

图5-53

2. 绣球花的绘制方法

第1步　根据图5-54所示的实景图片，分析绣球花整体的形状和特点。

第2步　画出花瓶，根据花瓶的大小，画出绣球花的枝，因为有几簇绣球花，所以画的时候要注意体现枝的交叉和前后错落的效果，如图5-55所示。

图5-54

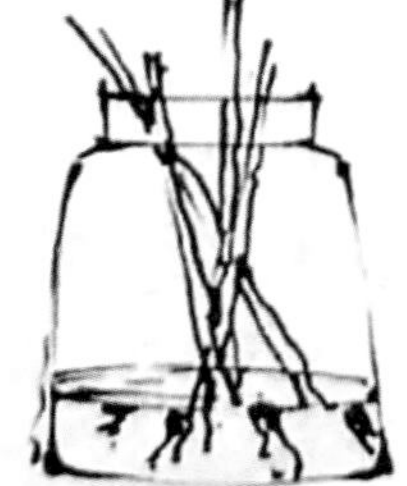

图5-55

第3步　根据绣球花的形状，画一簇绣球花，根据第一簇绣球花的位置，画其他的绣球花，注意体现高低错落的摆放效果，如图5-56所示。

第4步　画出叶子，同时在所有绣球花杆的侧面加重线条以体现植物的立体感，在水面画出几条曲线以体现水的效果，如图5-57所示。

图5-56

图5-57

3. 创意组合植物的绘制方法

第1步 根据图5-58所示的实景图片，分析创意组合植物的造型与特点。通常创意组合植物是由几种不同的植物构成的，画的时候线条的种类要多一些。

第2步 画出花瓶（花瓶可看作一个圆柱体，画的时候注意底部的线条要稍有弧度），在花瓶上画出第一簇花，花的形状基本也是圆形，注意，每簇花的大小是不一样的，如图5-59所示。

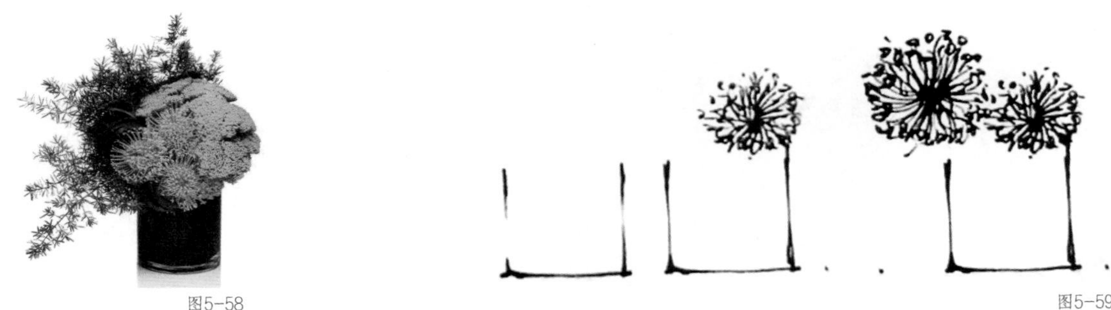

图5-58　　图5-59

第3步 创意组合植物的第二种植物的线条比较简单，画的时候可以弱化一些；第三种植物是线形植物，先大致画出此植物主要的线条，再画出叶子，如图5-60所示。

第4步 对于植物相互连接的地方，把线条画密或把连接处涂黑来表现植物的立体效果，在花瓶上画一些竖向和斜向线条来体现花瓶的立体效果，如图5-61所示。

图5-60　　图5-61

除了练习植物形态的手绘外，还要练习给植物着色。在给植物着色时，最常用的是马克笔和高光笔，所以接下来以马克笔和高光笔为例讲解给植物着色的方法。

第1步 确定植物在图中的位置，画出主体植物的外形，如图5-62所示。

第2步 根据主体植物的造型，添加配景的植物，可绘制得简单一些，如图5-63所示。

第3步 在背景中添加一些植物，画出植物的外形即可，如图5-64所示。

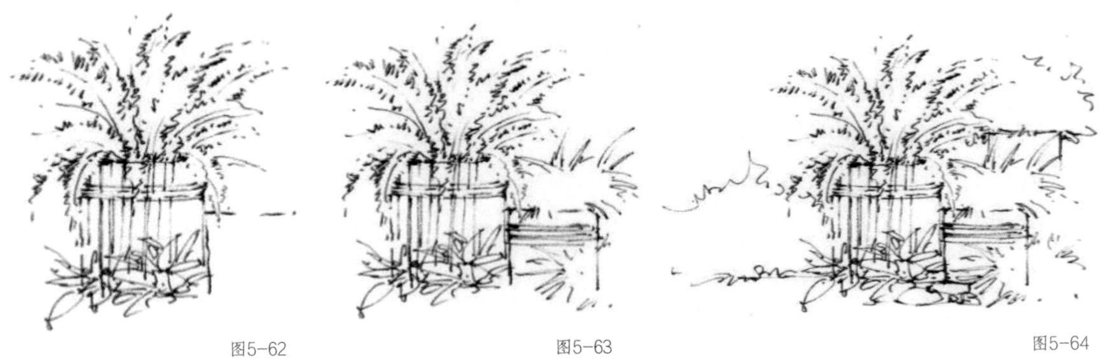

图5-62　　图5-63　　图5-64

第4步 在地面上添加一些石头来完善构图，如图5-65所示。

第5步 为了体现高低层次感，在植物的后面画出小树，如图5-66所示。

图5-65

图5-66

第6步 给手绘图着色。在表现植物的时候要有前后的区分，前面的植物的明度要高一些，如图5-67所示。

第7步 靠后的植物使用深绿色平涂，将其处理成背景，靠前面的植物用黄绿色平涂，将每种植物用不同深浅的绿色来表现，突出前后的层次感，如图5-68所示。

图5-67

图5-68

第8步 选择较深的绿色给植物着色，让画面有明度上的对比，再选择木色给本质花盆着色，如图5-69所示。

第9步 把植物中心区域的颜色加深，注意，加深的面积应较小，笔触上的变化可多一些，如图5-70所示。

第10步 使用偏暖的灰色为地上的石头着色，在视觉上制造对比效果，如图5-71所示。

第11步 在各个连接处加深颜色，增加颜色的层次，如图5-72所示。

第12步 在暗面使用深色进行小面积的加深，如图5-73所示。

第13步 在亮面使用高光笔提亮，如图5-74所示。

图5-69

图5-70

图5-71

图5-72

图5-73

图5-74

到此，使用马克笔和高光笔给手绘植物着色就完成了。大家可以按照这些方法勤加练习，培养个人的色彩搭配能力和手法技巧。图5-75和图5-76所示为一些练习素材。

图5-75

图5-76

作业

使用A3大小的纸，对图5-77所示的不同材质表现手绘图进行临摹练习。

图5-77

第 6 课

透视原理

透视原理是学习手绘的基础，是非常重要的知识。在进行快速表现时，往往不借助尺规，对透视原理的应用在很大程度上是凭感觉的，这就要求进行快速表现的人对透视原理有非常透彻的了解。透视效果图能更直观地表现设计概念和设计思维，可以使观者更容易理解设计意图。我们用透视图去表现设计效果，完全依赖对透视原理的熟练应用。这一课将详细讲解一点透视原理、两点透视原理、一点斜透视原理和圆形透视。

第1节 生活中的透视现象

透视是一种视觉现象，有时候称为视觉假象。在生活中人们经常可以看到一些透视现象，如图6-1所示。

图6-1

通过观察生活中的场景，我们可以发现透视有近高远低、近大远小、近实远虚的特点，如图6-2所示。

图6-2

近一些的树会高一些，远一些的树会低一些，这是近高远低的现象；近一些的树会大一些，而远一些的树会小一些，这是近大远小的现象；近一些的树上的树枝可以看得很清楚，而远一些的树枝基本上看不出来形状了，这是近实远虚的现象。

第2节 透视的基本术语

为了让读者更清晰地了解透视，本节讲解透视的基本术语，图6-3展示了部分术语在画面中的位置。

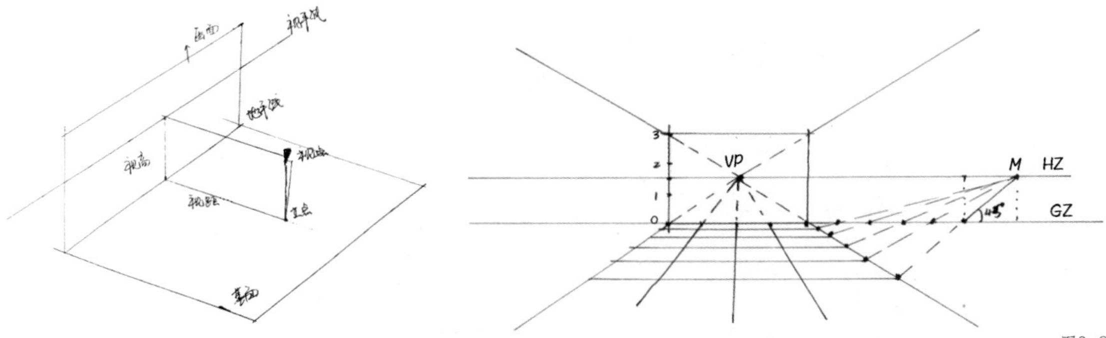

图6-3

- **画面（Picture Plane，PP）**：将物体或者空间呈现在平面上的载体。
- **视平线（Horizontal Line，HL）**：与画者眼睛平行的水平线。
- **地平线(Ground Plane，GL)**：基线，画面的底线。平视时，地平线与视平线重合；正仰、俯视时，不存在地平线。
- **视高（Visual High，*H*）**：画面上视平线距离地面的高度。
- **立点（Standing Point，SP）**：距离画面的起点，位置是相对于画面的距离来确定的。
- **基面（Ground Plane，GP）**：物体的放置平面，通常指地面。
- **消失点（Vanishing Point，VP）**：立体图形延伸线形成的交点。
- **测点(Measure Point，*M*)**：测量物体在透视中长、宽、高的点。
- **视距（Visual Distance，*D*）**：站点或者叫视点离画面的距离。
- **视点（Eye Point，*E*）**：人的眼睛的位置。
- **真高线**：室内空间的层高或者建筑的真实高度，也就是要画的东西的真实高度。

第3节 一点透视原理

一点透视又叫平行透视。放置在地面上的方形物中，有一个竖直面是平行于画面的，观者眼中这个面不会发生透视变形，这称为一点透视。在一点透视的画面中，只有一个消失点，也称为灭点。一点透视给人的感觉是比较庄严和对称，如图6-4所示。

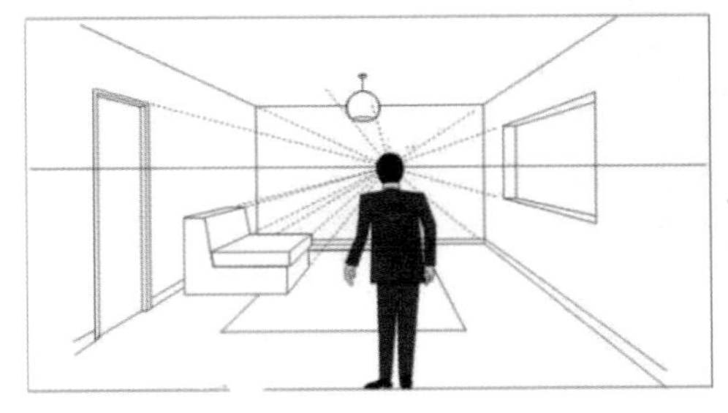

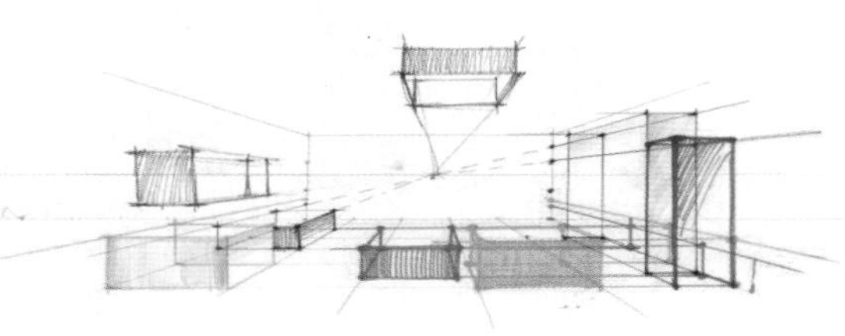

图6-4

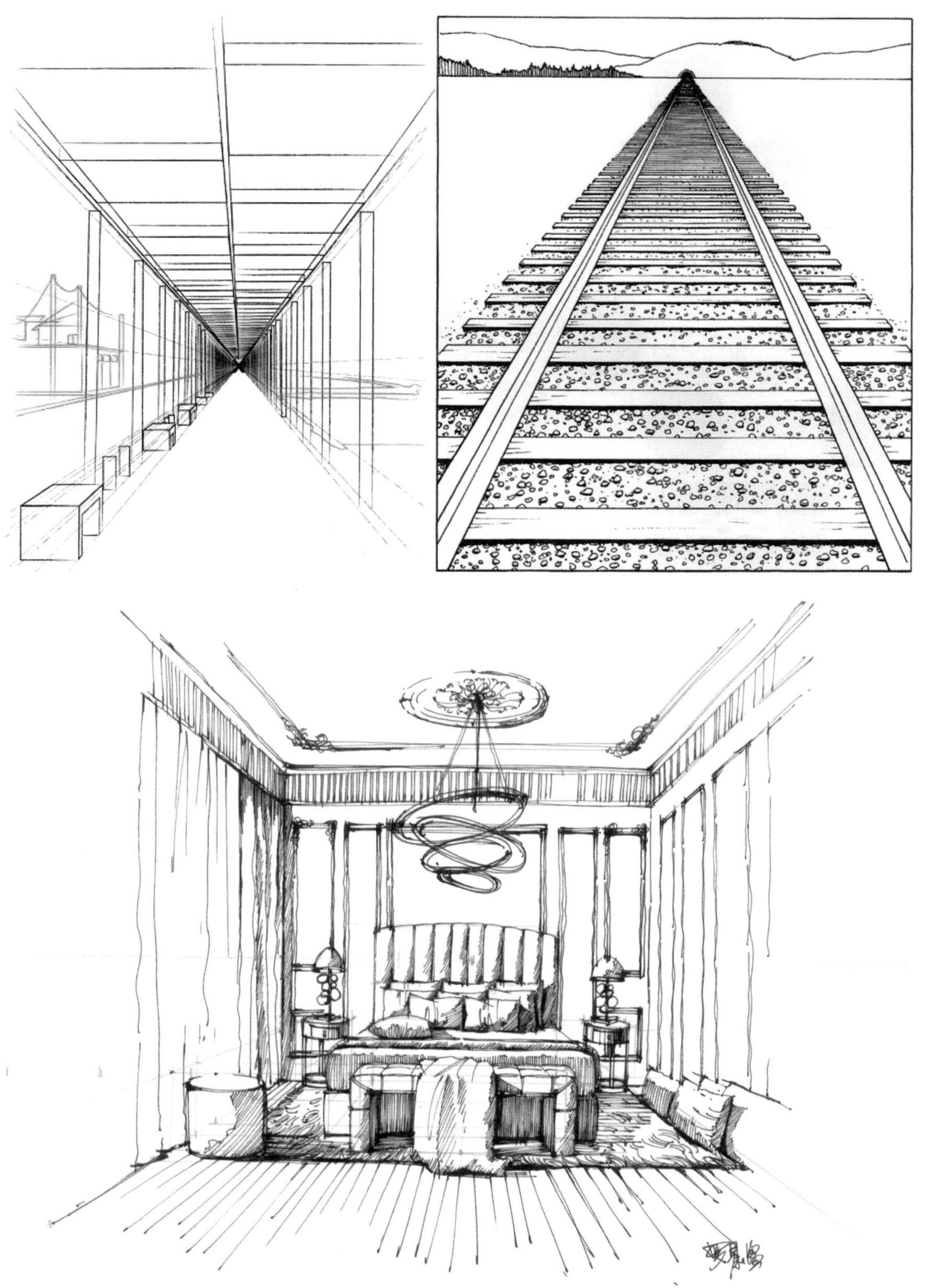

图6-4（续）

知识点 1 一点透视空间的绘制步骤

下面以图6-5所示的开间4 m、进深5 m、层高3 m的空间为例，讲解一点透视空间的绘制步骤。

第1步 用垂直的线段绘制空间墙体的高，高度为3 m，分为3条线段，每段代表1 m，如图6-6所示。

第2步 用水平线段绘制空间墙体的宽，宽度为4 m，线段比例同第1步的比例，如图6-7所示。

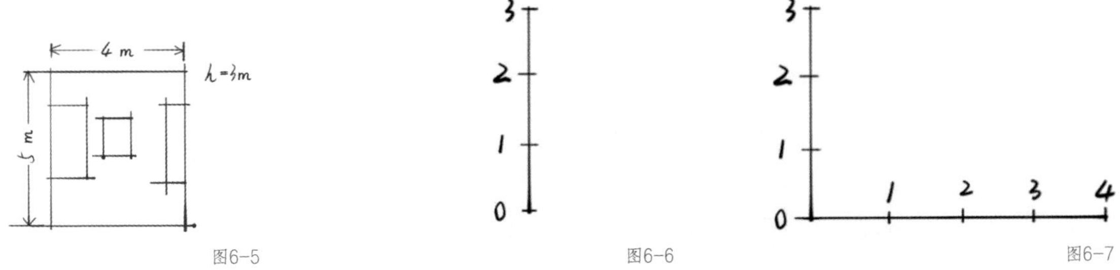

图6-5 图6-6 图6-7

第3步 绘制连接天花板的墙体的宽，宽度为4 m，如图6-8所示。

第4步 在右侧用垂直线段连接两条水平线段，完成空间墙体的绘制，如图6-9所示。

图6-8 图6-9

第5步 按绘制比例，在高度大约1.6 m的位置绘制HL，如图6-10所示。

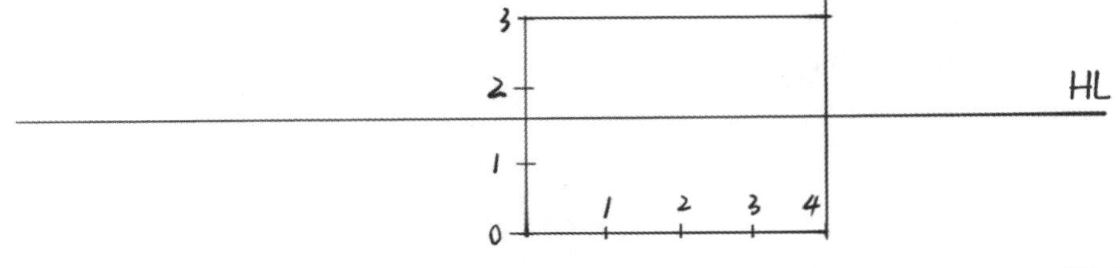

图6-10

第6步 在视平线的中间找到VP的位置，如图6-11所示。

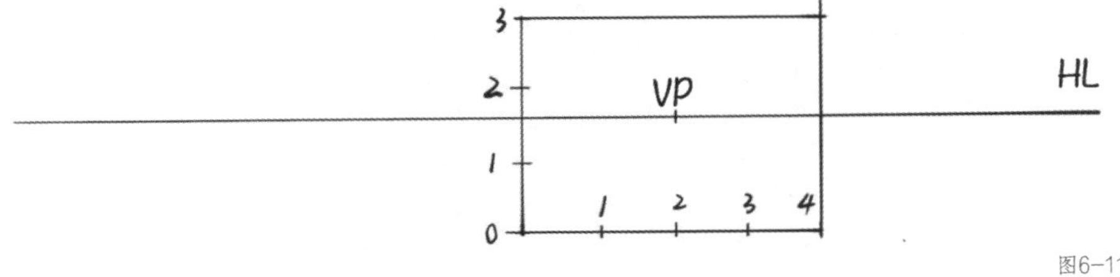

图6-11

第7步 经过VP分别用虚线连接*A*、*B*、*C*、*D*这4个点，并改用实线绘制延长线，产生墙线透视线，如图6-12所示。

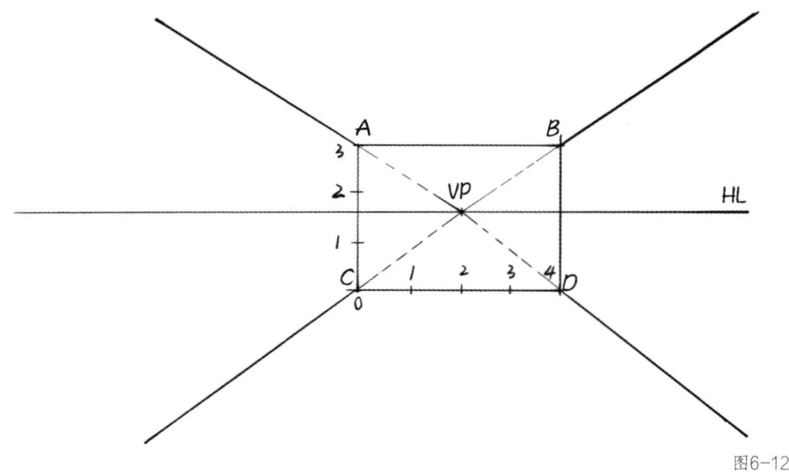

图6-12

第8步 绘制通过*C*、*D*两点的延长线，得出GL，如图6-13所示。

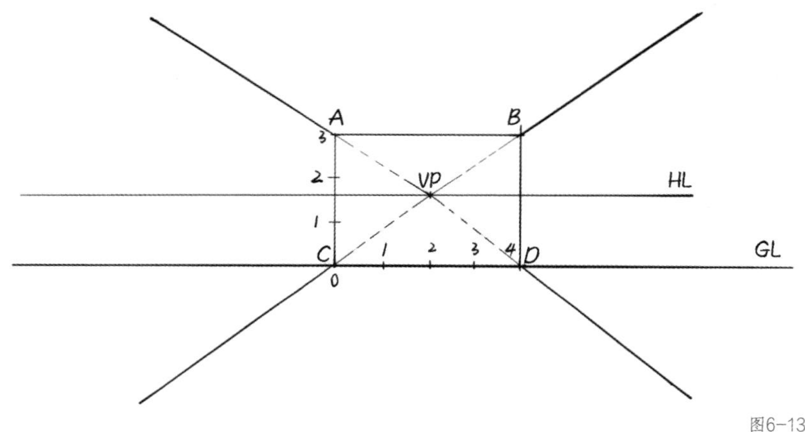

图6-13

第9步 在GL左侧标注出线段比例同第1步的比例的5 m的宽度，如图6-14所示。

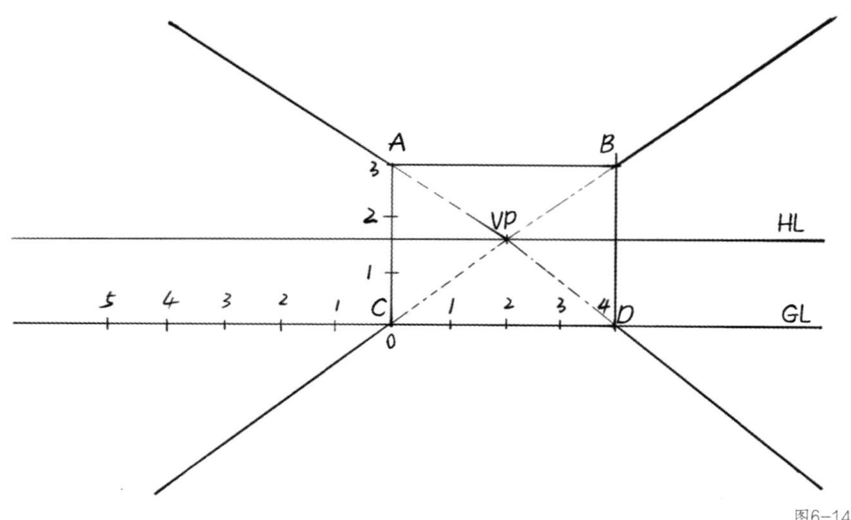

图6-14

第10步 在GL上标注为5的位置向左上斜45° 绘制斜线使其相交于HL，其交点是测点（*M*），如图6-15所示。

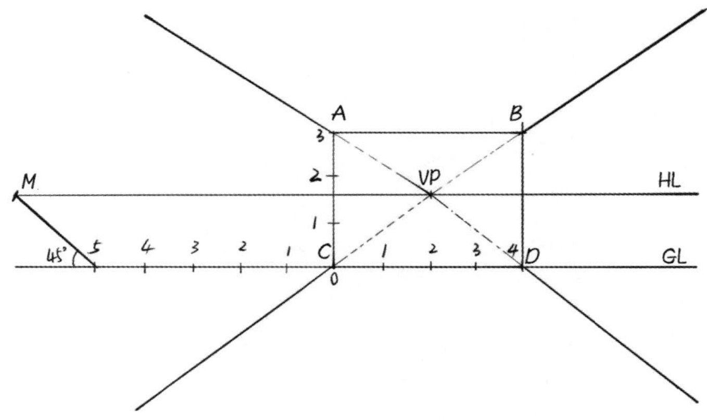

图6-15

第11步 经过*M*，用虚线分别连接GL左侧上标注为5、4、3、2、1的点，并延长虚线使它与左下方的墙线透视线相交，所产生的交点是近大远小的透视进深参考点，如图6-16所示。

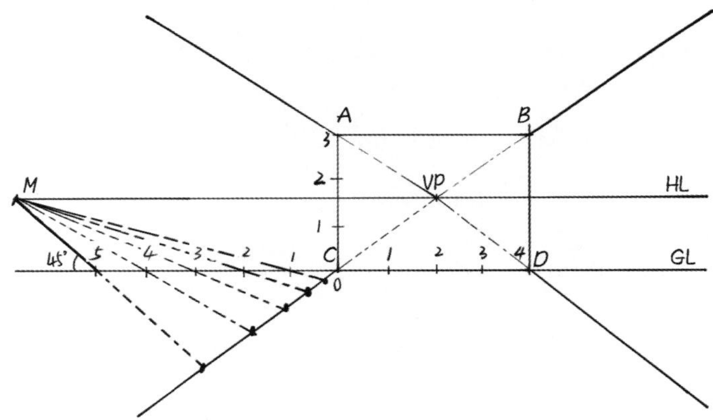

图6-16

第12步 经过近大远小的透视进深参考点，绘制横向平行线，平行线与右下方的墙线透视线相交，如图6-17所示。

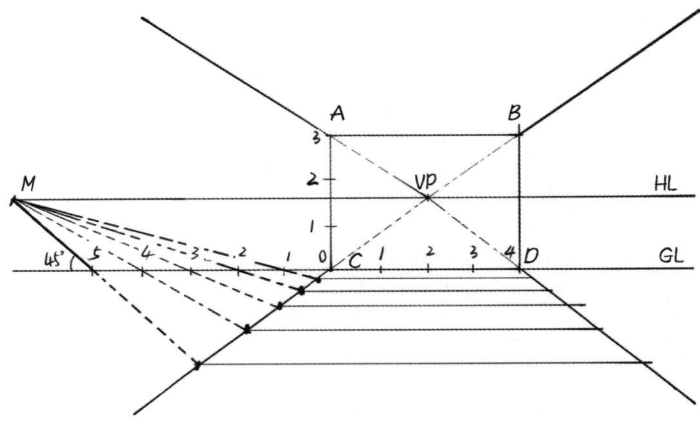

图6-17

经过VP分别连接墙体的宽上标注为1、2、3的点，绘制进深透视线，完成一点透视空间的绘制。至此即产生了一点透视空间的框架结构线，如图6-18所示。我们可依据这些线完成各种一点透视效果图及空间形态的绘制。

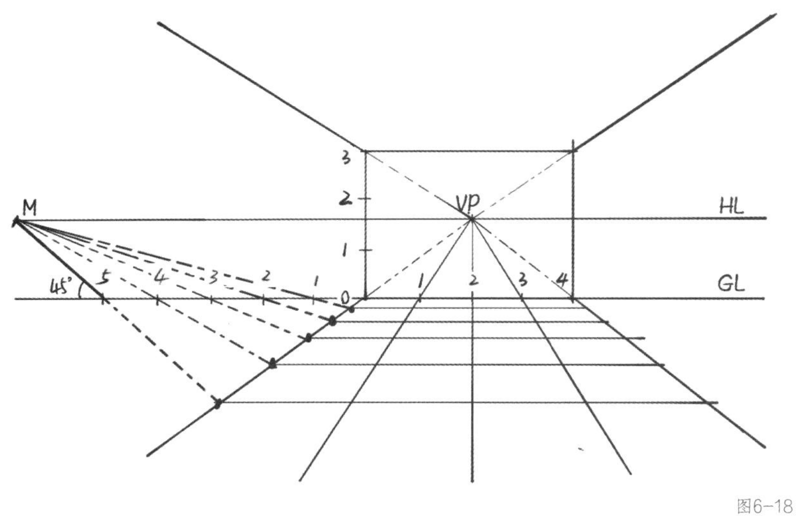

图6-18

知识点 2 一点透视空间中几何体的绘制步骤

完成一点透视空间的绘制以后，就可以根据透视关系绘制空间里的几何体（如家具等）了，如图6-19所示。

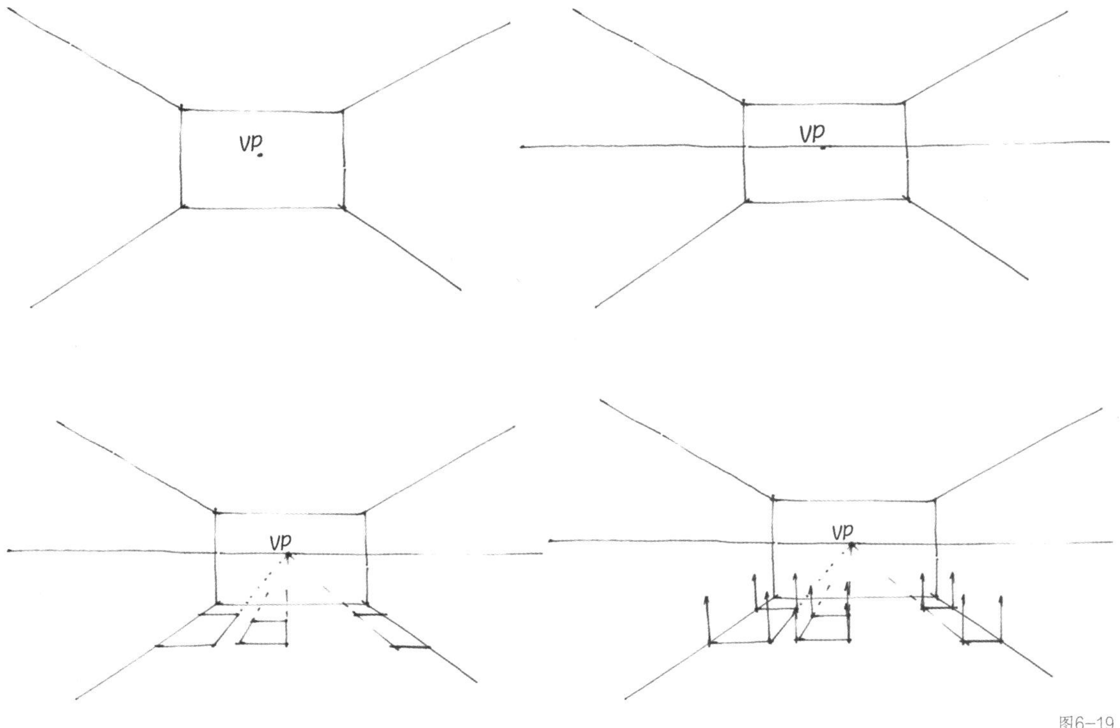

图6-19

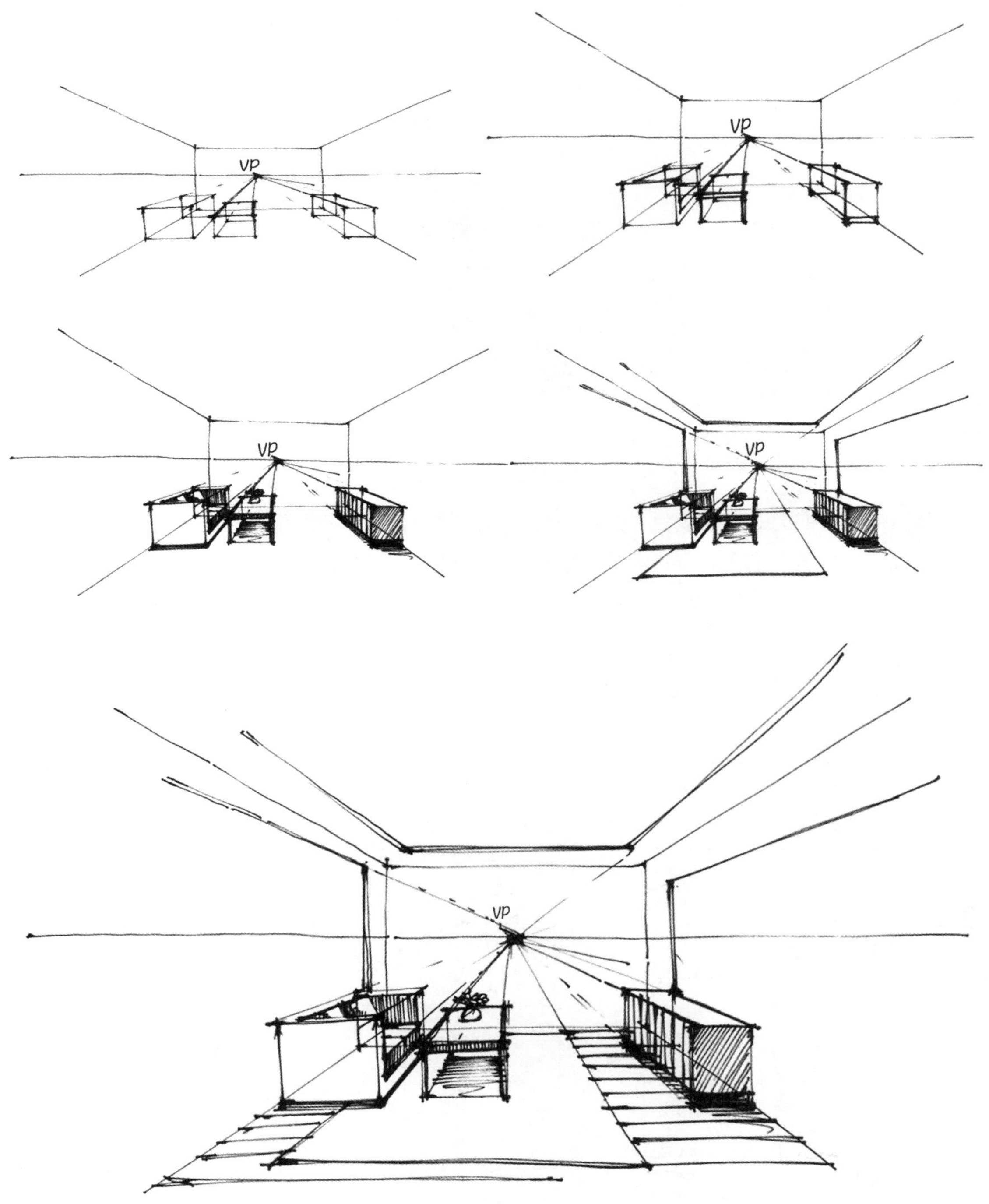

图6-19（续）

为了更熟练地绘制这样的一点透视空间，初学者要多做一些一点透视几何体的绘制练习。可以先借助尺子等工具来绘制透视图，如图6-20所示。等掌握透视原理和绘制方法之后，再练习徒手绘制透视图。

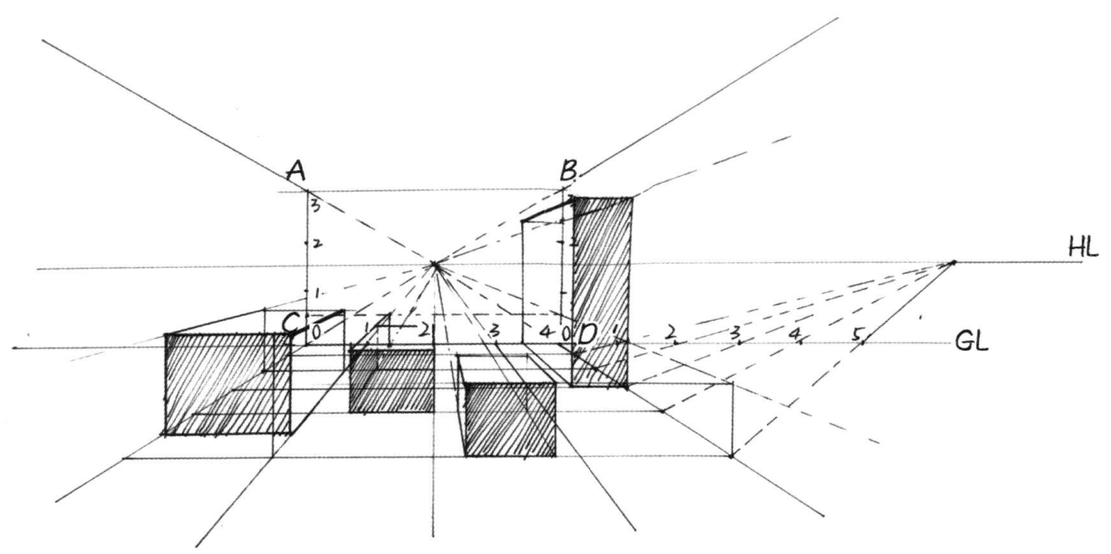

图6-20

掌握绘制透视图的方法以后，需要进行大量不同的练习来熟练掌握透视原理并提高透视表现的准确性，多样化的几何体能帮助你理解和熟练地掌握正确绘制透视图的方法。图6-21提供了一些绘制透视几何体的练习素材，大家可以模仿练习，也可以根据自己的想法进行练习。

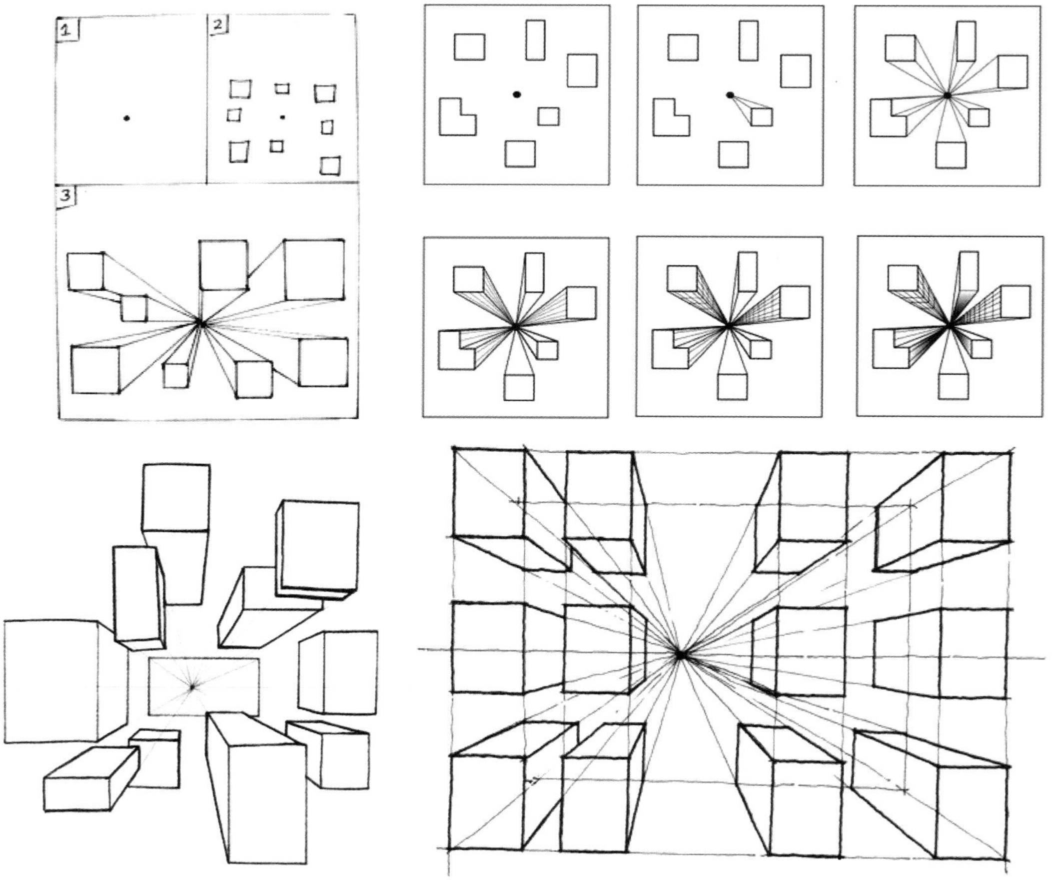

图6-21

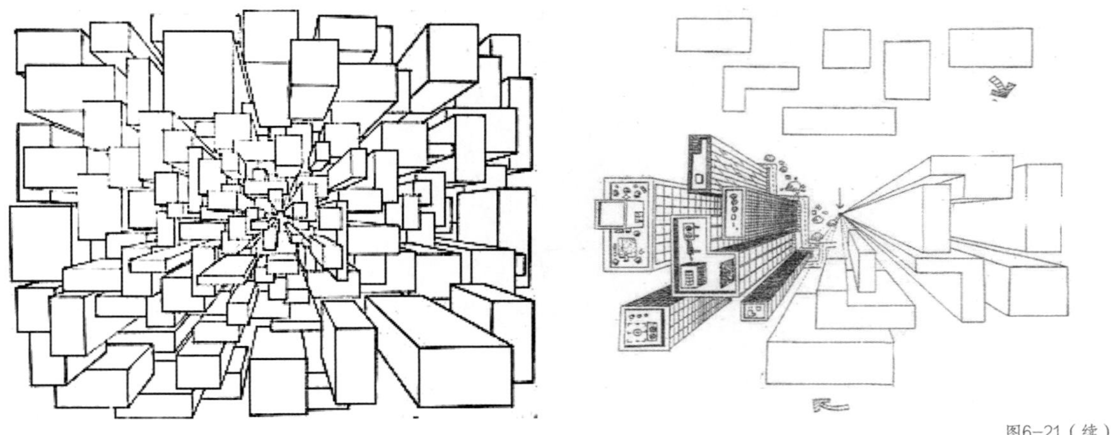

图6-21（续）

知识点 3 一点透视客厅空间的绘制步骤

第1步 用铅笔、尺子在A3大小的纸上绘制一个高3.5 m、宽5 m、进深4 m的一点透视空间。在确定比例时，以纸上距离3 cm表示实际的1 m或者以纸上距离4 cm表示实际的1 m（本案例中的比例尺为1 ∶ 25，为了呈现图画效果，仅在第一张图上做标注），如图6-22所示。

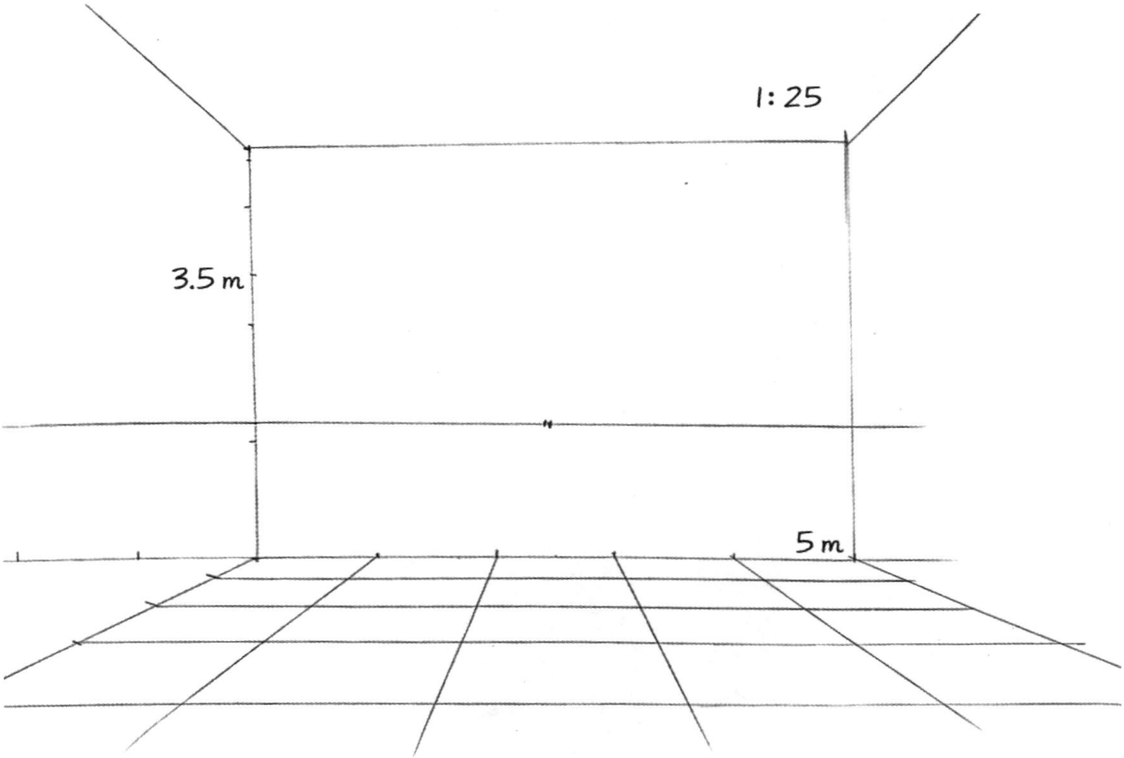

图6-22

第2步　为了在平面图上绘制出家具要摆放的位置和家具的大小，绘制平面几何图形，如图6-23所示。

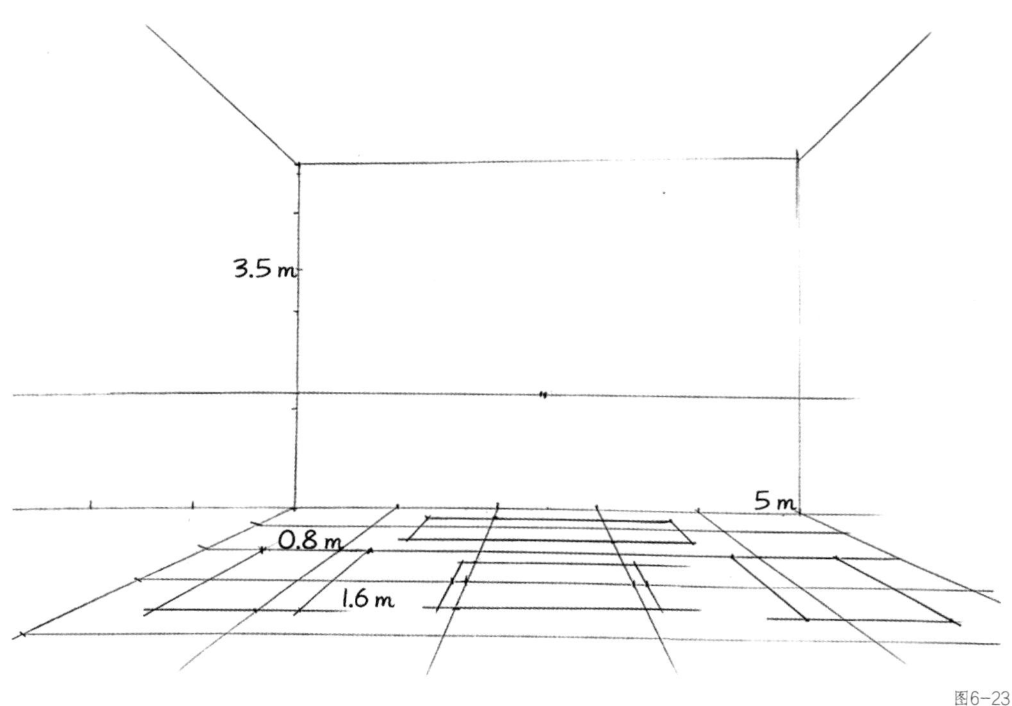

图6-23

第3步　在平面几何图形的基础上根据家具的尺寸，将平面几何图形绘制成几何体，单独为每个几何体“画高度”，如图6-24所示。

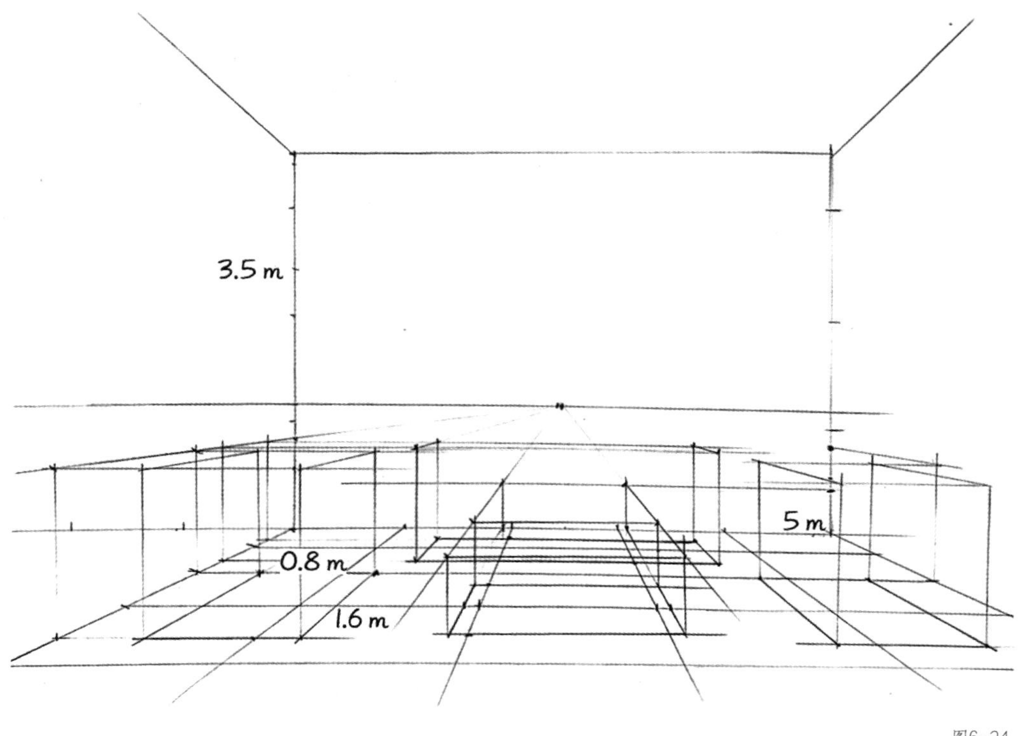

图6-24

第4步　绘制出空间内的窗户、门等的位置和结构，如图6-25所示。

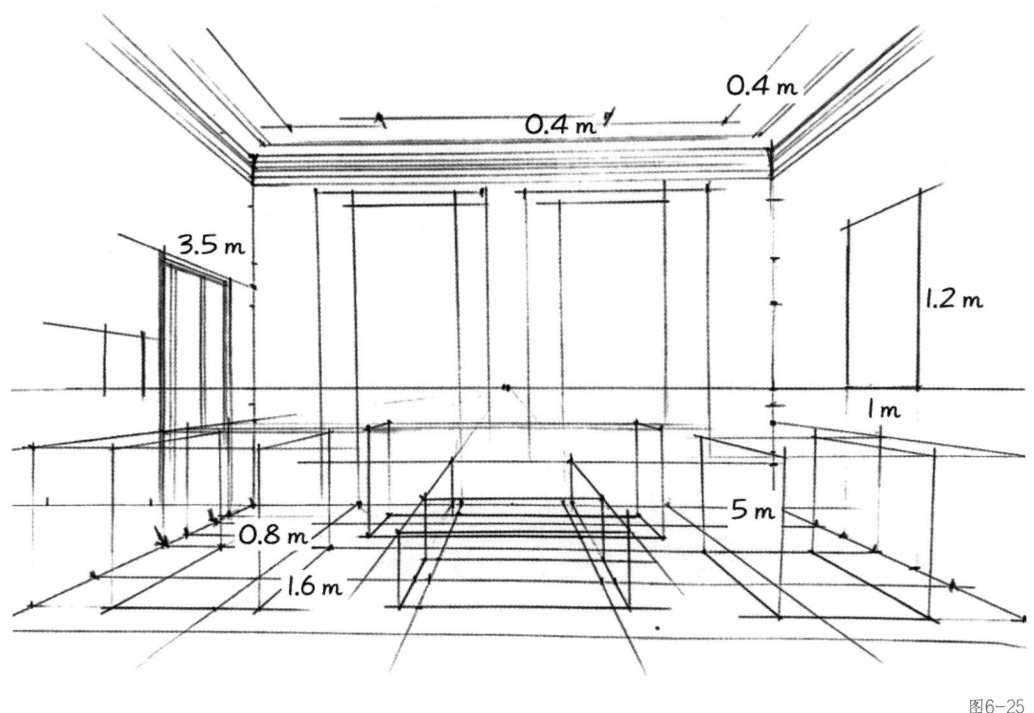

图6-25

第5步　把几何体绘制成家具的大体形状，绘制靠垫等，如图6-26所示。

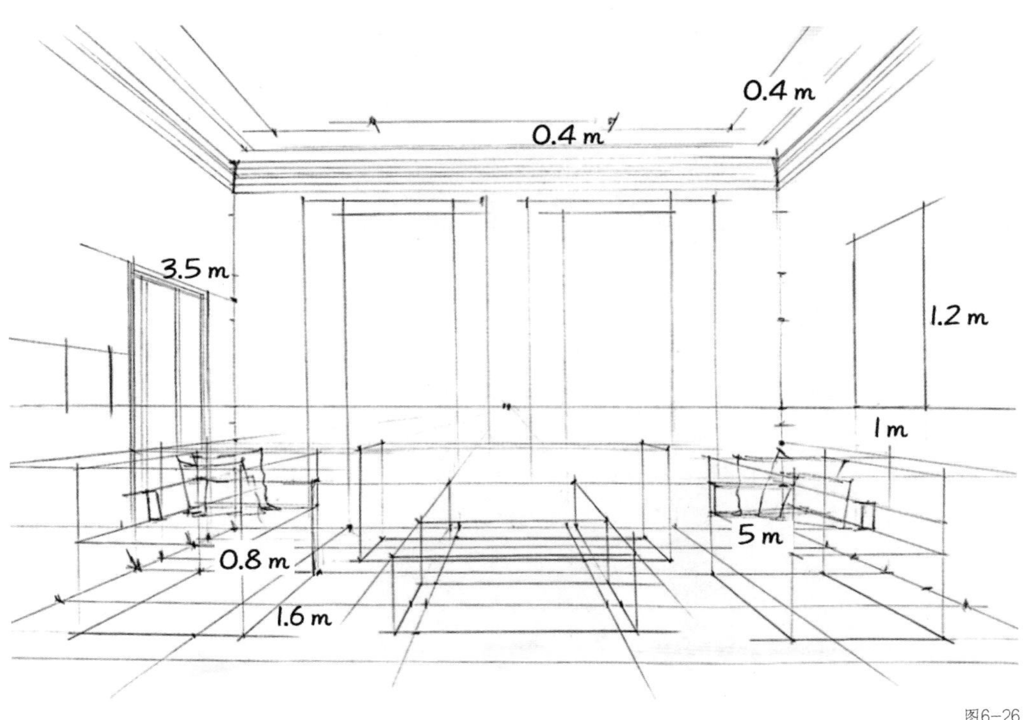

图6-26

第6步　绘制出家具的具体结构和形状，对每一条线都要考虑透视关系，如图6-27所示。

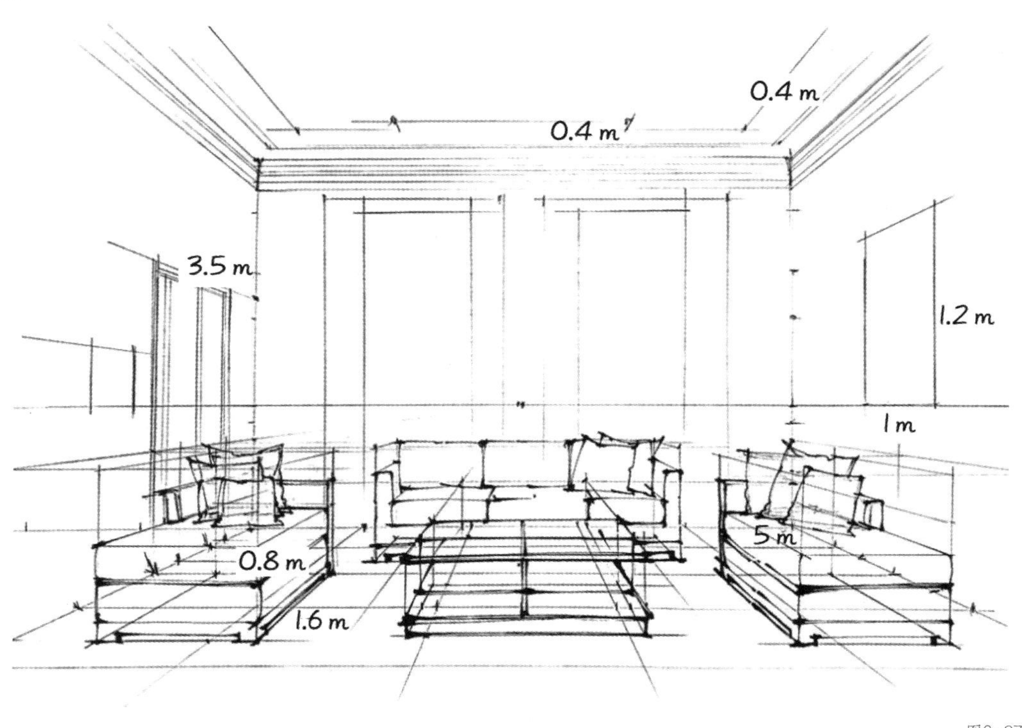

图6-27

第7步　根据窗户的位置，设定主光的方向，进行家具的光影表现，天花板上的线条要少一些，如图6-28所示。

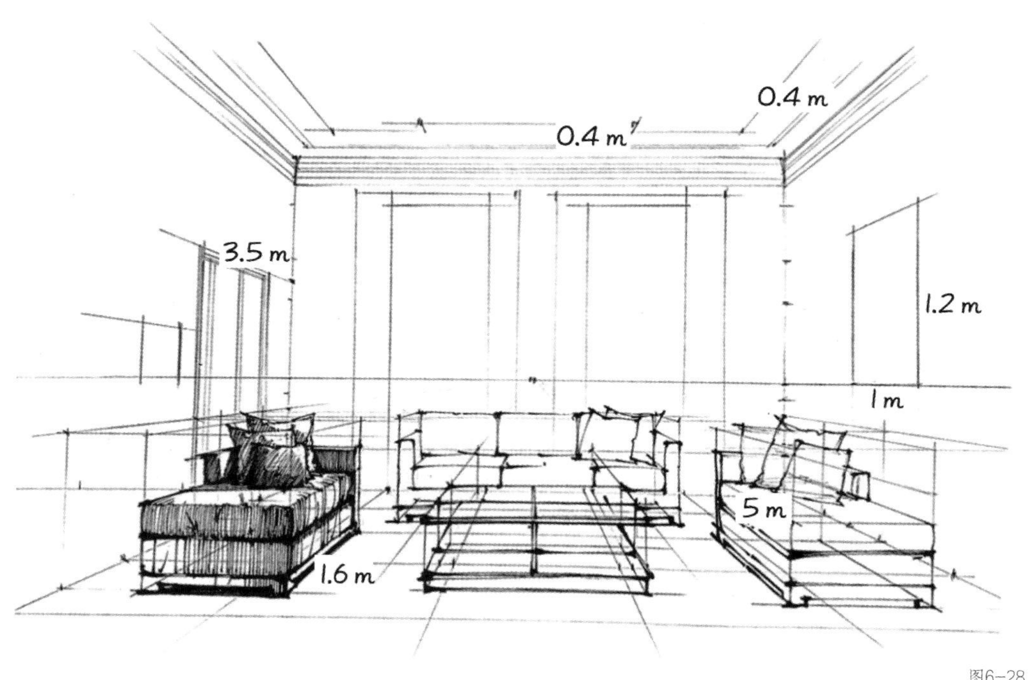

图6-28

第8步 表现出主要沙发和茶几的光影，如图6-29所示。

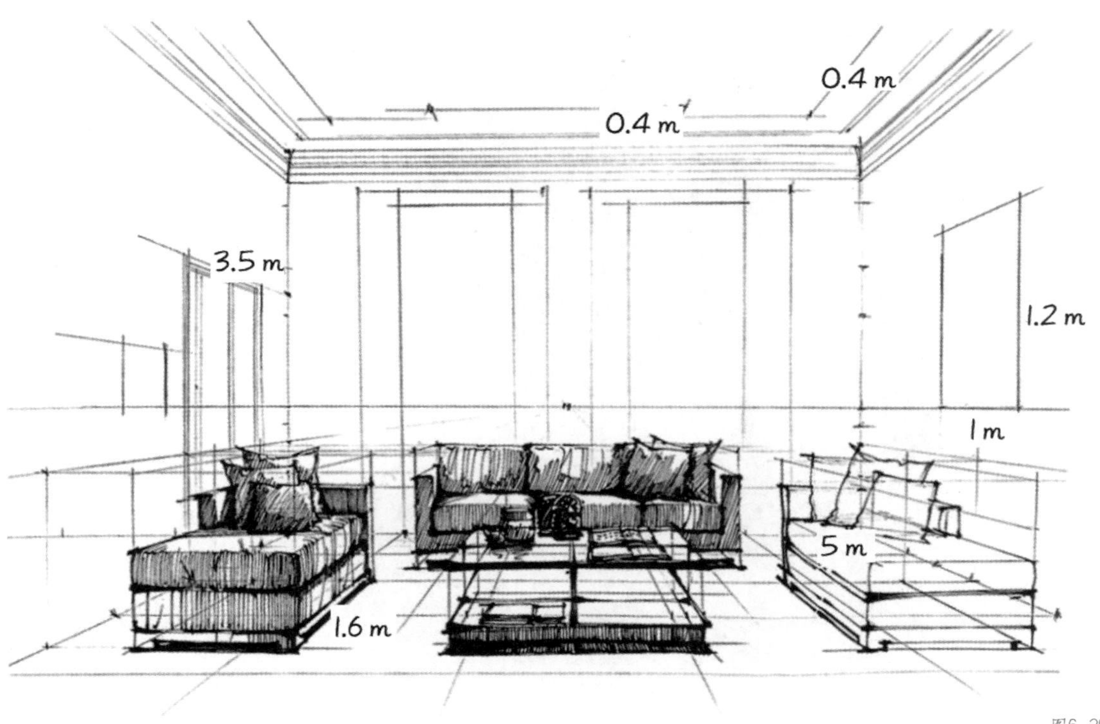

图6-29

第9步 完成主要家具的光影表现，如图6-30所示。

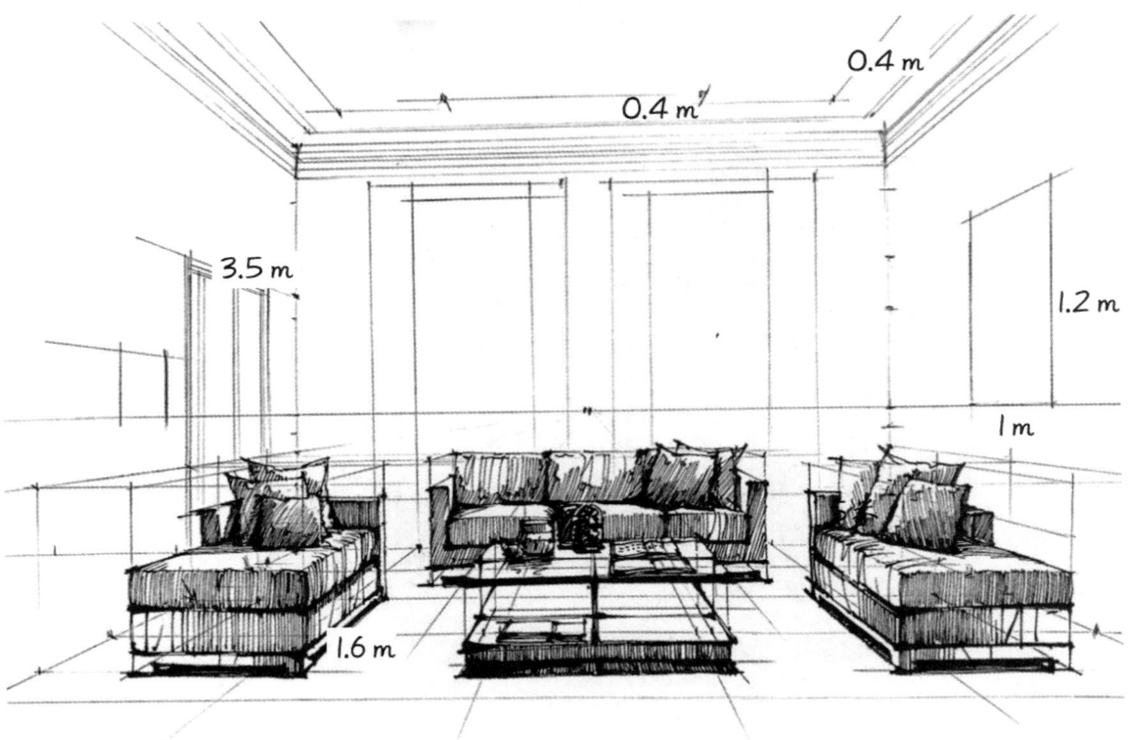

图6-30

第10步　根据空间结构完成一套窗帘的表现，添加一些装饰品和家具等，如图6-31所示。

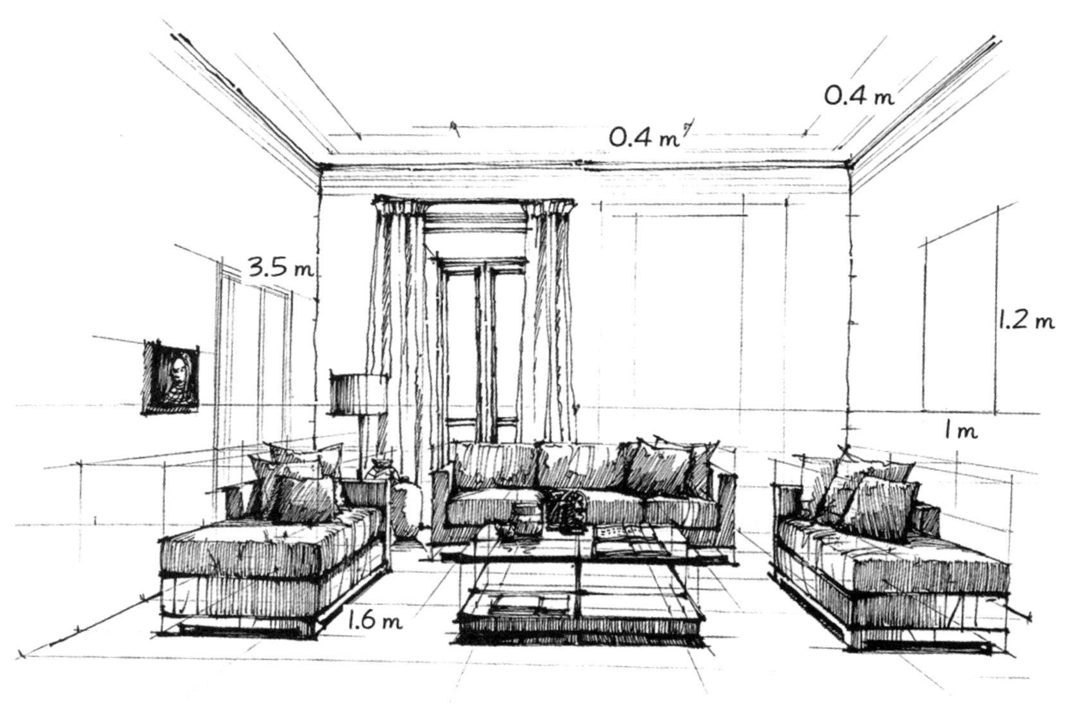

图6-31

第11步　根据透视原理，完成对天花板的绘制，并绘制另一套窗帘，还可以绘制一些符合空间风格的元素，如图6-32所示。

图6-32

第12步 补充空间家具的主要光影，完善细节，加强空间感，如图6-33所示。

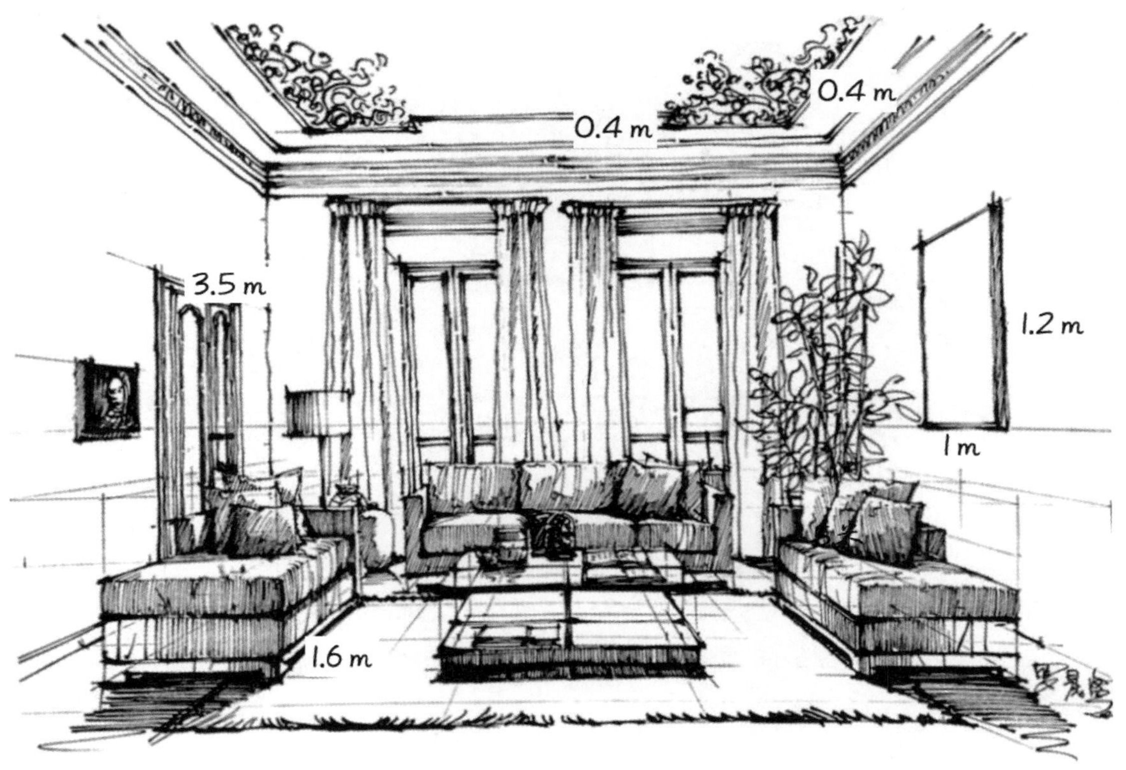

图6-33

知识点4 透视角度的选择

一点透视空间中的消失点（VP）在不同位置将呈现不一样的效果，大多数时候我们会根据需要选择消失点的位置。当消失点在中间时，画面将体现出对称和庄严的感觉，如图6-34所示。

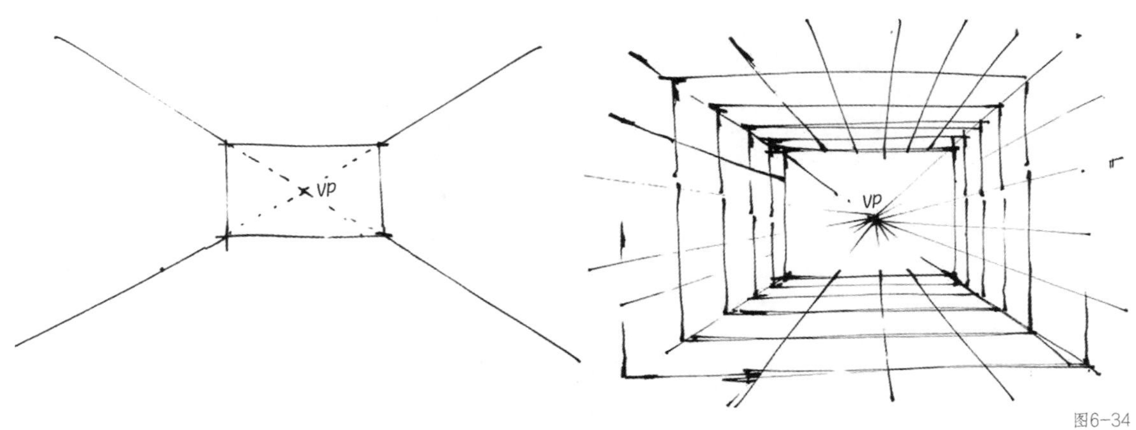

图6-34

图6-34（续）

当消失点在视平线上偏左边时，空间呈现出的右边墙面会大一些，如图6-35所示，因此，当画面需要呈现右边墙面的更多内容时，就可以把消失点定在偏左边的位置。

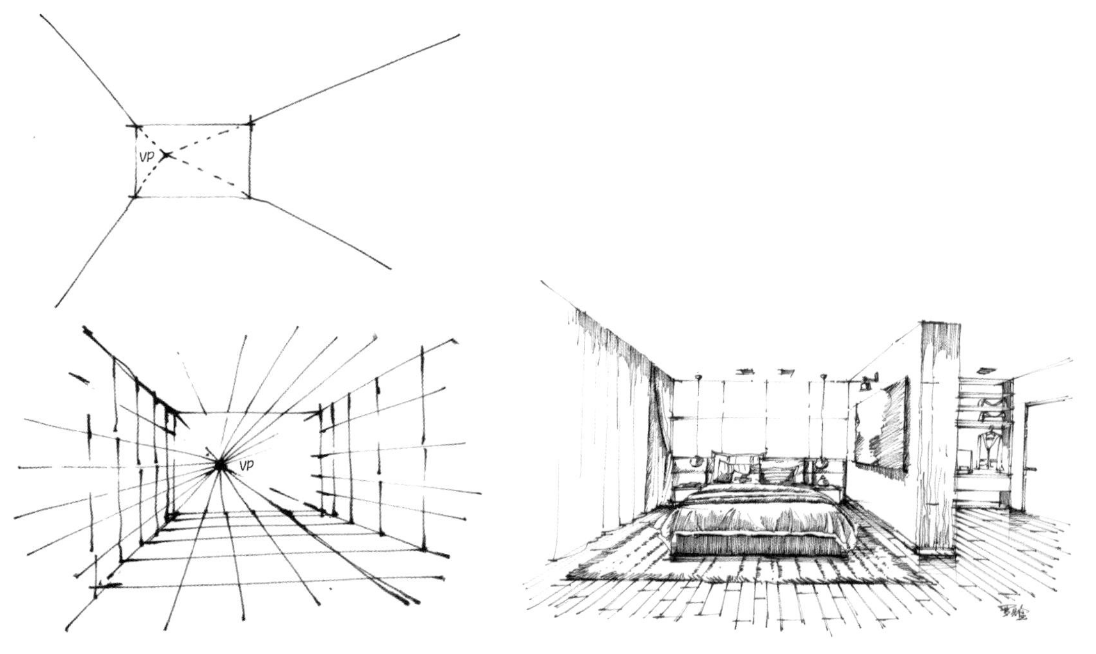

图6-35

当消失点在视平线上偏右边时，空间呈现出的左边墙面会大一些，如图6-36所示，因此当画面需要呈现左边墙面的更多内容时，就可以把消失点定在偏右边的位置。

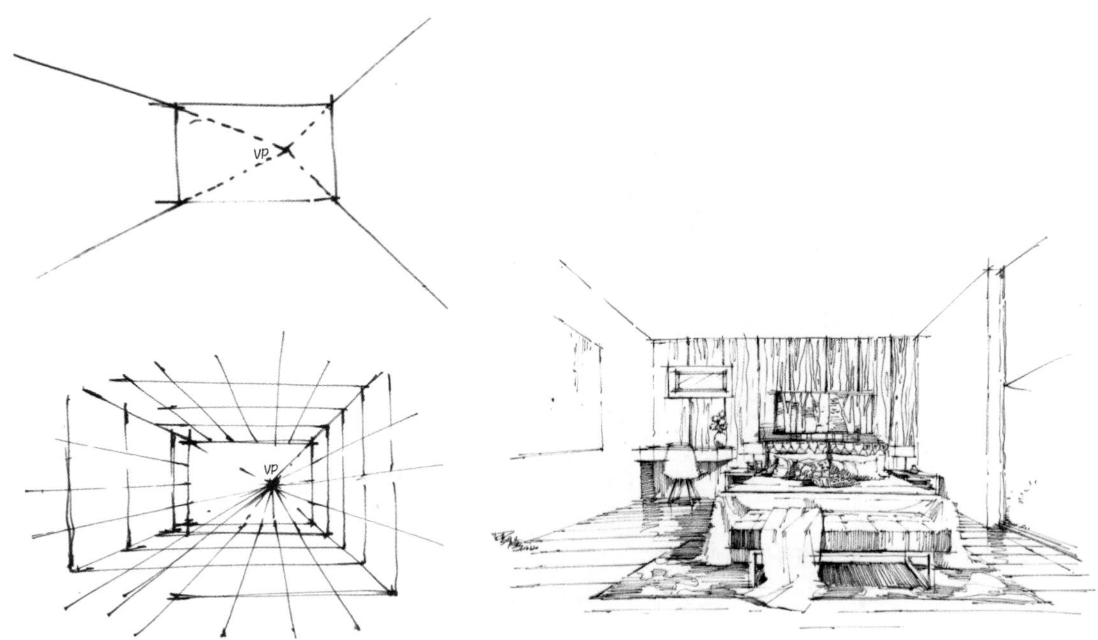

图6-36

当消失点在空间视平线以下时，空间的顶面会呈现得多一些，如图6-37所示，因此，当画面需要呈现更多顶面造型或者表达更多顶面设计时，就可以把消失点定在视平线下边的位置。

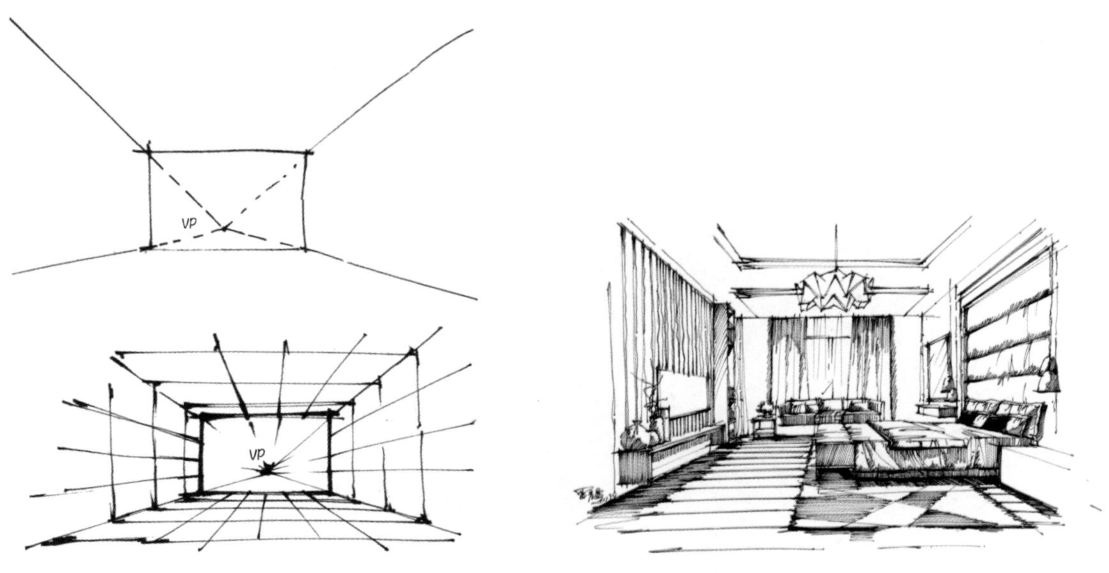

图6-37

当消失点在空间视平线以上时，空间的地面会呈现得多一些，如图6-38所示，因此，当画面需要呈现更多地面造型或者表达更多地面设计时，就可以把消失点定在视平线上边的位置。

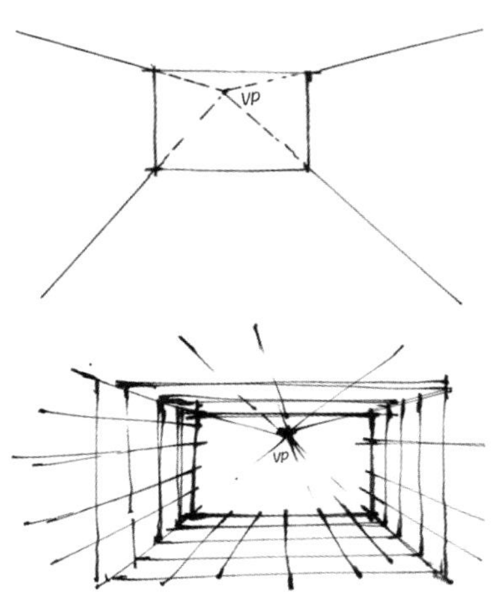

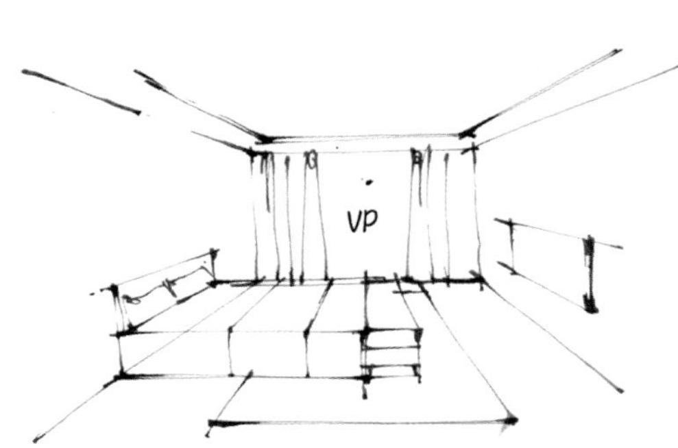

图6-38

因此，消失点的位置不是固定的，可以根据想表现的空间的氛围、角度、效果来进行调整，这是由绘图者来决定的。需要注意的是，我们需要选择从视觉效果美观的角度来表现，以更好地体现设计方案。

作业

完成图6-39所示的透视图的临摹，可以用铅笔、尺子完成。

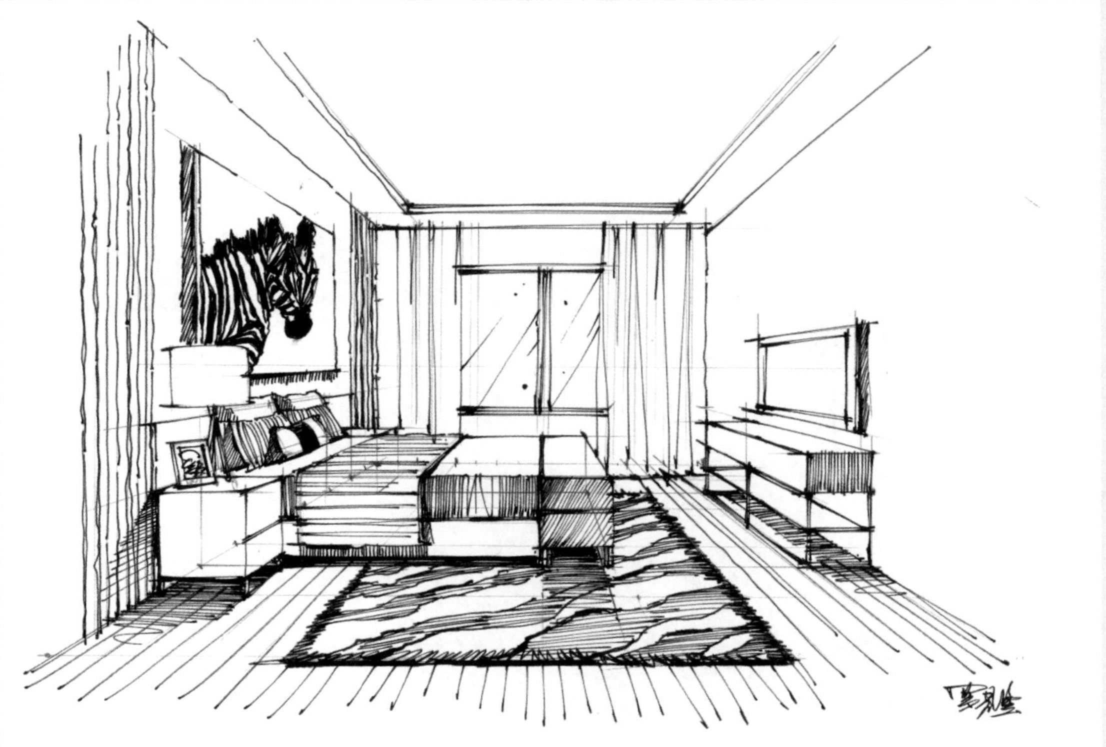

图6-39

第4节 两点透视原理

两点透视也叫成角透视。两个消失点分别往两个方向消失而产生夹角的空间表现出来的关系为两点透视。两点透视表现的空间活跃、生动，空间感和立体感都比较强，接近自然、真实的视觉效果，对于表现设计方案来说，有比较大的发挥空间，可以直接调整消失点的位置来体现不同的空间效果，如图6-40所示。

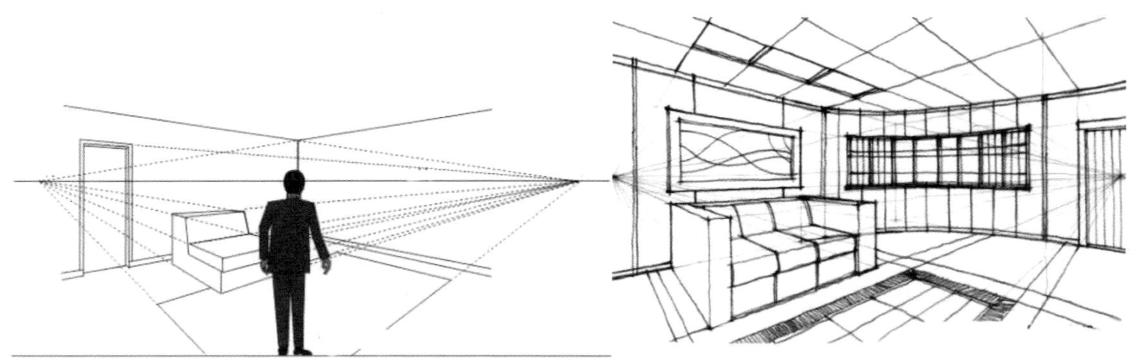

图6-40

知识点 1 两点透视空间的绘制步骤

下面以图6-41所示的开间4 m、进深5 m、层高3 m的空间为例，讲解两点透视空间的绘制步骤。

在选择角度时，A、B、C、D这4个点代表的角度都可以选择，通常会选择B和D，因为从A和C看到更多的是单体的背面。下面以D为例进行讲解。

第1步　用垂直线段绘制空间的高，高度为3 m，一条线段代表1 m，如图6-42所示。

第2步　绘制横向水平线（即视平线，HL），使其高度约为1.2 m，如图6-43所示。

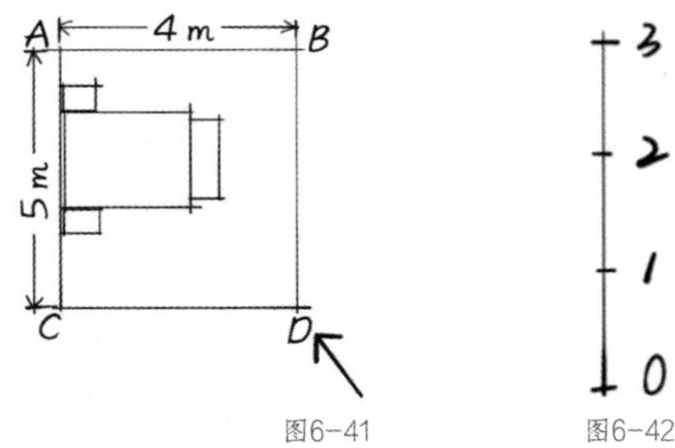

图6-41　图6-42

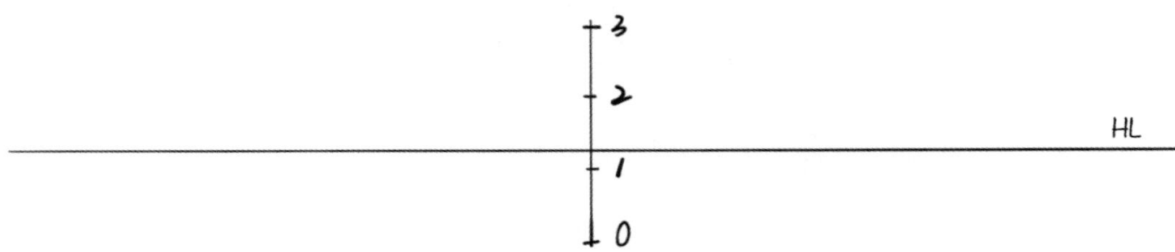

图6-43

第3步　绘制和视平线平行的一条水平线（即地平线，GL），使其高度为0 m，如图6-44所示。

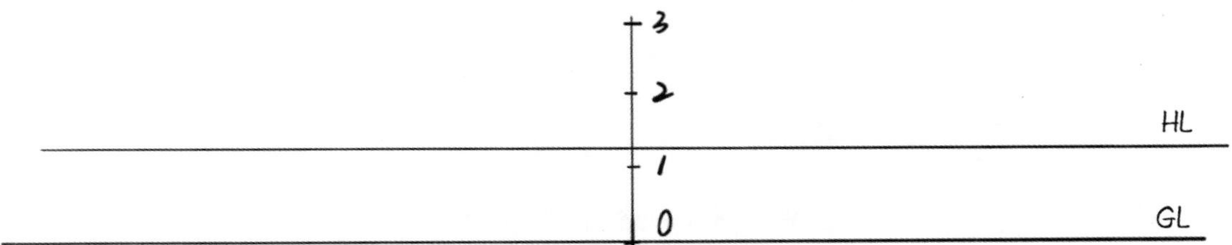

图6-44

第4步　在GL的右边和左边分别绘制同比例的间距为1 m的4个点与5个点（这些点将被作为尺寸参考点）。在GL右边和左边的最后一个点上，分别绘制向上（外）倾斜45°的线条，二者与HL的交点分别为消失点VP_1和VP_2，如图6-45所示。

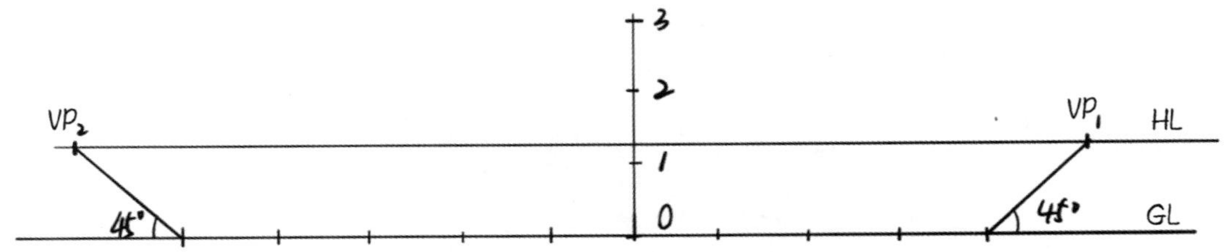

图6-45

第5步　经过VP_2绘制虚线，连接空间高度的最高点（也就是3 m的位置），同时连接高度的最低点（也就是0 m的位置），并将这两条虚线延长，改用实线绘制出右边墙体的透视线，如图6-46所示。

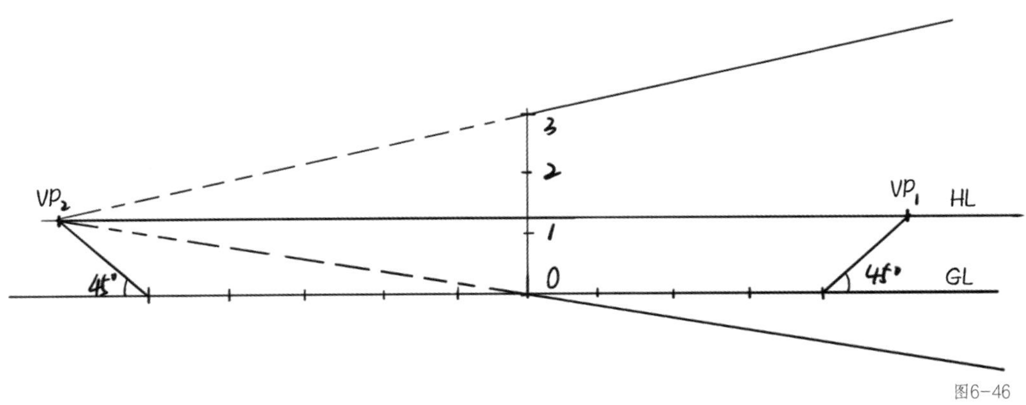

图6-46

第6步　同样，经过VP_1绘制虚线，连接空间高度的最高点和最低点，用实线绘制出左边墙体的透视线，如图6-47所示。

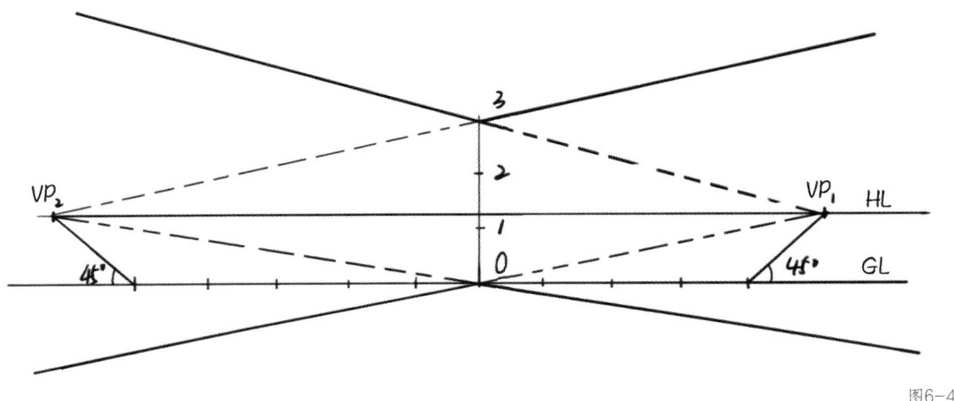

图6-47

经过VP_1绘制虚线，分别连接GL右边的各个尺寸参考点，将线条延伸到右边墙线，并改用实线继续延长至空间作为透视线，如图6-48所示。

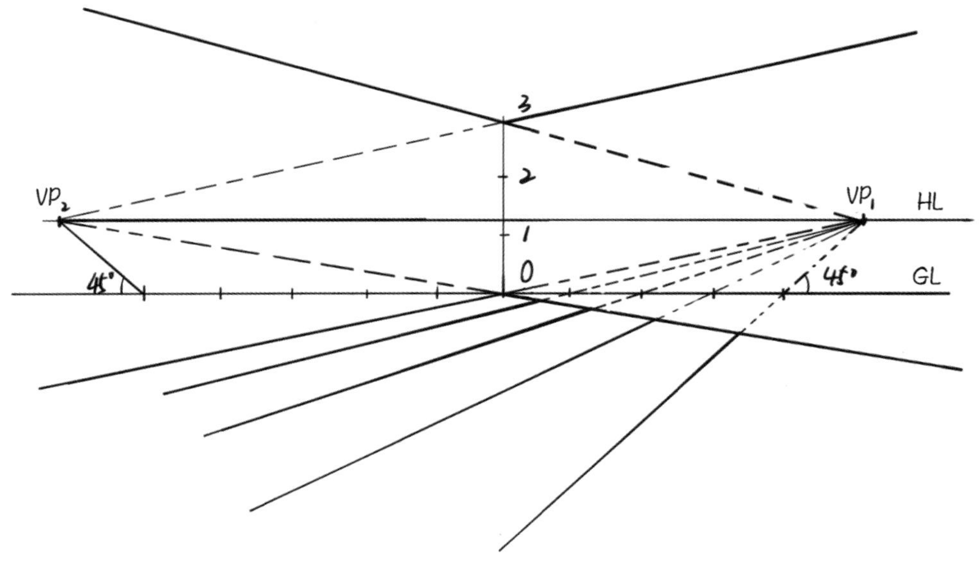

图6-48

经过VP_2绘制虚线，分别连接GL左边的各个尺寸参考点，将线条延伸到左边墙线，并改用实线继续延长至空间作为透视线。这样两点透视空间的绘制就完成了，如图6-49所示。

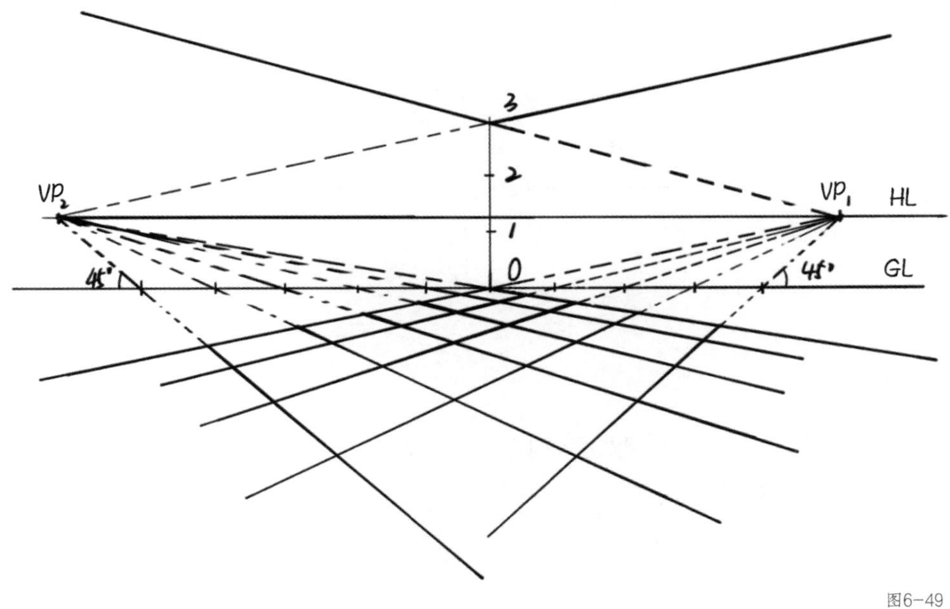

图6-49

知识点 2 两点透视卧室空间的绘制方法

第1步 用垂直线绘制空间高度，并用水平线绘制一条视平线，在视平线的两端绘制消失点VP_1和VP_2，如图6-50所示。

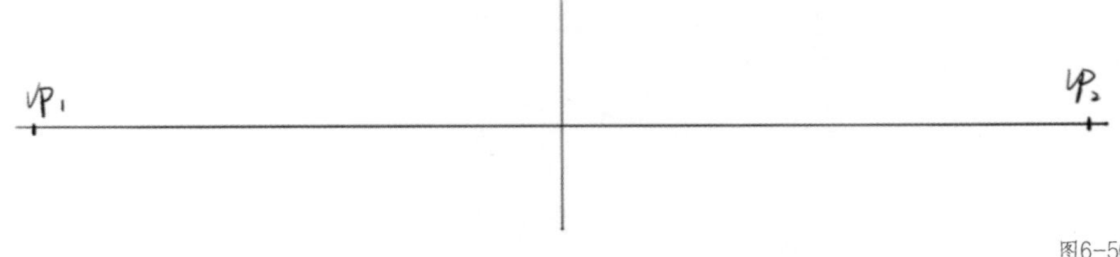

图6-50

第2步 分别连接消失点与空间高度的最高点和最低点，绘制出延长线，得到空间结构墙线，如图6-51所示。

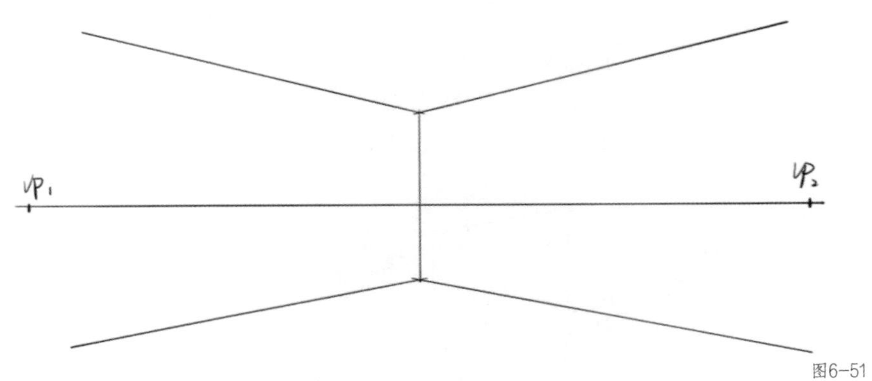

图6-51

第3步　根据消失点，确定家具的摆放位置，如图6-52所示。

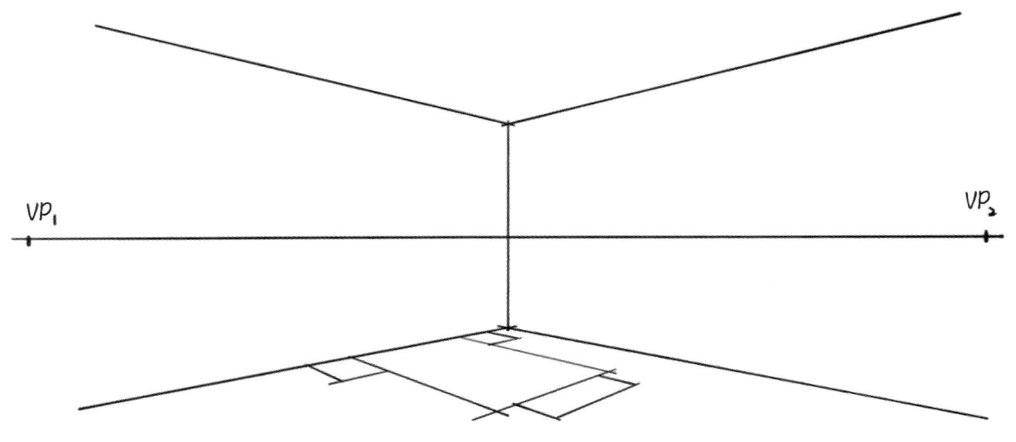

图6-52

第4步　用于表示家具的几何体的高度可以根据家具的实际尺寸来定，在箭头方向确定家具的高度，如图6-53所示。

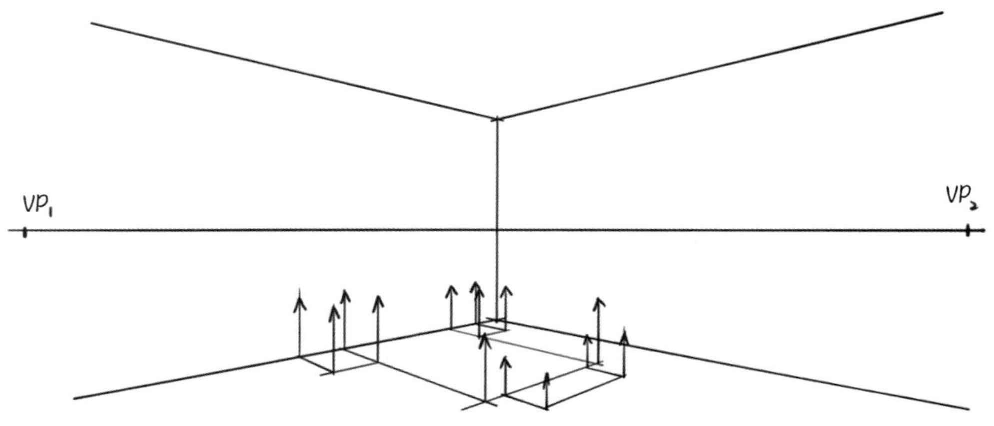

图6-53

第5步　连接高度的最高点和消失点，画出几何体，擦掉几何体内部的透视线，如图6-54和图6-55所示。

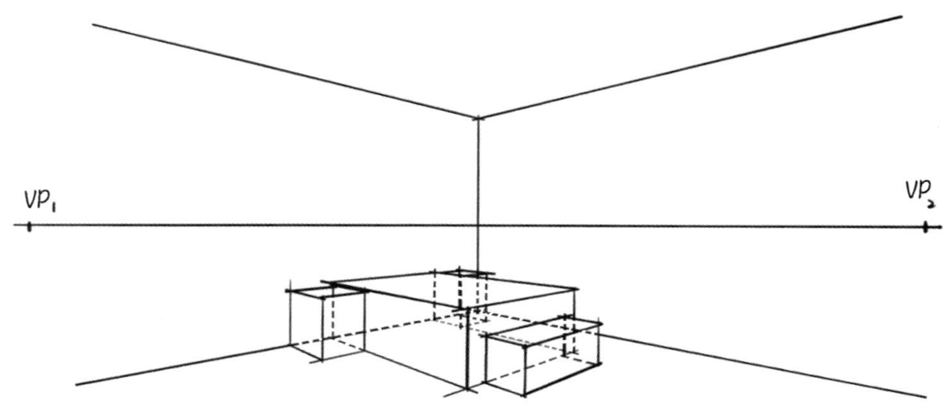

图6-54

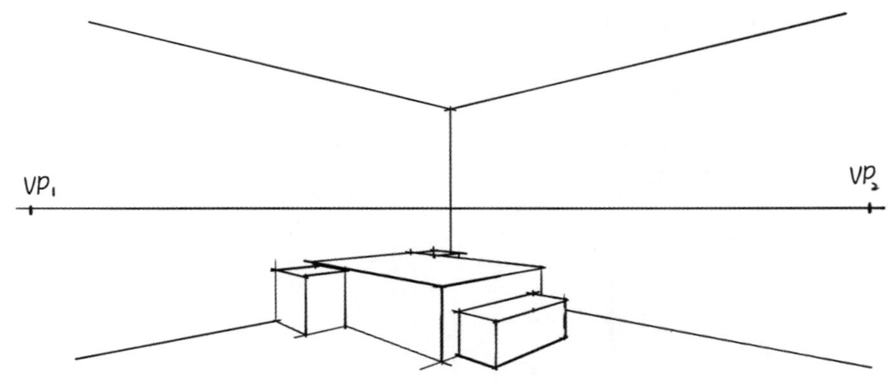

图6-55

第6步 根据绘制好的几何体，补充家具细节等，如图6-56所示。

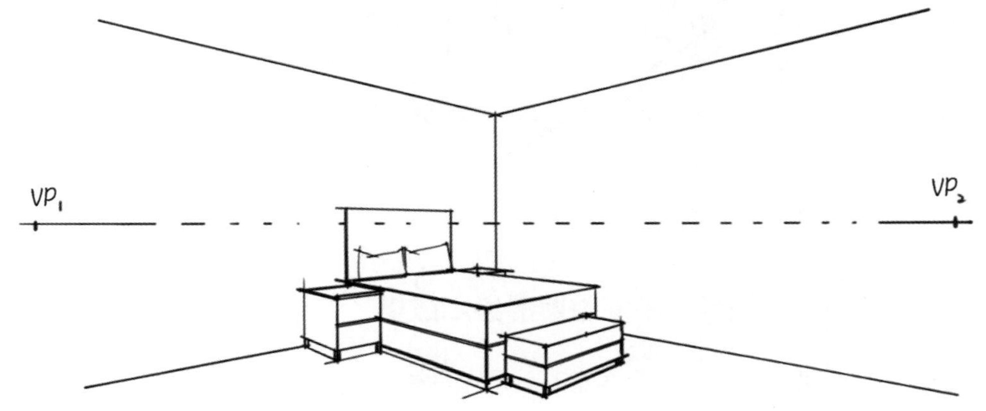

图6-56

第7步 对墙面的造型和窗帘等也根据两点透视原理来进行绘制，如图6-57所示。

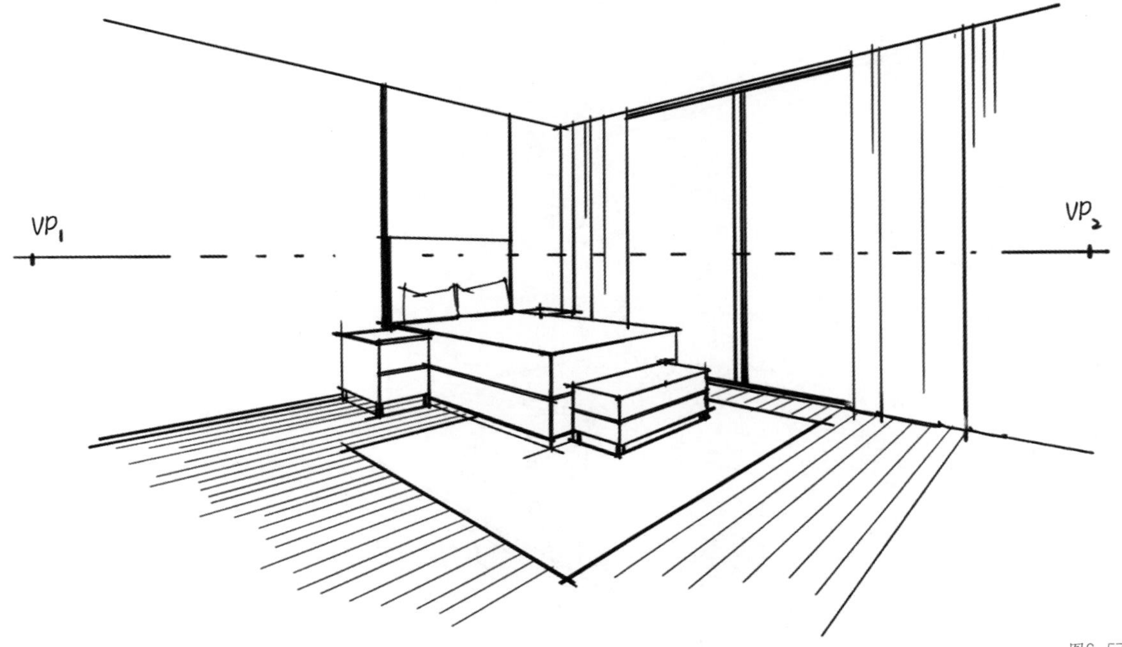

图6-57

第8步　两点透视空间的卧室绘制完成，空间的整体表现还可以再细化，如图6-58所示。

图6-58

知识点 3 两点透视消失点在不同位置的绘制效果

两点透视中消失点的位置也不是固定的。根据消失点的位置，可以得到不同的表现效果。

比较适合消失点的位置在视平线的两端，所要画的物体通常在两个消失点的中间，这样画出来的物体空间感强，看起来也比较舒服，如图6-59所示。

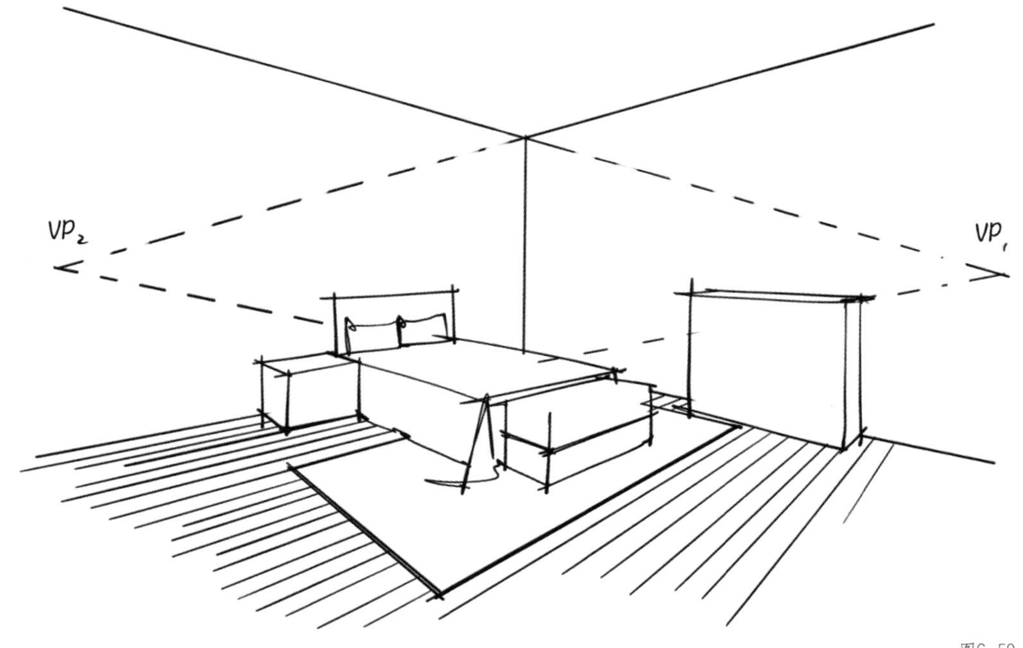

图6-59

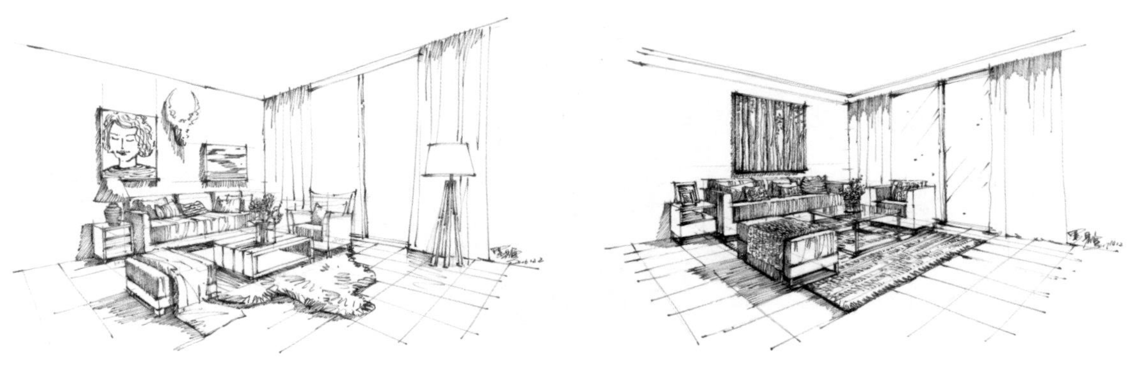

图6-59（续）

如果消失点的位置离家具太近，那么透视的效果将太强烈，空间看起来也会让人觉得不舒服、不真实，如图6-60所示。

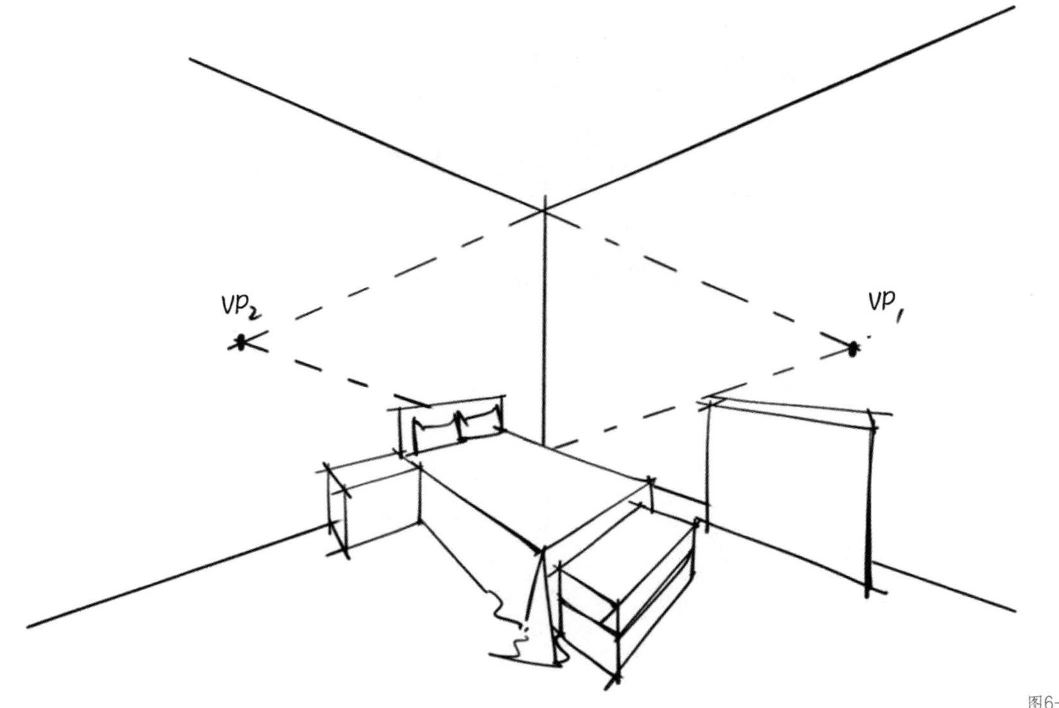

图6-60

如果消失点离家具太远，那么透视的效果将不够强，空间感会较弱，如图6-61所示。

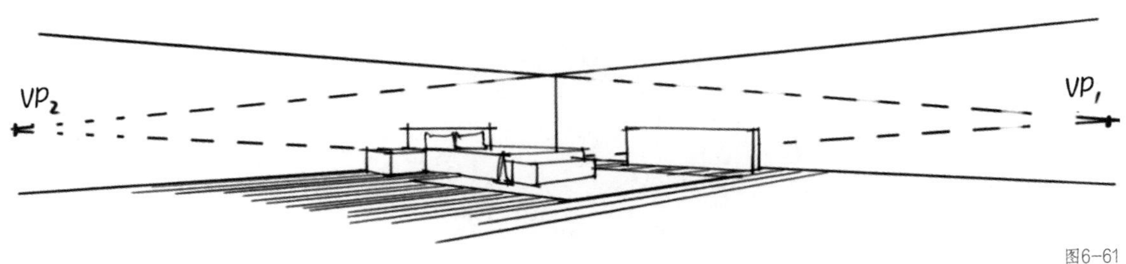

图6-61

作业

完成图6-62所示的透视图的临摹，可以用铅笔、尺子完成。

图6-62

第5节 一点斜透视原理

一点斜透视又称微角透视。从本质上说，一点斜透视属于成角透视，只是其中一个消失点较远，因此它可以忽略，另一个消失点接近画面中心的位置。一点斜透视相对于一点透视灵活一些，能完整地表现空间效果，能表现主墙面及主要设计和陈设，得到生动的画面。

知识点 1 一点斜透视角度选择与分析

图6-63所示为一点斜透视消失点的位置在画面右边的效果。它展示的左边的空间设计会多一些，因此，当我们的设计方案需要重点展示左边的空间设计效果时可以把消失点的位置定在画面右边。

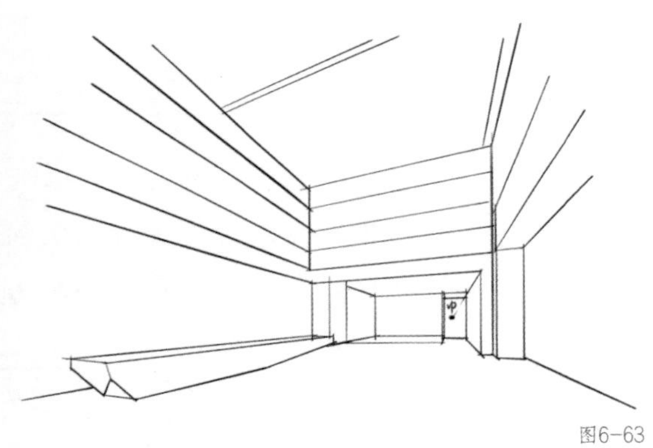

图6-63

图6-64所示为一点斜透视消失点的位置在画面左边的效果。它展示的右边的空间设计会多一些，因此，当我们的设计方案需要重点展示右边的空间设计效果时可以把消失点的位置定在画面左边。

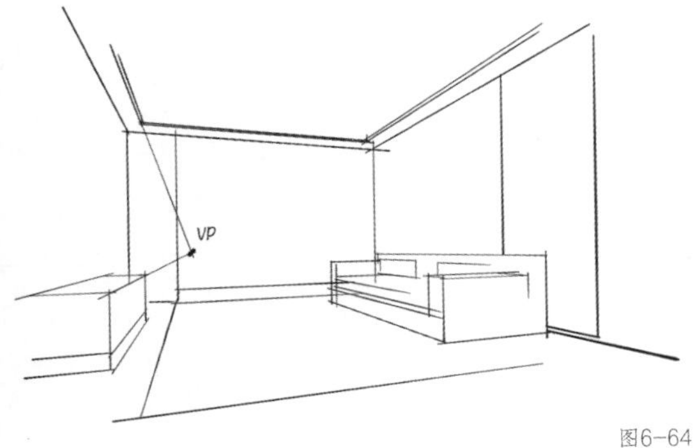

图6-64

知识点 2 一点斜透视空间的绘制步骤

下面以图6-65所示的开间4 m、进深5 m、层高3 m的空间为例，讲解一点斜透视空间的绘制步骤。

在选择角度的时候，一点斜透视和一点透视的区别是，一点透视的消失点大致在中间的位置，而一点斜透视的消失点在空间的偏左边或者偏右边，不会在中间的位置。下面以选择偏右边的位置为例来进行讲解。

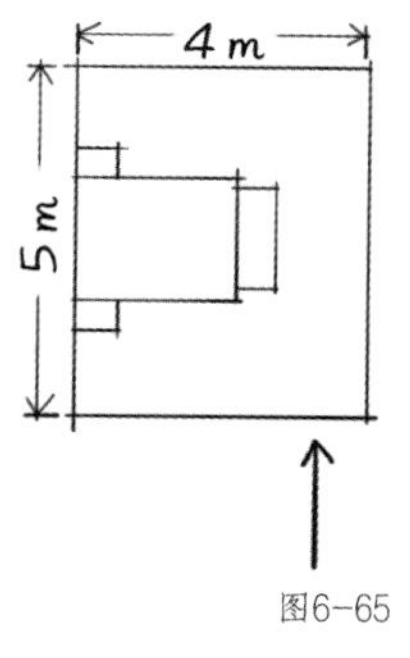

图6-65

第1步　用垂直线段绘制空间的高，高度为3 m，一条线段代表1 m，如图6-66所示。

第2步　用水平线段绘制同比例的空间的宽，宽度为4 m，如图6-67所示。

第3步　完善墙体的绘制，如图6-68所示。

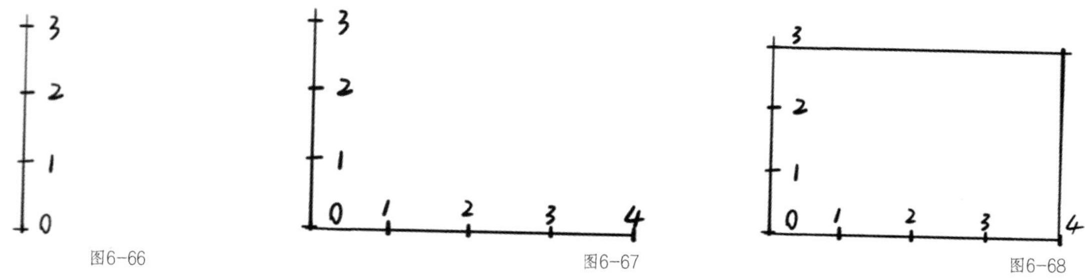

图6-66　图6-67　图6-68

第4步　用水平线在约1.2 m的高度绘制视平线（HL），同时在HL上空间的中心点偏右边约三分之一处确定消失点（VP）的位置，如图6-69所示。

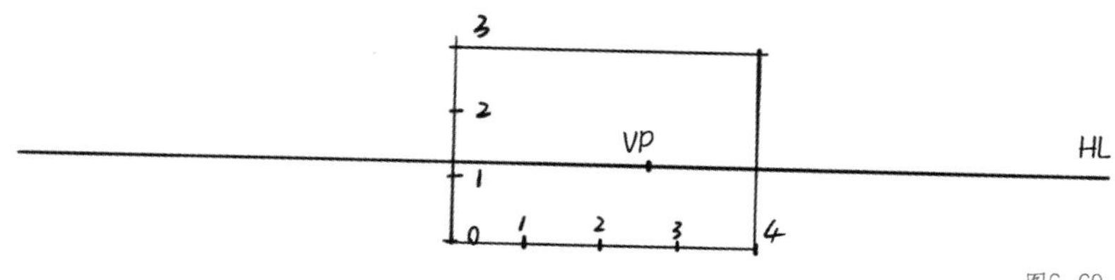

图6-69

第5步　经过VP分别用虚线连接*A*、*B*、*C*、*D*这4个点，并改用实线通过延长绘制出墙体的透视线，如图6-70所示。

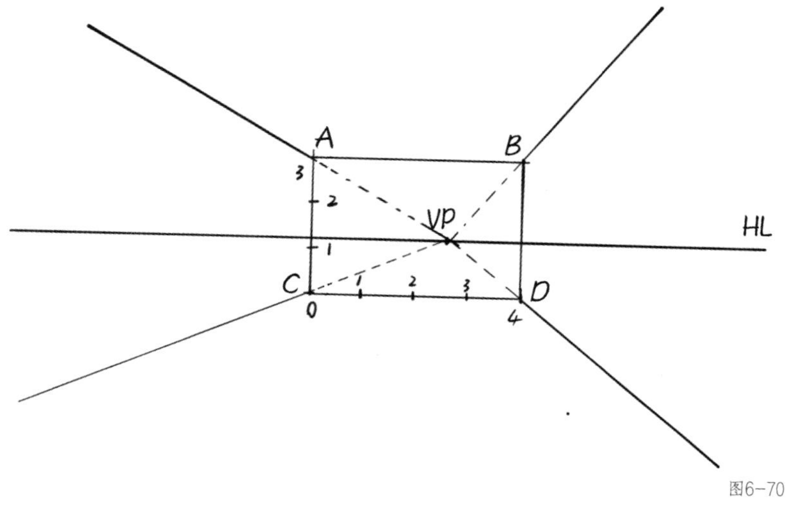

图6-70

第6步 在0 m高度的位置绘制一条与HL平行的地平线（GL），如图6-71所示。

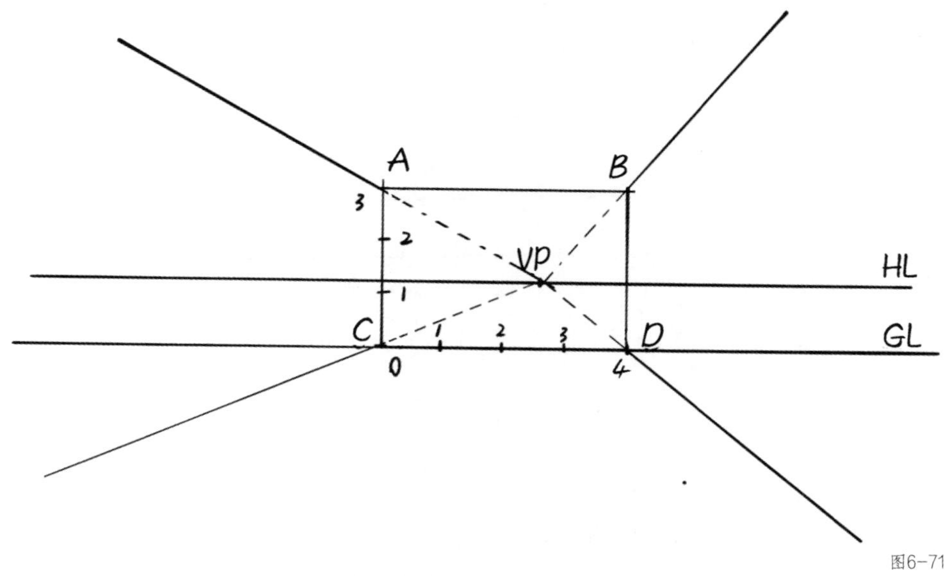

图6-71

相较于右边墙线，将*B*、*D*两个点往外移动一小段距离（这段距离的大小不能超过图上线段1 m的长度，因为距离越大就表示产生的新的墙体会越倾斜。然而，一般情况下一点斜透视不会令人产生特别强烈的透视感，因此在选择这段距离的时候应根据需要尽量缩短长度），绘制出新的右边墙角点*B'*、*D'*，如图6-72所示。

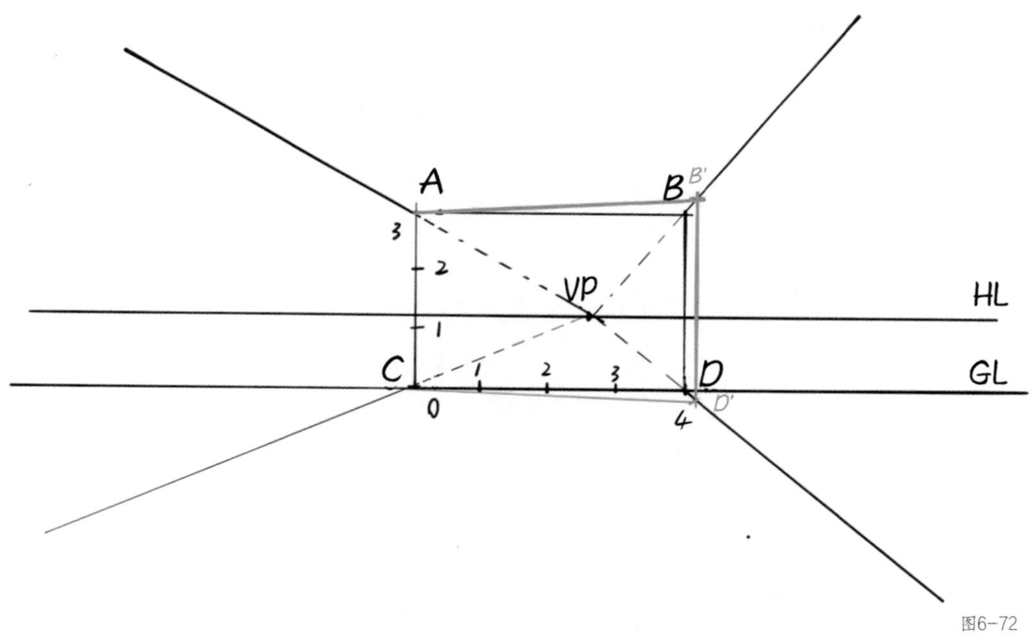

图6-72

因此，要经过*D'*绘制一条与第一条GL平行的水平线，从而得到新的GL，即GL_2，如图6-73所示。

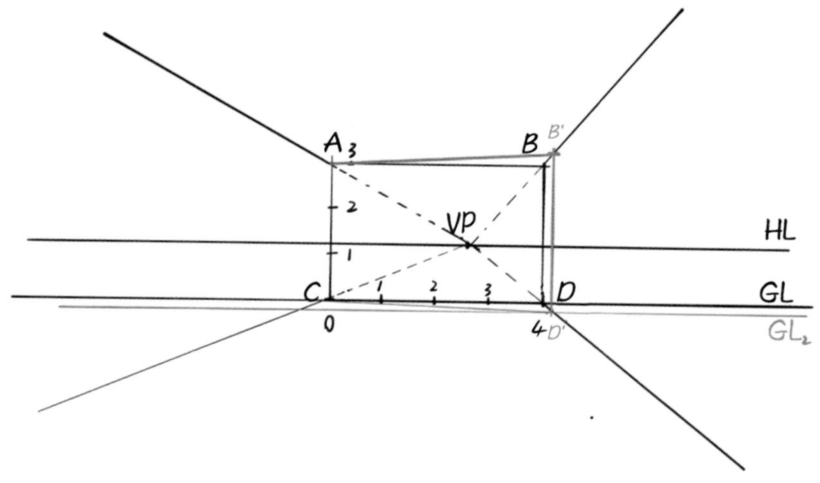

图6-73

第7步　在GL的左边和GL2的右边分别绘制同比例的间距为1 m的5个点（这些点将被作为尺寸参考点），在GL和GL_2的两侧靠外的最后一个点上，分别绘制向上（外）倾斜45°的斜线，使其分别与HL相交于测点M_2和M_1，如图6-74所示。

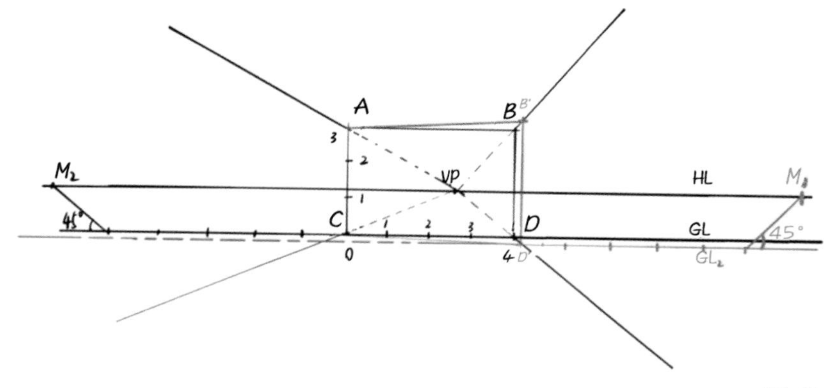

图6-74

第8步　经过M_1和M_2分别绘制虚线，连接GL_2和GL上的每个尺寸参考点，线条延伸至空间左右两边的墙线上得到近大远小的距离表现，如图6-75所示。将左边和右边的每段距离

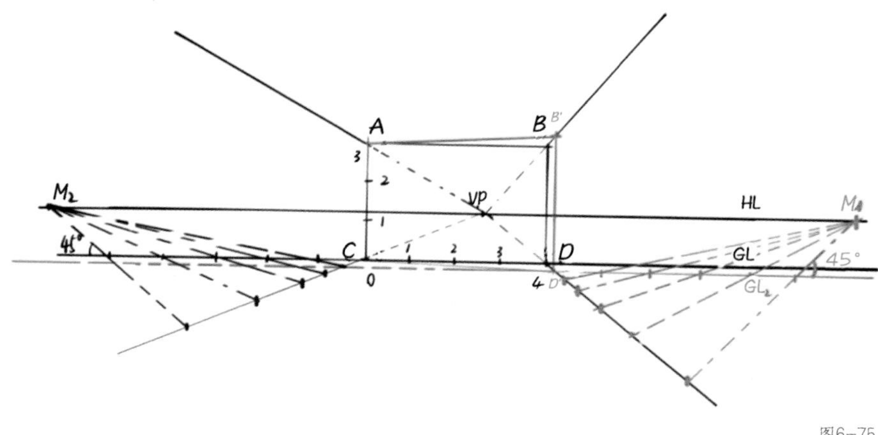

图6-75

对应的点用直线连接，如左边墙体1 m处的点连接右边墙体1 m处的点，左边墙体2 m处的点连接右边墙体2 m处的点，以此类推，如图6-76所示。

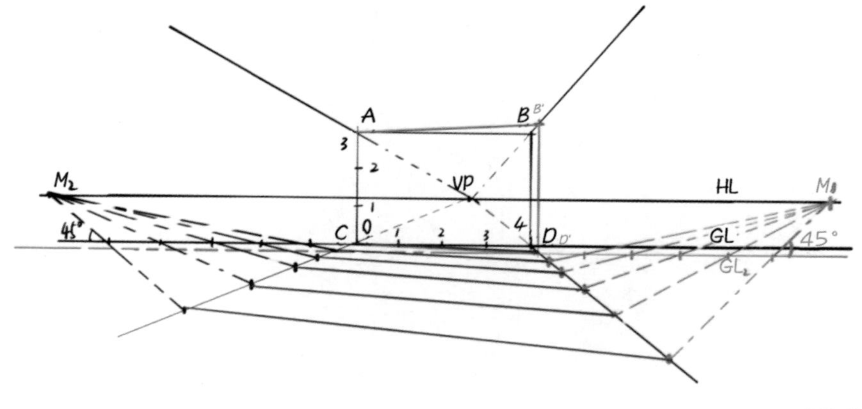

图6-76

第9步 经过VP分别连接墙体的宽上标注为1、2、3的点，绘制向外的延长线，画出地面的透视线，如图6-77所示。

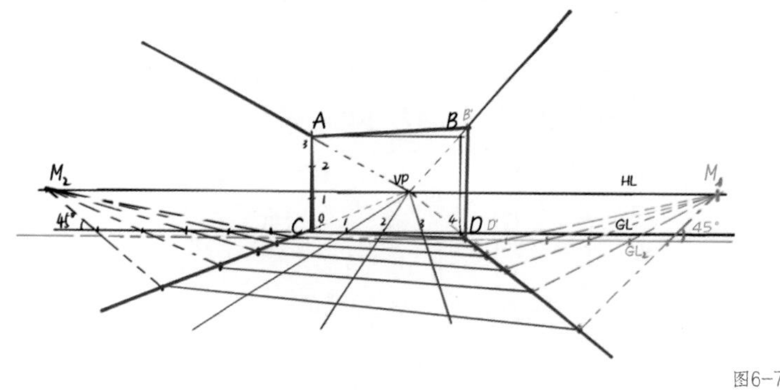

图6-77

知识点 3 一点斜透视空间中几何体的绘制

第1步 在空间里找到要放置的几何体的位置，可以参考绘制好的透视图的尺寸进行绘制，实际上地面上的每一个格子都是1 m×1 m的，如图6-78所示。

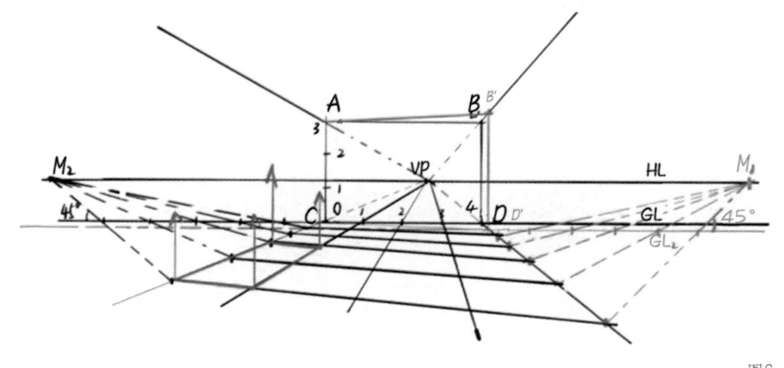

图6-78

第2步　垂直于地面的蓝色线条表示几何体的高度，假设几何体的高度为1 m，从VP的位置由里向外连接1 m高度的位置会产生一条透视线，这条透视线范围内的空间高度都是1 m，由此也可画出几何体的透视关系，如图6-79所示。

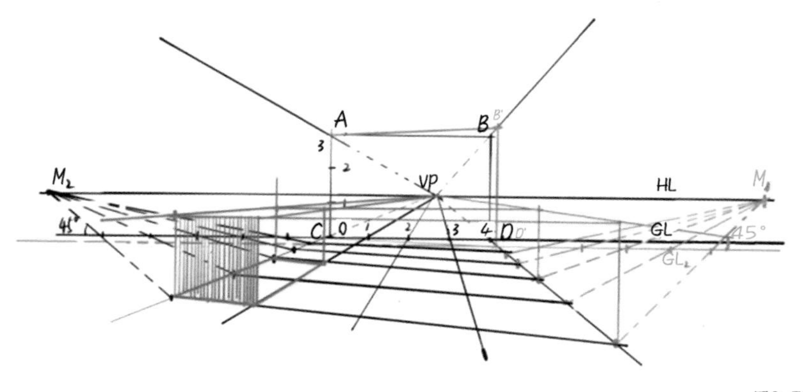

图6-79

知识点 4　一点斜透视卧室空间的绘制步骤

第1步　确定构图的位置，找到消失点（VP）的位置，连接消失点，绘制出墙体透视线，消失点的方向可以根据个人意愿决定，如图6-80所示。

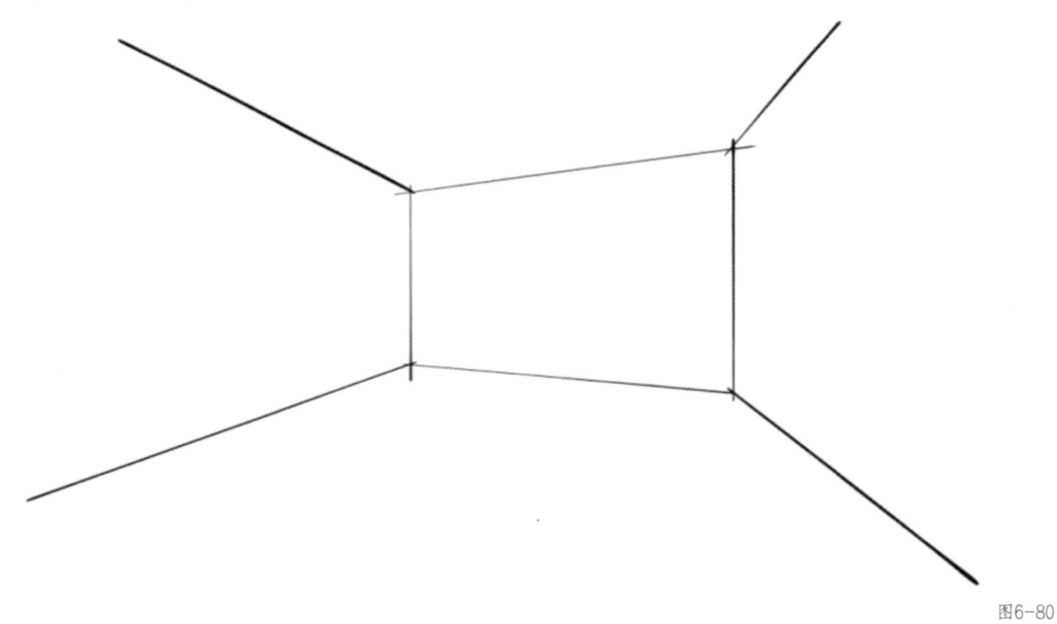

图6-80

第2步　根据设计方案，把家具放到对应的位置，根据消失点，连接家具平面的线条，如图6-81所示。

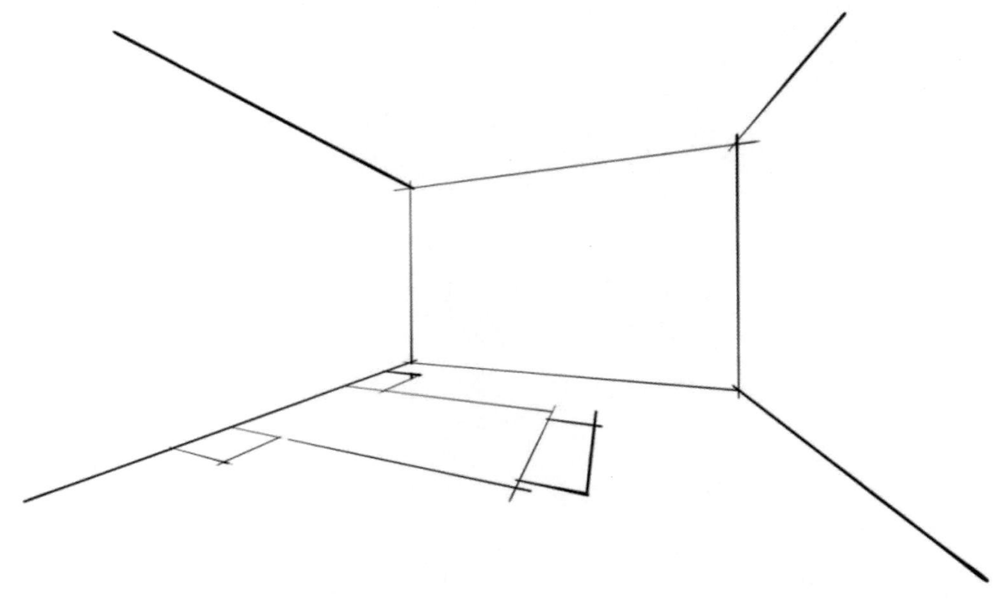

图6-81

第3步 根据箭头的方向，画出家具的高度，如图6-82所示。

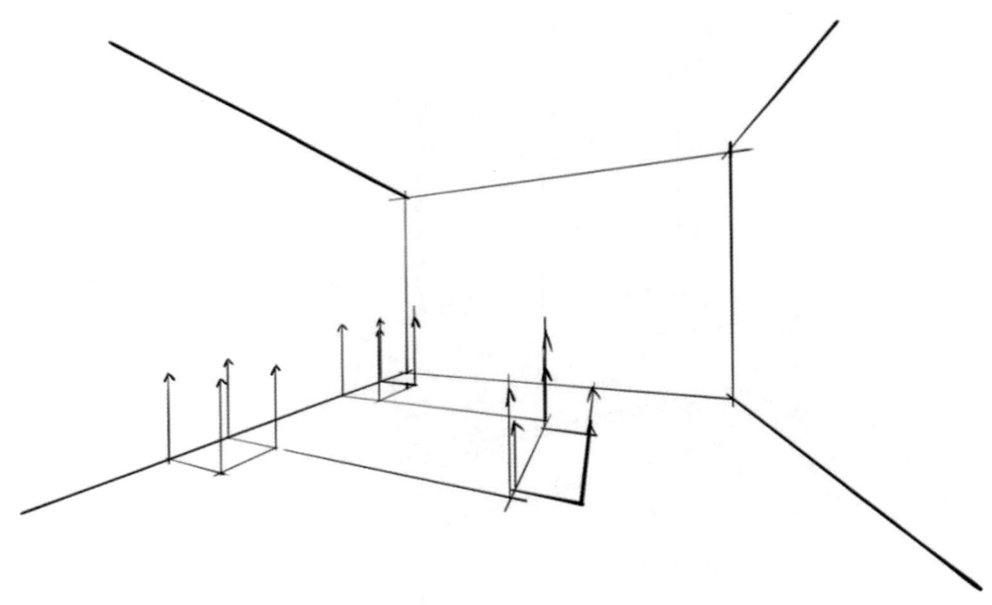

图6-82

第4步 连接家具高度的最高点和消失点，家具的几何体就表现出来了，如图6-83所示。

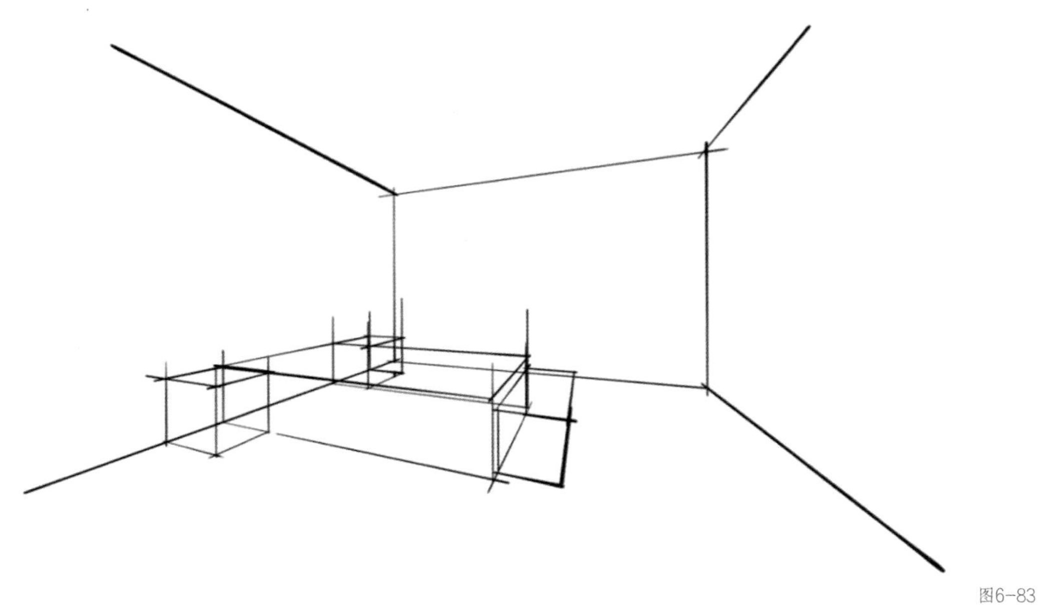

图6-83

第5步　根据透视原理和自己的设计方案，绘制出家具的造型墙面，表现造型设计想法，如图6-84所示。

图6-84

作业

完成图6-85所示的一点斜透视空间线稿的临摹，可以使用尺子和铅笔辅助绘制。大量地临摹可以加深初学者对透视原理的理解。

图6-85

第6节 圆形透视

在室内设计中会有很多圆形的造型与结构，因此对圆形透视的把握也是非常重要的。在此之前可以做一些绘制弧线的练习，以便更好地完成圆形透视的绘制。在绘制圆形透视的时候，我们可以使用八点求圆的方法。

知识点 1 圆形的绘制方法

先绘制一个正方形，连接对角线和中心线，将右上方的一段线平均分成7份，得到8个点，然后在从右往左第3个点的位置画与边缘线平行并穿过中心线和对角线的辅助线，重复此步骤，直至在对角线上形成4个交点a、b、c、d，最后以与正方形相切的方式绘制弧线，连接a、b、c、d这4个点得到圆形，如图6-86所示。对于日常工作或者草图表达来说，这种方法是比较容易学习的，绘制出来的圆形也比较圆。

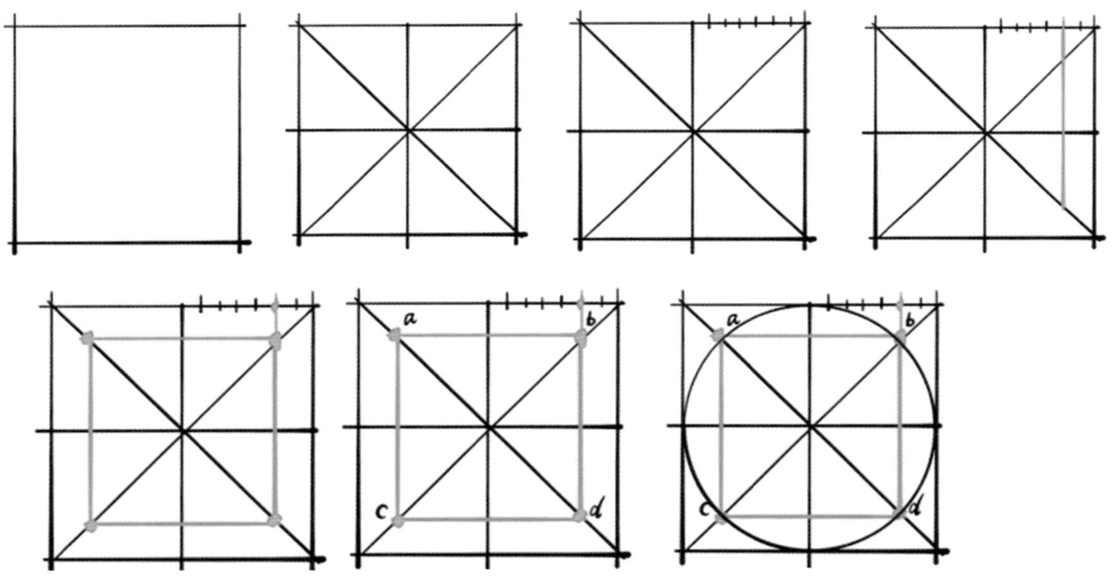

图6-86

知识点 2 圆形在透视空间的画法

下面分3种情况来讲解圆形透视在室内设计手绘图中的应用。当需要表现地面上的圆形透视时，我们可以用同样的方法先确定要绘制的圆形对应的正方形的大小和位置，并画出其对角线和中心线，如图6-87所示。

先将透视图里正方形中的任意一条线段平均分成7份，这样会产生8个端点。然后，连接消失点（VP）与第3个端点，建立的连接线和正方形的对角线会产生交点。根据一点透视的原理，在对角线的其他3个方向也可以找到对应的交点，如图6-88所示。

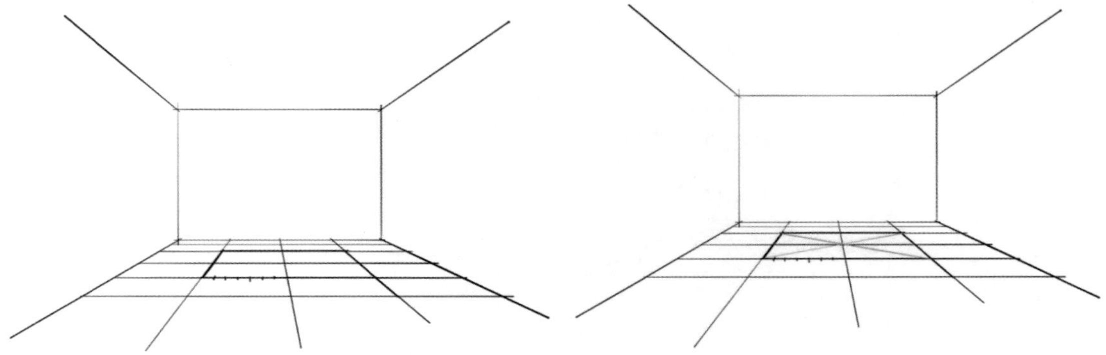

图6-87

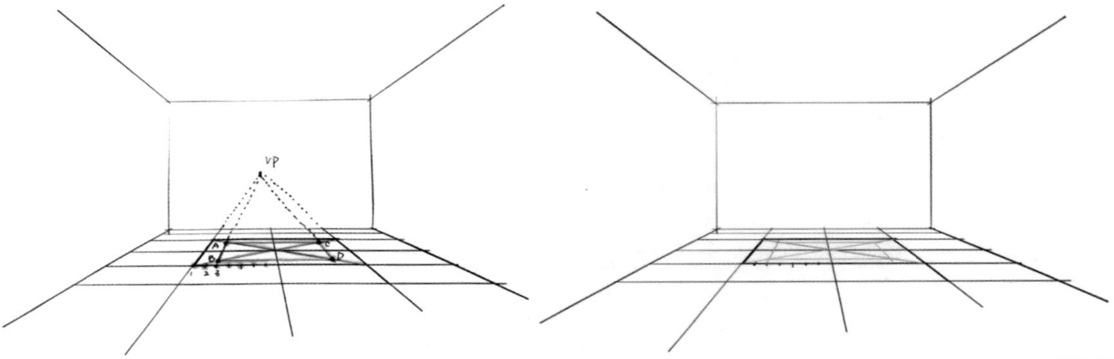

图6-88

接下来，用弧线对正方形与圆的切点和对角线与透视线的交点进行连接，连接时使用弧线才能绘制出圆，如图6-89所示。

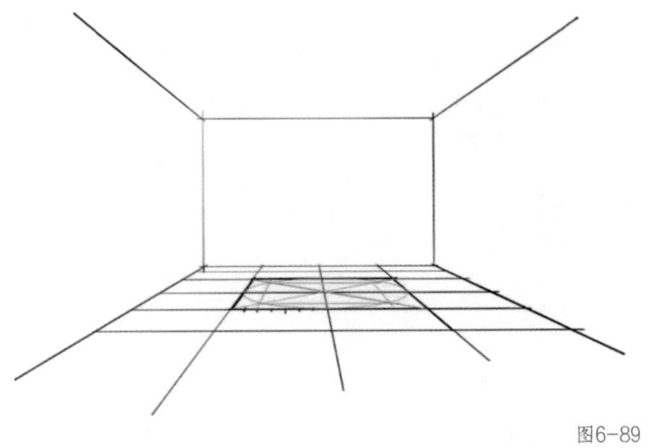

图6-89

如果要在墙上画出透视的圆，需要按照尺寸先画出正方形的位置、正方形的对角线，再纵向连接消失点，如图6-90所示。

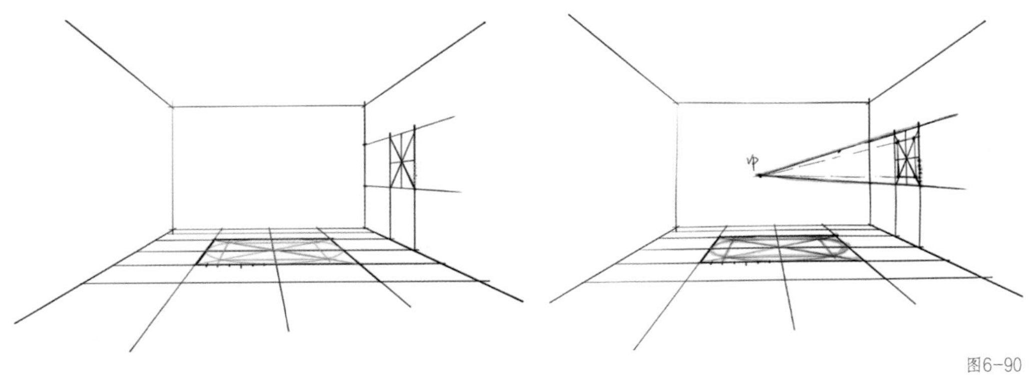

图6-90

用弧线连接正方形和圆的切点与对角线上的交点，绘制出墙面透视的圆形，如图6-91所示。

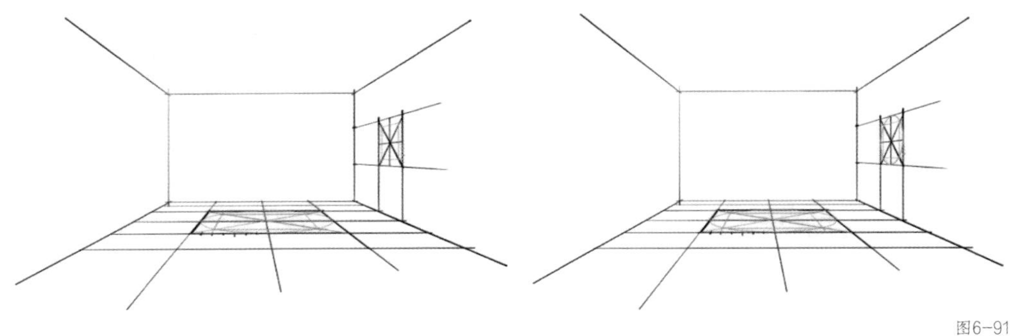

图6-91

当需要绘制透视的圆柱体的时候，要先画出透视的正方体，然后在正方体上绘制其顶面和底面的透视圆形，再连接各切点，如图6-92所示。一般来说，这种方法可以用来画一些圆形沙发和茶几之类的单体。

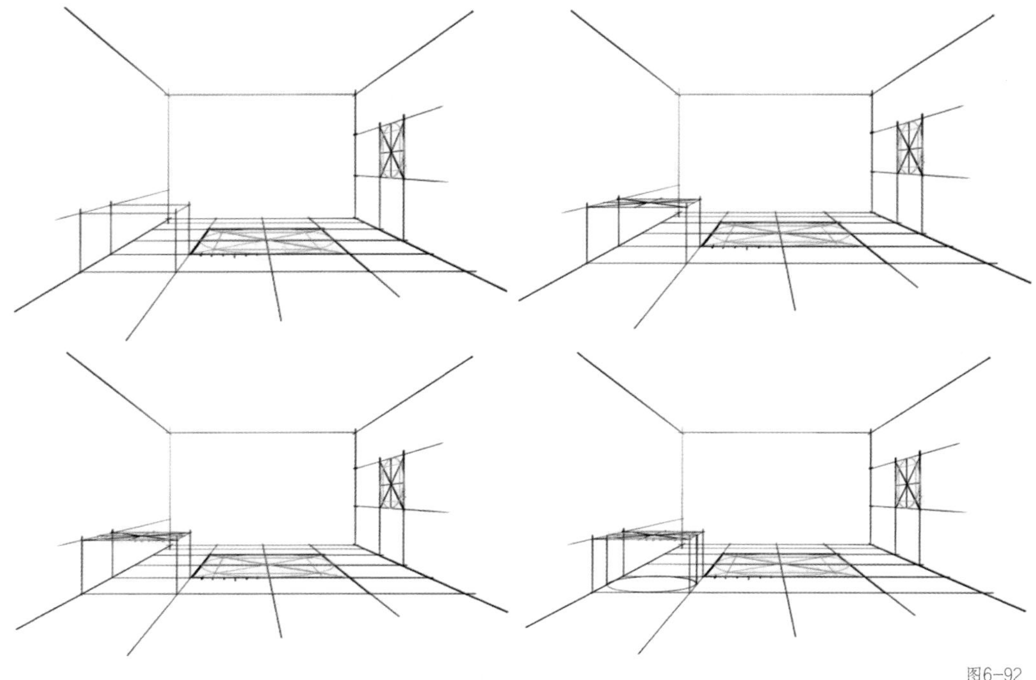

图6-92

作业

完成图6-93所示的圆形透视图的临摹。

图6-93

第 7 课

家具表现

家具是人们生活的必需品，无论是学习、工作还是休息，都离不开相应的家具。本课将通过一些家具案例，讲解家具表现的基础知识，以及常见家具的绘制步骤和方法。对初学者来说，基础练习是重点。希望初学者能通过学习和临摹，提高手绘表现的速度，掌握快速表现家具的技巧。

家具是构成室内空间的主要元素之一，不同造型、不同风格的家具可形成不同格调的空间，体现设计师不同的设计思路。一张好的空间手绘图由空间表现和家具表现共同组成，如图7-1所示。初学者可以先从家具表现学起，因为家具是单独的个体，学习难度比空间的更小，学习家具表现可以为室内设计手绘的学习打下良好的基础。因此，进行家具的手绘练习是学习室内设计手绘的必要过程。

图7-1

第1节 家具表现基础

设计师在工作时经常以徒手的形式表现一些设计想法，有时是表现家具，有时是表现一个场景。如图7-2所示，这种形式能在最大程度上体现出设计作品的时效性与专业性。本节将从初学者的角度出发，讲述徒手绘制家具的步骤和方法。

图7-2

知识点 1 徒手绘制几何体

在学习绘制家具之前，先学习绘制几何体。根据透视原理进行不同透视关系之间的几何体绘制练习，提升徒手画几何体的准确性。

画出单个几何体，或一组透视关系相同的几何体。例如，在绘制一点透视几何体时，需要先画一条横向线条，定一个消失点，点的位置可以自己根据对透视原理的理解来确定，然后绘制几何体，如图7-3所示。对几何体的大小和形状没有要求，主要练习营造立体空间感。

画完单个几何体后，可以开始画不同角度的几何体。首先在中间位置确定一个点，这样在画不同角度的几何体时，就知道不同角度的线条怎么画，如图7-4所示。画几何体的时候，身体需要保持坐直的姿势，与纸拉开一点距离，这样能更好地看清几何体的线条方向。

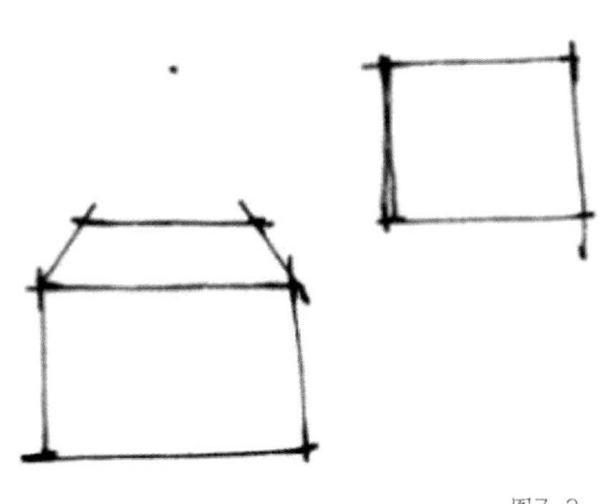

图7-3

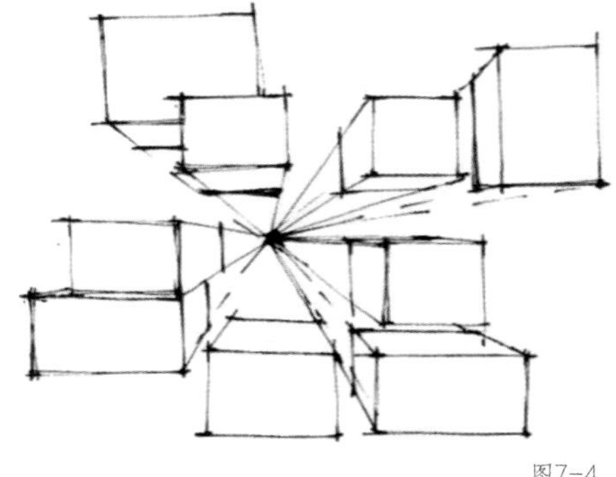

图7-4

在绘制椅子时，先画一个符合椅子比例关系的几何体，如图7-5所示。

在绘制双人沙发时，先画一个符合双人沙发比例关系的几何体，如图7-6所示。

在绘制三人沙发时，先画一个符合三人沙发比例关系的几何体，如图7-7所示。

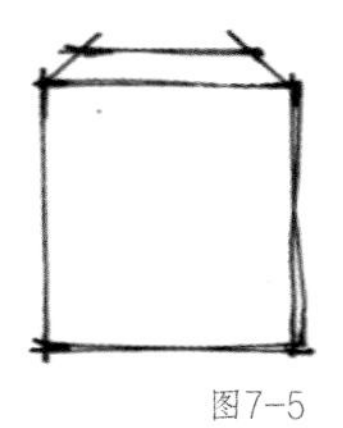

图7-5

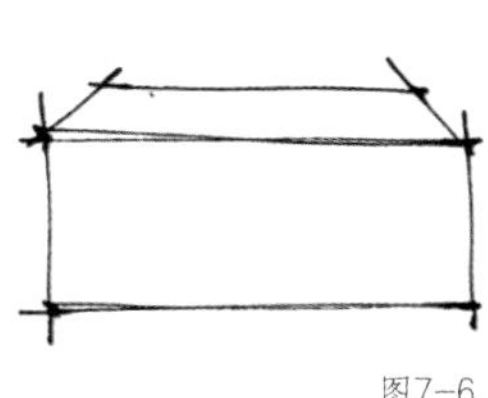

图7-6

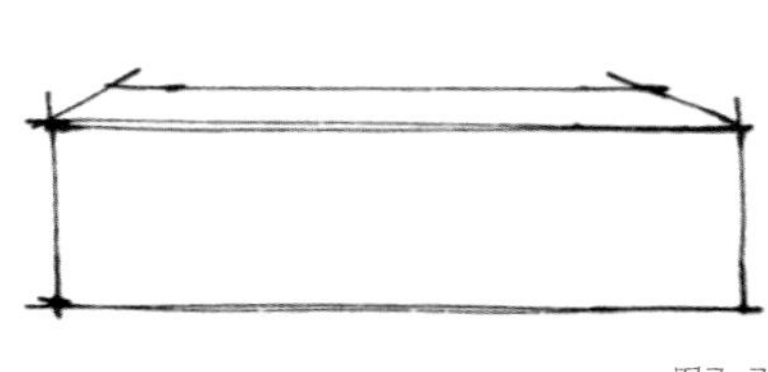

图7-7

通过几何体的比例分析家具的结构，在绘制家具时思路会更清晰，结构也会更准确。

知识点 2 家具比例

家具比例决定了画完家具后的整体效果，如果比例不准确，画完后就达不到设计的效果，会让人觉得不专业。因此，在画家具前，需要有针对性地练习对家具比例的把握。

先进行线条的比例练习。根据自己的判断画一条短线，假设这条短线长1 m，就在这条线的下面练习画和它一样长的线条，如图7-8所示。

进行几何图形的比例练习。假设一条线长0.45 m，横向线条的长度是竖向线条的两倍。先画一条0.45 m的横向线条，那么把两条同样长度的竖向线条连接在一起就是0.9 m，如图7-9所示。

如果使横向线条和竖向线条一样长，就表示这是一个0.45 m×0.45 m的正方形，如图7-10所示。

如果一把椅子椅面的高度是0.45 m，宽度也是0.45 m，那么椅面及以下的部分是一个正方体，如图7-11所示。所以在画家具时，要注意线条的长短和家具的真实尺寸，否则视觉效果会出现偏差。

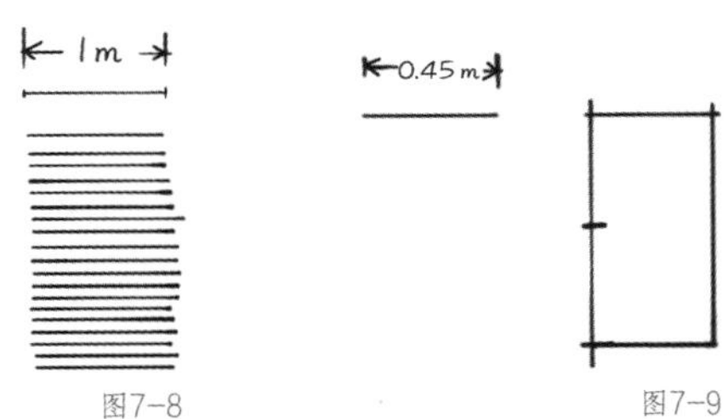

图7-8

图7-9

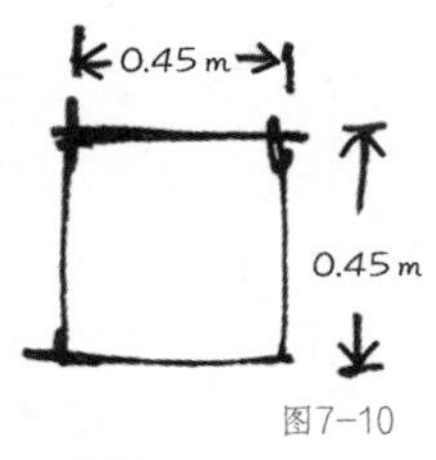

图7-10

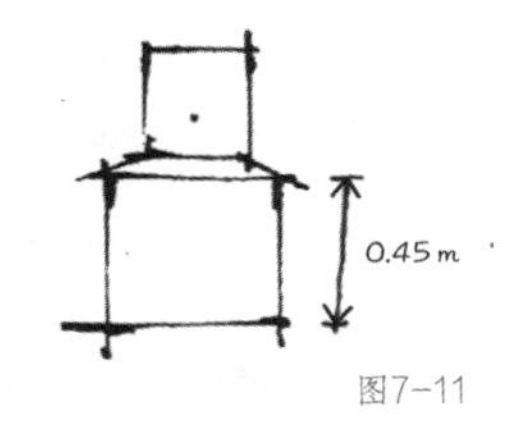

图7-11

平时可以画一些几何图形来提高自己对尺寸和比例的把握能力，如图7-12所示。根据家具的真实尺寸，画成几何图形，或者假设一个尺寸并进行练习。画多了之后就可以按照自己的想法去表达线条，画出的家具也会更准确。

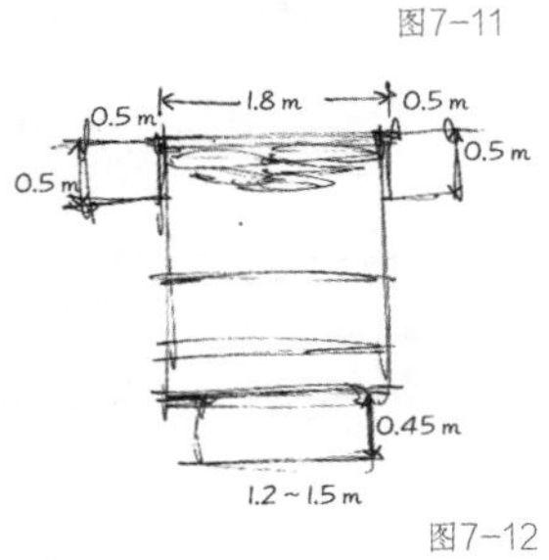

图7-12

知识点 3 家具透视

画家具时需要使用透视原理，只有家具透视关系掌握得准确，家具组合和空间透视才会画得准确。

绘制一个一点透视的沙发脚凳。

第1步　确定消失点的位置，根据消失点的高度，在消失点的下面画一条横向线条，沿着消失点和横向线条两个端点的确定方向，分别画出两条纵向线条，因为一点透视的横向线条和竖向线条是分别平行的，所以画出的几何体如图7-13所示。画的时候还需要结合家具的结构，才能展现出完整的视觉效果。

第2步　在几何体的中间画两条横向线条，如图7-14所示，这样可以表现出家具的结构。两条横向线条要平行，对于不同的家具需要根据透视原理画出不同的结构。

第3步　根据家具结构，画出脚凳腿。腿的部分是竖向的，因此两条竖向线条要平行，不要画太高，根据整体的高度来画，如图7-15所示。这种家具的整体高度一般为400~450 mm。

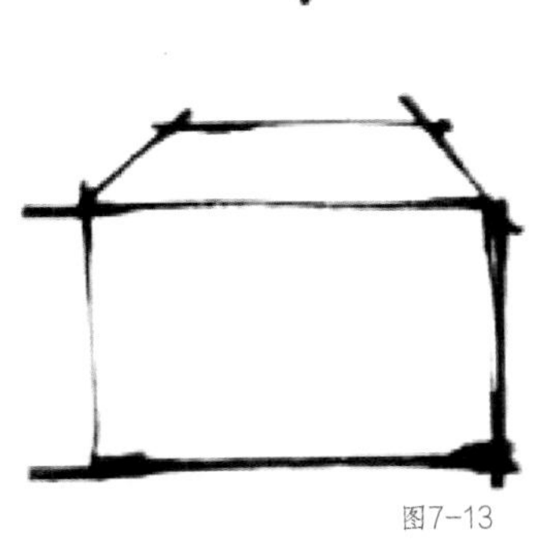
图7-13

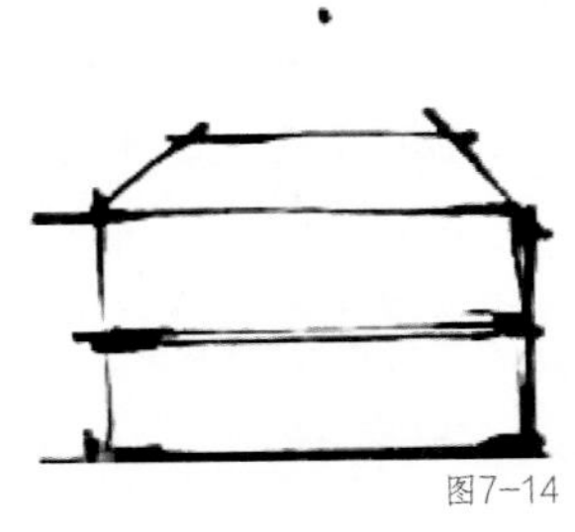
图7-14

图7-15

第4步 表现家具线条。按照透视方向，在家具的顶面画出两条横向线条，线条可以稍微断开；在立面画4条竖向线条，将立面平分，如图7-16所示。

第5步 表现投影。在家具底部画出一些横向线条，如图7-17所示。初学者可以将投影线条画成横向平行线，透视感会更好。至此，一个家具的徒手表现就完成了。

根据前面的步骤，画出一个符合一点透视原理的沙发，实物如图7-18所示。首先，画出一个符合沙发比例的几何体。然后，根据几何体，画沙发。如果刚开始不太理解沙发的结构，可以找一张沙发的照片，分析一下它的结构比例和透视关系。

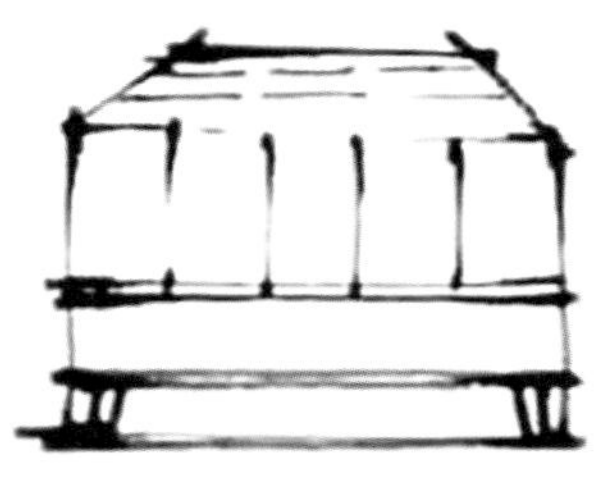

图7-16

图7-17

图7-18

第1步 确定消失点的位置，根据横向平行、竖向平行的透视特点，画出一个符合一点透视原理的几何体，如图7-19所示。

第2步 根据几何体，画出沙发的结构。刚开始练习时，如果把握得不很准确，可以画一些虚线作为辅助线，如图7-20所示。

第3步 画出纵向线条。纵向线条是体现透视关系的关键，在连接线条的时候，要把线条画直，结构表达才会清晰，如图7-21所示。

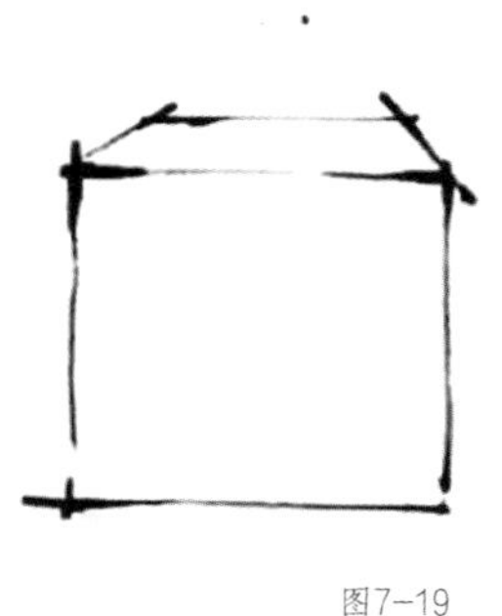

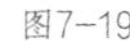

图7-19

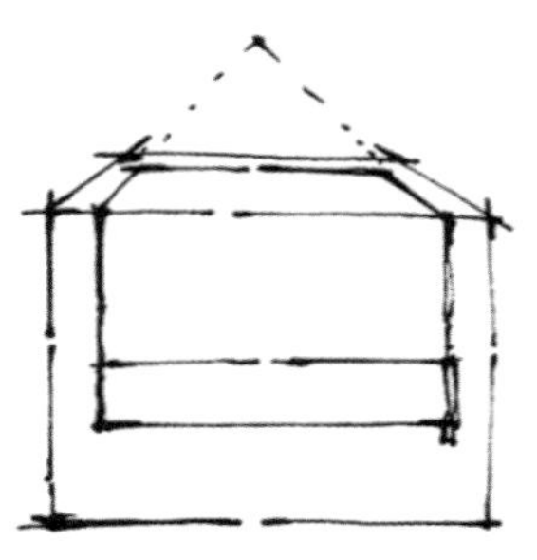

图7-20

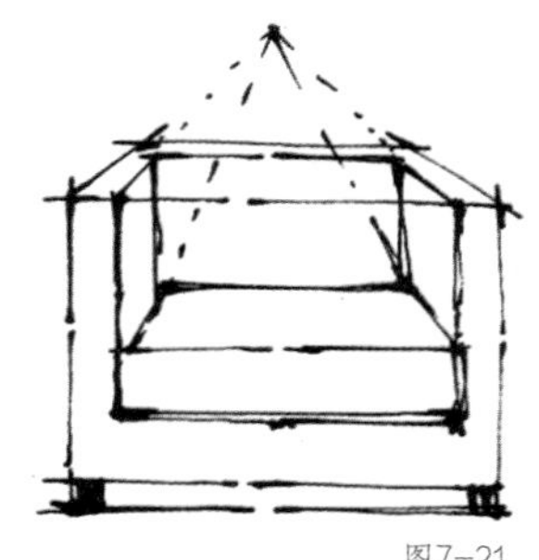

图7-21

对于不同透视关系的家具与家具组合，可以通过上述方法进行分析与绘制。与学习一点透视相同，要学习两点透视，就先进行符合两点透视原理的几何体绘制练习，如图7-22所示。通过不断练习，可以为未来的设计工作打下良好的基础。

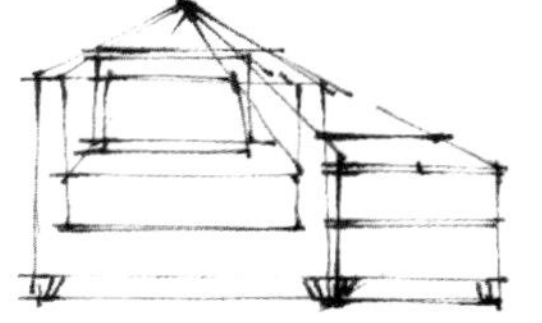

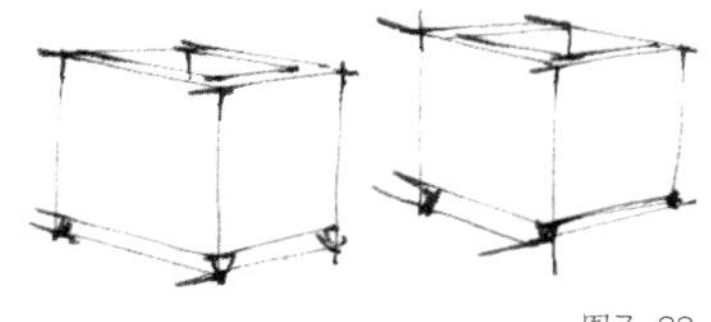

图7-22

第2节 家具绘制步骤

在实际工作中，做设计方案需要绘制很多的空间图，在绘制空间图时，又需要画很多的家具。不同的空间里有不同的家具，家具的特点体现了空间的风格。实际上，如果家具画得好，画空间是比较简单的。也就是说，画好家具可为画好空间奠定扎实的基础。因此，在绘制空间前，最好能积累大量的单体家具素材，尝试多画一些不同风格和不同结构的家具，如图7-23所示。

图7-23

知识点 1 椅子的绘制方法

在画椅子的时候，首先要知道椅子的尺寸。一般来说，椅子的长、宽都介于450~550 mm，或许它们在空间和功能尺度上有一些区别，但画法和绘制思路基本相同。在开始绘制前，可以先学习临摹实景图，观察实景图的结构、比例，分析透视关系和光影关系，图7-24所示为临摹的椅子。

图7-24

结构简单的椅子的透视关系也简单，更适合初学者练习。下面以图7-25为例，讲解椅子的绘制方法。

第1步 根据实景照片，画出椅子靠背，如图7-26所示。椅背呈长方形，且有一些弧线，画的时候可以分成几段，这样容易画得对称一些。

第2步 确定消失点，根据消失点的方向，连接纵向的透视线，如图7-27所示。

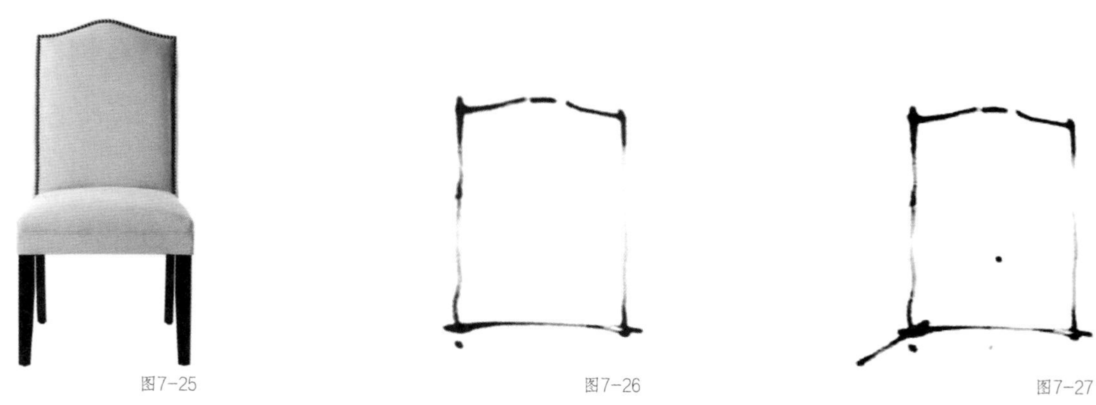

图7-25　图7-26　图7-27

第3步 根据椅子的实际尺寸，大致画出椅子腿，如图7-28所示。这把椅子的椅面高度为0.45 m左右，竖向线条不容易画直，可以分段画。

第4步 画椅子的细节。按照确定的高度，画出椅子腿，如图7-29所示。

第5步 根据实景照片，画出椅子靠背的边框，边框中绘制加粗的虚线，在椅子的靠背上画一些线条使其显得更立体，如图7-30所示。

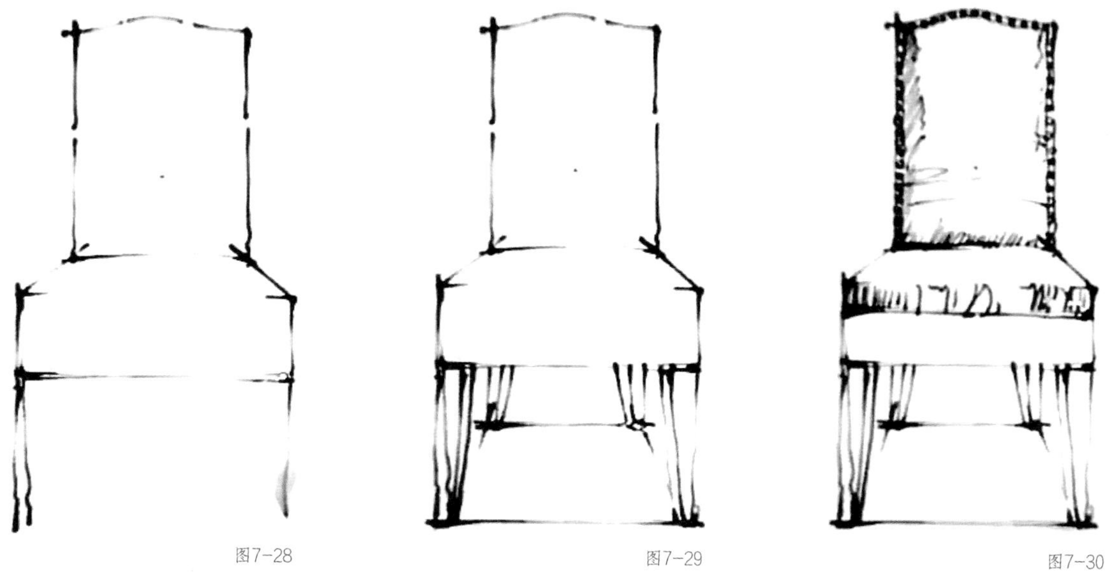

图7-28　图7-29　图7-30

第6步 在椅子下方画一些线条来表现投影，以增加家具的立体感，如图7-31所示。画投影会使画面更完整。当然，不画这一步也没问题。

下面以图7-32为例，讲解带靠垫的椅子的绘制方法。画的时候需要考虑椅子和靠垫之间的关系。

图7-31

图7-32

第1步 根据实景照片的椅背形状，画出一条较对称的弧线和两条竖线，如图7-33所示。

第2步 确定消失点的位置，沿着消失点和椅面上面两个顶点确定的方向，画出椅子的座面造型，如图7-34所示。

第3步 用带弧度的线条来画出椅子的座面厚度，如图7-35所示。这样能体现出椅子柔软的特点。

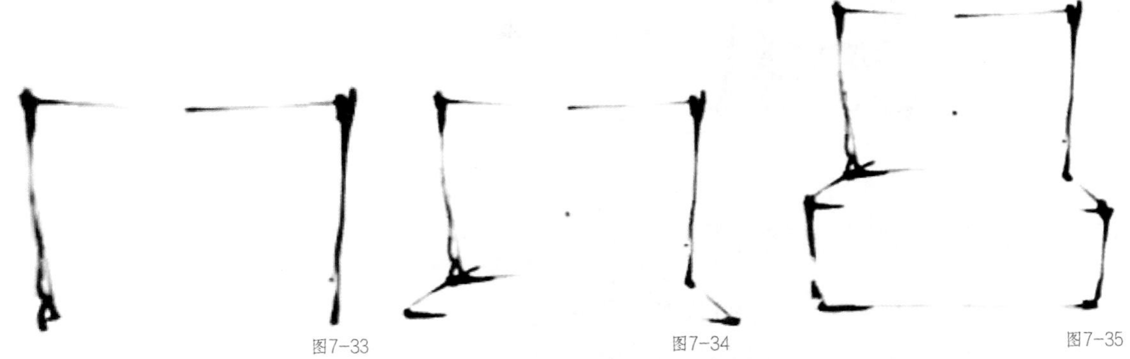
图7-33　图7-34　图7-35

第4步 椅面的高度为450 mm左右，画完后的椅子除去椅背大致符合正方体的比例，如图7-36所示。

第5步 画座面，让靠近椅背处右侧的线条断开，将靠垫画在这里，如图7-37所示，这样就不会有透过去的线条，看起来比较整齐。

第6步 假设光源在左侧，在椅子下方的地面右侧画一些表达光影效果的排线，能表现出渐变的意境，如图7-38所示。

第7步 根据靠垫上图案的形状进行构思，画出想要的效果，如图7-39所示，这样家具的风格会更明显一些。

对于不同造型和风格的椅子，都可以按照这些步骤进行绘制。如图7-40所示，画过的造型和风格越多，积累的元素也会越多，参与设计工作时便更容易达到随心所欲的境界。

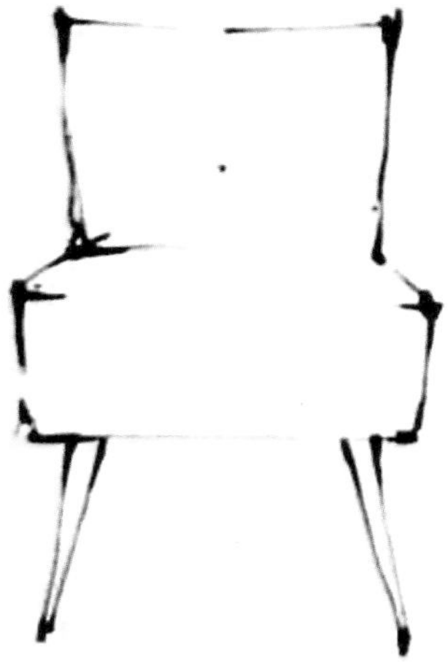

图7-36

图7-37

图7-38

图7-39

图7-40

知识点 2 沙发的绘制方法

沙发和椅子在尺度与功能上有区别，在进行手绘表现时，需要将沙发的尺度、舒适与柔软体现出来，如图7-41所示。

图7-41

1. 一点透视沙发的绘制方法

第1步　分析实景照片的透视与比例，进行草图绘制，如图7-42所示。如果还不熟练，可以在绘制的时候可以画一些透视的辅助线，作为正式草图的参考，如图7-43所示。

第2步　画出沙发的靠背。根据一点透视的特点（横向平行），从上往下画，如图7-44所示。沙发的尺寸大约为0.8 m×0.8 m，这个沙发的靠背比较高，所以表现它的线条要尽量长一些，如图7-45所示。

图7-42

图7-43

第3步 确定消失点，根据消失点，画出扶手，如图7-46所示。座面的高度为0.4 ~ 0.45 m，画的时候需要与靠背的线条长度比较一下，高度准确，比例才会好，如图7-47所示。

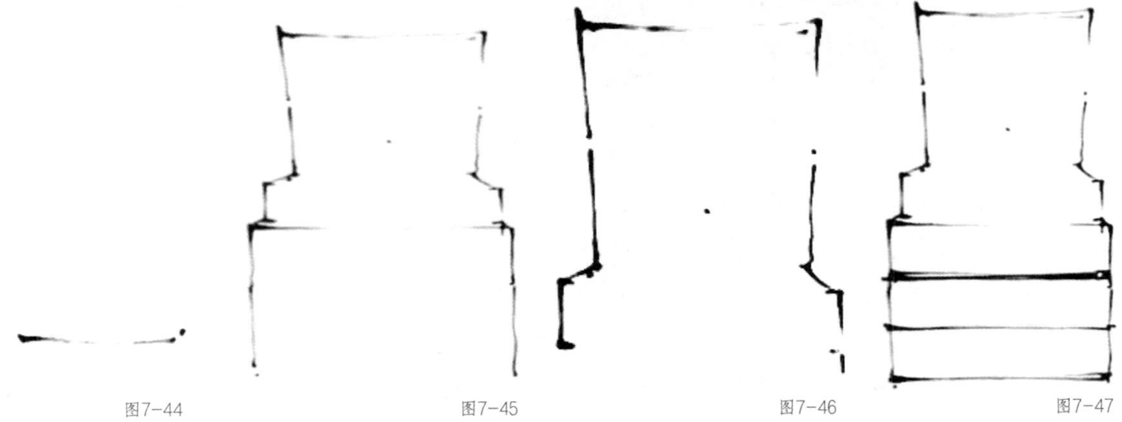
图7-44 图7-45 图7-46 图7-47

第4步 画出沙发上的靠垫。靠垫的位置在中间，画的时候可以不画被靠垫挡住的那条线，直接画上靠垫，然后结合光源位置表现立体效果，如图7-48所示。

第5步 细化立体效果，补充细节。把靠垫下面的光影效果加强一些，在地面排一些横向线条并补充细节，如图7-49所示。

图7-48

图7-49

2. 两点透视沙发的绘制方法

比起一点透视，两点透视在透视的表现上会有更大的难度。初学者可以将画图的速度放慢一些，在画每一条线之前，都进行一次透视分析。

第1步　画一个符合两点透视原理的沙发，需要理解两点透视的关系。找到一张实景照片，如图7-50所示。在实景照片上分析两点透视的角度，进行草图的分析与绘制，如图7-51所示。

图7-50

图7-51

第2步　画出沙发左侧最长的那一条竖向线条。这条线有一定弧度，可以分成几段画，根据竖向线条的长度，横向线条长度更容易画得准确，如图7-52所示。

第3步　确定整个沙发的外形。根据消失点在两侧的原理，护手的线条要向两侧画，如果刚开始画得不很准确，可以把点的位置确定下来，再进行连接，如图7-53所示。

第4步　画出扶手右侧的靠垫，这样外形基本上就画完了。根据光线的方向，在沙发和地面上加一些表现光影的排线，增强空间感，如图7-54所示。

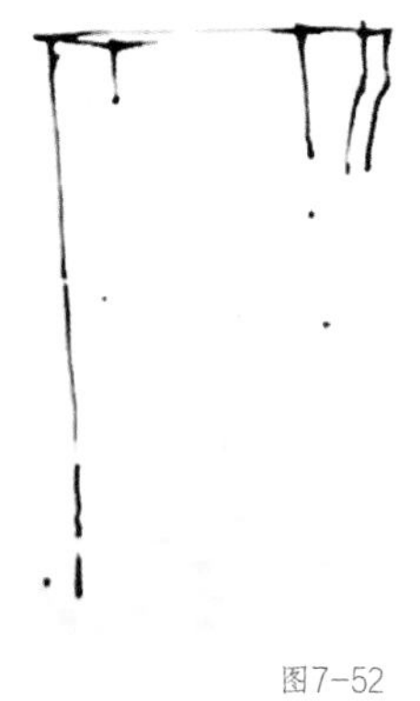

图7-52

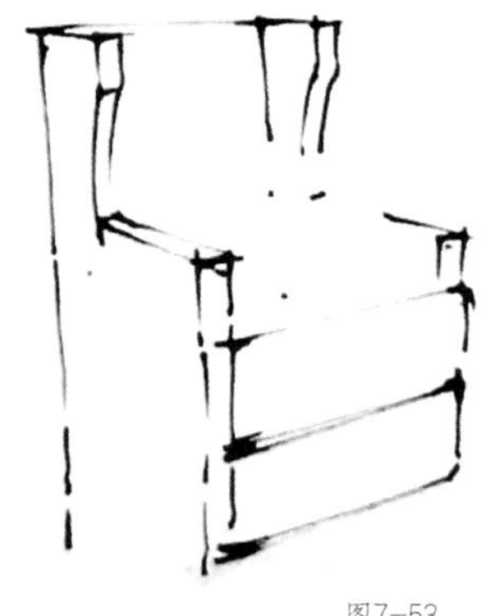

图7-53

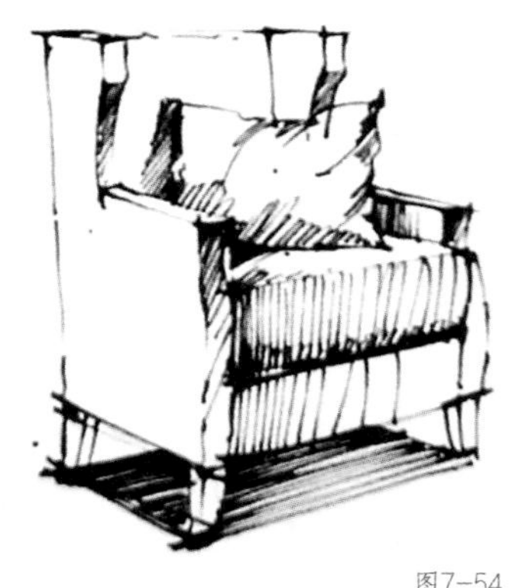

图7-54

第5步　画沙发的图案。少画一些受光面，多画一些背光面，这样虚实感会更突出，如图7-55所示。注意，要体现出沙发的特色和整体氛围，用曲线更能体现沙发的柔软质感。

这样一个符合两点透视原理的沙发就绘制完成了。刚开始绘制时，可以借助实景照片，多对实景照片进行临摹练习，或者分析其他好的沙发表现方法。慢慢地，熟练之后就可以自己去默画。默画也是创作必经的过程之一，如图7-56所示。

图7-55

图7-56

知识点3 茶几的绘制方法

大部分茶几的外形比较简洁，一般来说在材质上会更硬一些，所以在画的时候，可以用更硬朗的线条来表现茶几的特点。

1. 一点透视茶几的绘制方法

第1步 根据实景照片（见图7-57）一点透视的特点，画出一点透视草图，如图7-58所示。

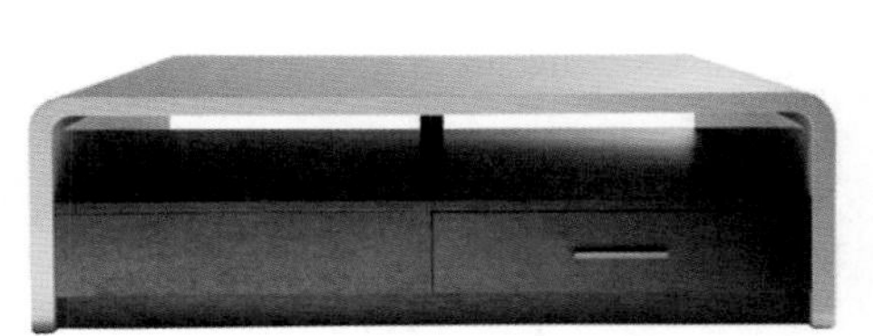

7-57

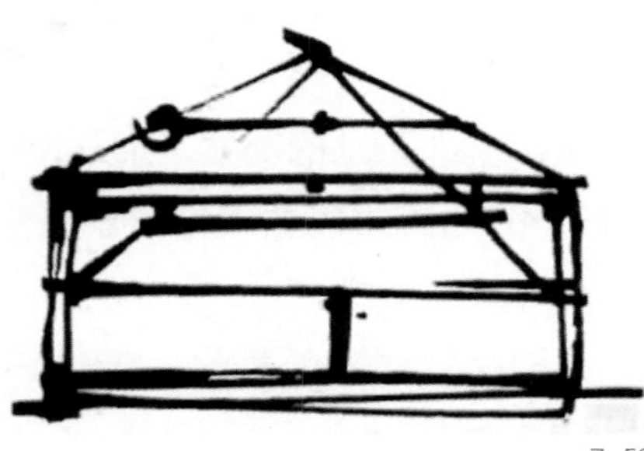

7-58

第2步 确定消失，在消失点的下面画一条横向线条，如图7-59所示，宽度可以根据实景照片来定。

第3步 根据茶几形状，画一个大致的几何体，茶几的高度为380—500 mm，如图7-60所示。因此，在画的时候需要注意横向线条和高度的比例。

第4步 画出茶几的边框，茶几的中间有隔层，其高度大致是茶几高度的一半，找准位置后画出隔层，如图7-61所示。

图7-59

第5步 适当地在暗面画一些排线以加强立体感，在光滑面可以用竖向排线，继续补充茶几细节，如图7-62所示。

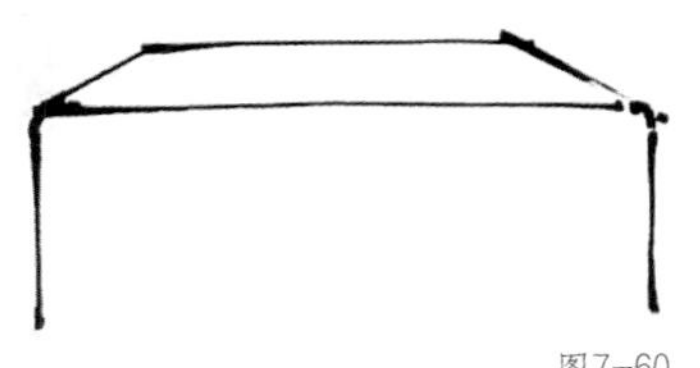

图7-60

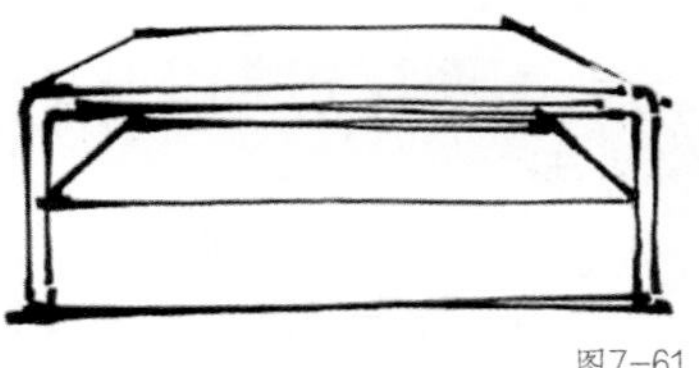

图7-61

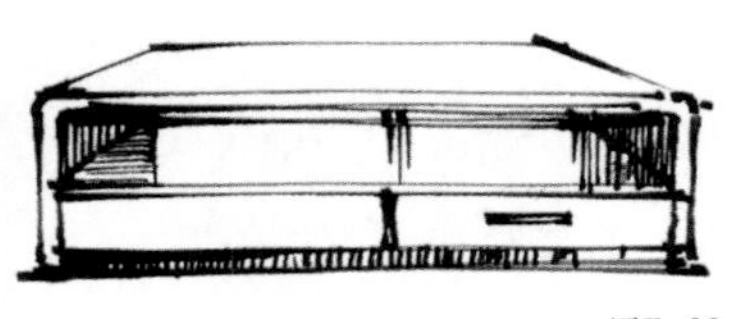

图7-62

2. 两点透视茶几的绘制方法

第1步　根据实景照片（见图7-63）进行分析，找出两个透视点的方向，将两点透视的线条往两个方向连接，画出草图，如图7-64所示。

图7-63

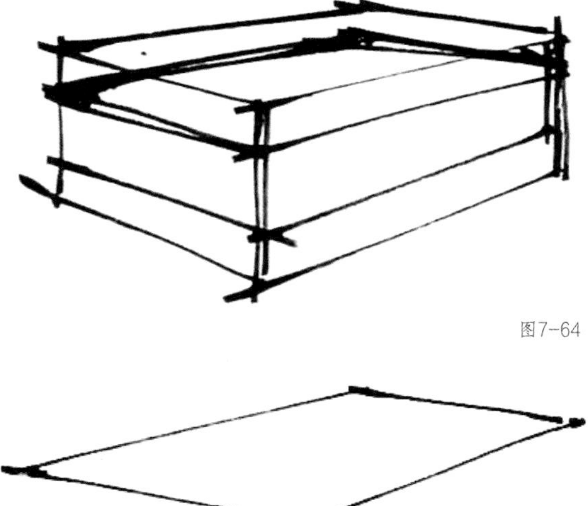

图7-64

图7-65

第2步　画出茶几的顶面。茶几的材质都是硬材质，所画的线条要直且有力度，如图7-65所示。

第3步　茶几的高度是茶几长度的一半左右，在画的时候要根据线条长短进行比较，如图7-66所示。

第4步　根据实景照片和透视关系，画出茶几的结构，如图7-67所示。茶几的顶面是玻璃材质的，所以画出透明效果。

第5步　根据光线方向，进行光影表现，如图7-68所示。顶面玻璃用竖向线条排列表现，画的线条要直，可以有一些疏密的变化，一般在边缘画得多一些。木材有自然的纹理，可用曲线来表现。

图7-66　图7-67　图7-68

3. 圆形茶几的绘制方法

第1步　根据实景照片（见图7-69）进行分析，把握比例与结构，画出草图，如图7-70所示。绘制圆形造型的难度更大，特别是顶面，初学者可以先进行绘制弧线的练习，将椭圆形分成两条弧线来画，这样比较容易上手。

图7-69

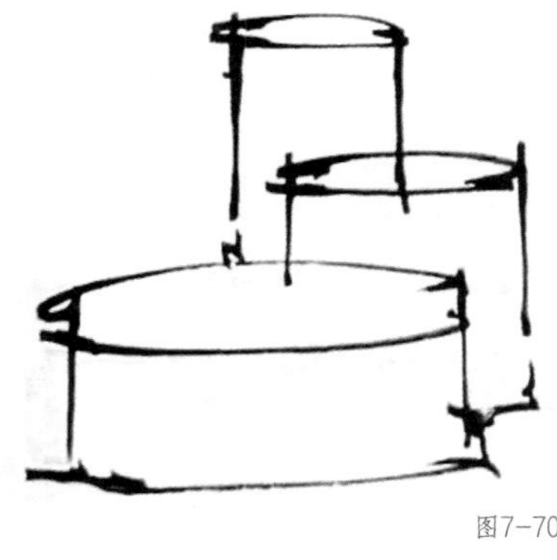

图7-70

第2步 画出茶几的竖向线条。确定宽度后，直接在顶面画椭圆形，如图7-71、图7-72所示。

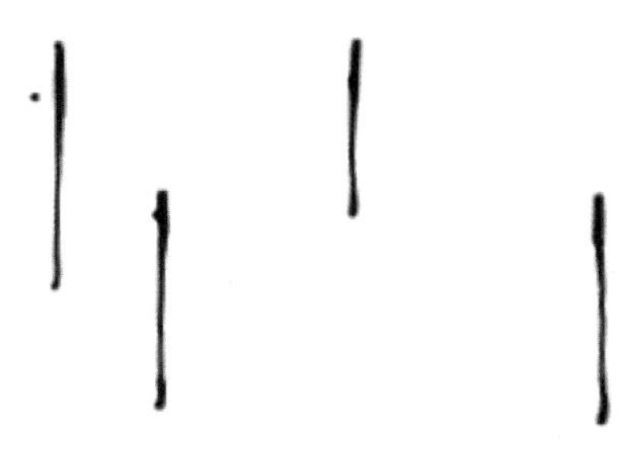

图7-71

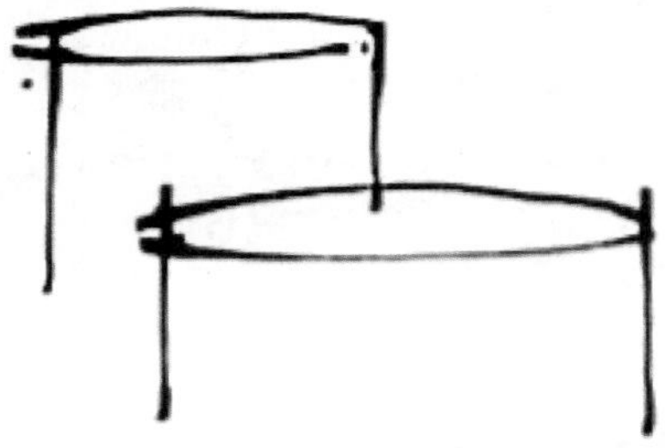

图7-72

第3步 画出茶几的整体结构。每个圆柱体的高度不一样，注意，体现出高低错落的层次感，圆柱体下面的弧线需要和上面的弧线平行，如图7-73所示。

第4步 用竖向线条表现出每一个圆柱体的立体感和光影效果，补充相关的细节，如图7-74所示。

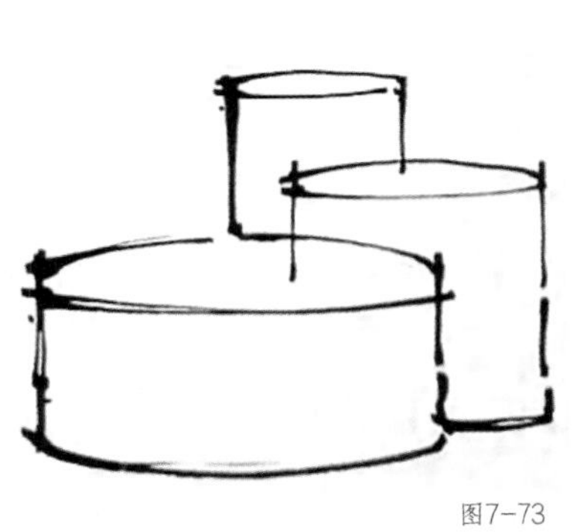

图7-73

图7-74

茶几的造型和材质多种多样，尤其是现代茶几，在绘制时要多分析茶几的特点，如图7-75所示。

图7-75

知识点 4 床的绘制方法

床的整体面积比较大，一般来说双人床的大小是1.8 m×2 m，画的时候不仅要体现大致的比例，还要表现床的布艺材质的效果，如图7-76所示。

图7-76

1. 一点透视床的绘制方法

第1步 根据实景照片（见图7-77）进行分析，确定好消失点的位置，画出透视线和草图，如图7-78所示。

图7-77

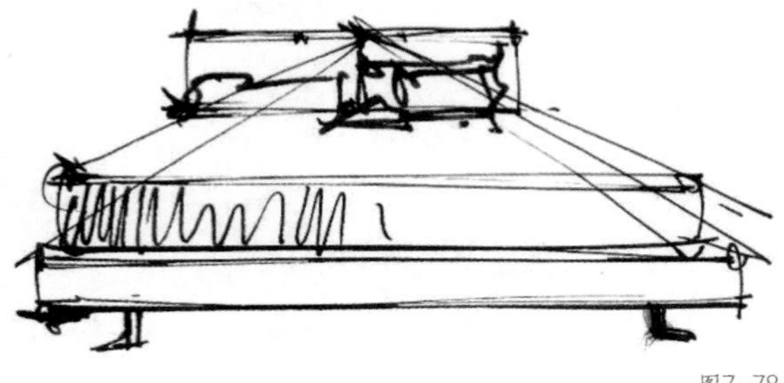
图7-78

第2步 根据床的结构线，画出床的宽度。一般来说，床的宽度为1.8 m。根据消失点，画出床的长度，如图7-79所示。

第3步 画出床的高度和床上靠垫的大致形状。一般来说，床的高度在400 mm左右，在绘制时，可以参考床的宽度来确定床的高度，如图7-80所示。

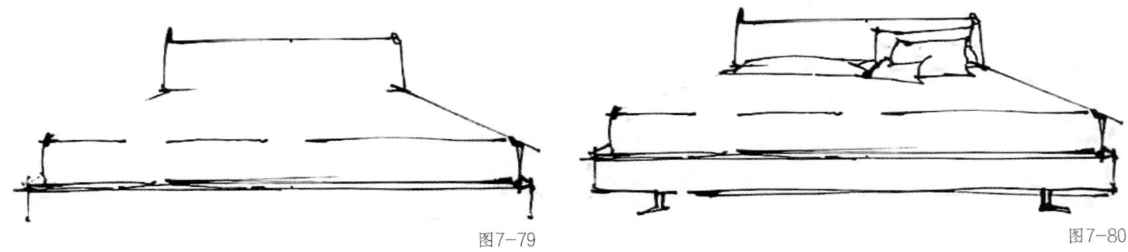
图7-79

图7-80

第4步 补充细节。通常床的顶面是比较亮的，在几何体里画一些竖向线条，可以表现出床的立体感，第一层要画得随意一些，体现出床的柔软。另外，加强床下的投影，以增强立体感，如图7-81所示。

第5步 根据光线方向，画出靠垫等的光影，线条最好有一定弧度，这样能体现出柔软质感，如图7-82所示。

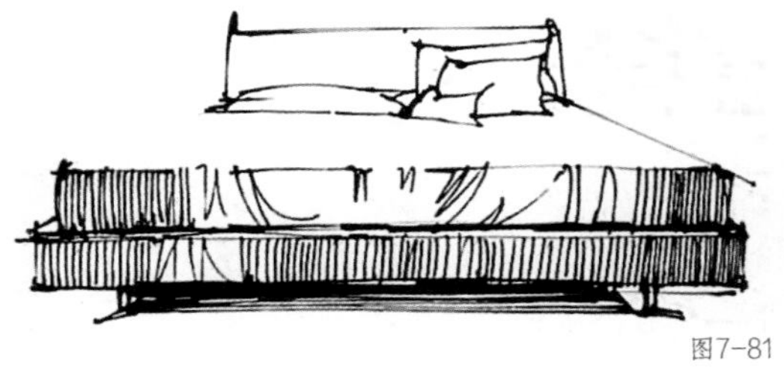
图7-81

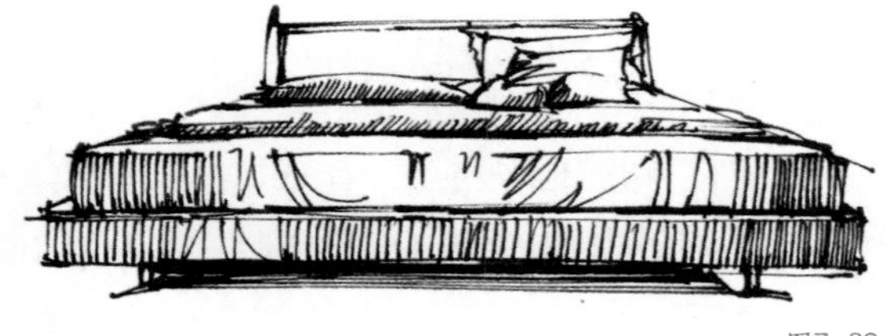
图7-82

2. 两点透视床的绘制方法

第1步 根据实景照片（见图7-83），进行透视分析，给线条找到对应的透视方向，画出草图，如图7-84所示。

图7-83

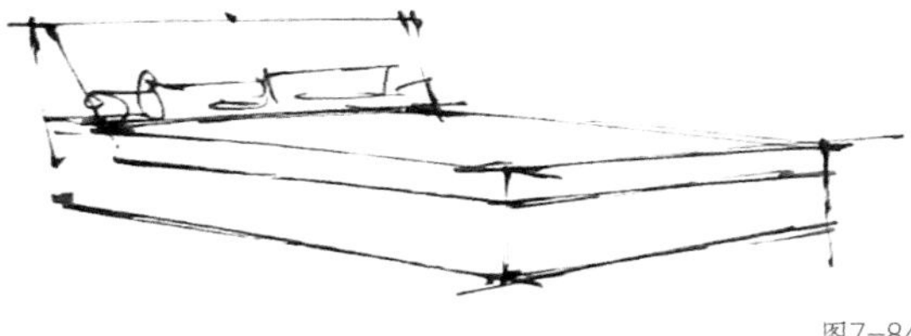

图7-84

第2步　根据草图的样式，确定床的高度。床的竖向线条有一点倾斜，长方向的线条比宽方向的线条长，高方向的线条要比长方向的线条短。一般来说，床的长度为2 m，高度只有0.4 m左右，如图7-85所示。

第3步　画出床的整体结构。床垫的厚度大致是床整体高度的1/3，如图7-86所示。

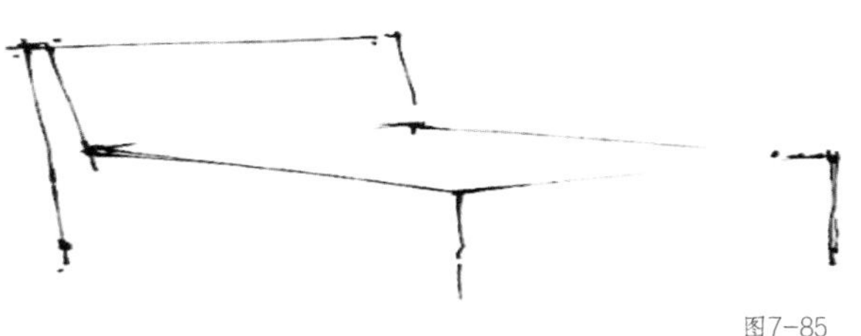

图7-85

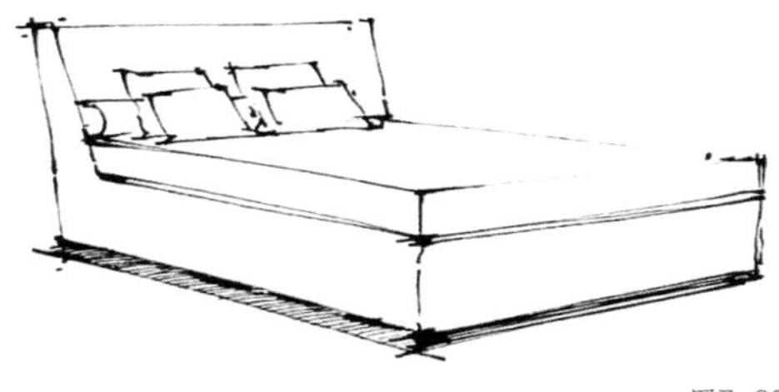

图7-86

第4步　根据光的方向，画出床的细节，以及靠垫背光面的光影排线。对于床垫，也需要使用一定弧度的排线，以体现出床的材质，如图7-87所示。

一张床会有很多的造型，可以从各种角度观察，初学者可以先进行临摹练习，边练习边分析它的透视关系，以及不同材质的绘制方法，如图7-88所示。

图7-87

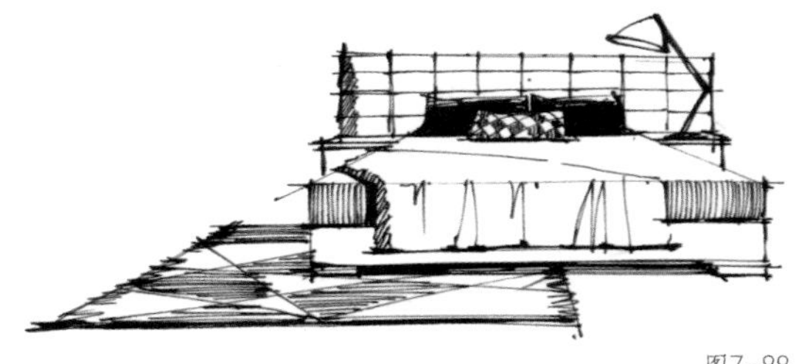

图7-88

知识点5 柜子的绘制方法

室内空间的柜子种类（比如衣柜、床头柜、收纳柜和鞋柜等）非常多。柜子的整体结构和绘制方法大致相同，现代风格的柜子几乎都属于简洁的造型，古典风格的柜子通常会有一些雕花图案等细节，如图7-89所示。

图7-89

1. 一点透视床头柜的绘制方法

第1步 根据实景照片（见图7-90），画出一点透视分析草图，如图7-91所示。要清晰地画出消失点的位置和透视线，这样画出来的透视图会比较准确。可以预估柜子的尺寸，假设高度为0.5 m，宽度为0.4 m或者0.45 m，这样确定比例时会有数据的参考。

第2步 确定消失点，画横向线条，表示柜子宽度，连接消失点和横向线条的两端，用于确定柜子的深度，画出柜子的顶面，如图7-92所示。

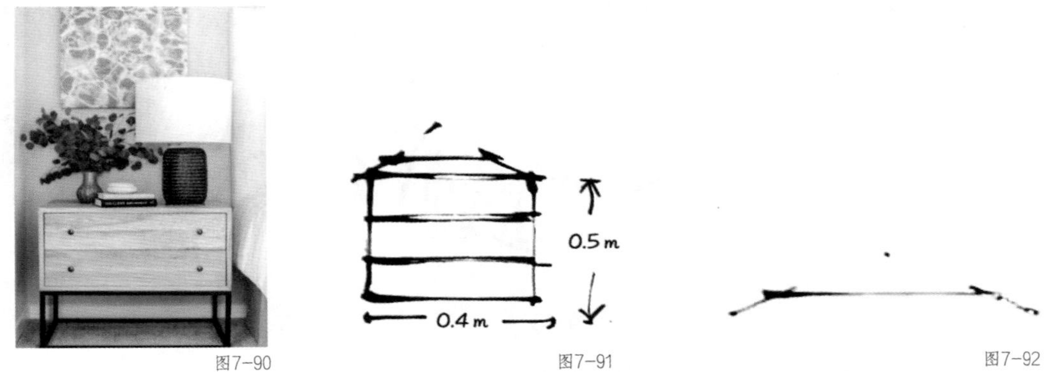

图7-90　　图7-91　　图7-92

第3步 先画出柜子的顶面，再根据柜子高度画出竖向线条，如图7-93所示。

第4步 画出柜子的边框，将柜子高度平均分成3份，用于画抽屉和柜子腿，如图7-94所示。

第5步 用一些曲线来体现材质，如图7-95所示。

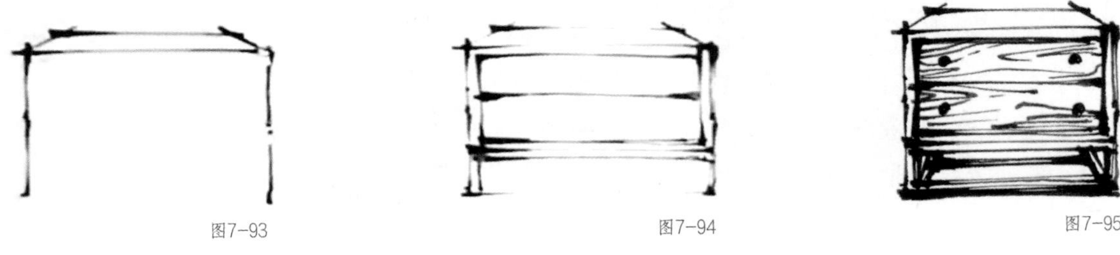

图7-93　　图7-94　　图7-95

2. 两点透视床头柜的绘制方法

第1步 分析家具的尺寸和透视角度。柜子基本可看作几何体，造型比较简单，如图7-96所示。

第2步 按照两点透视原理，画出柜子的顶面透视图，如图7-97所示。

图7-96　　图7-97

第3步 画一个棱长为0.5 m的正方体，如图7-98所示。

第4步 在柜子侧面的中间位置确定一个点，以该点为起点向各个方向画直线，表现出柜子的立面造型，如图7-99所示。

第5步　画出表示暗面的侧面排线，地面的投影则按照光源位置的方向进行排列，并补充细节，如图7-100所示。

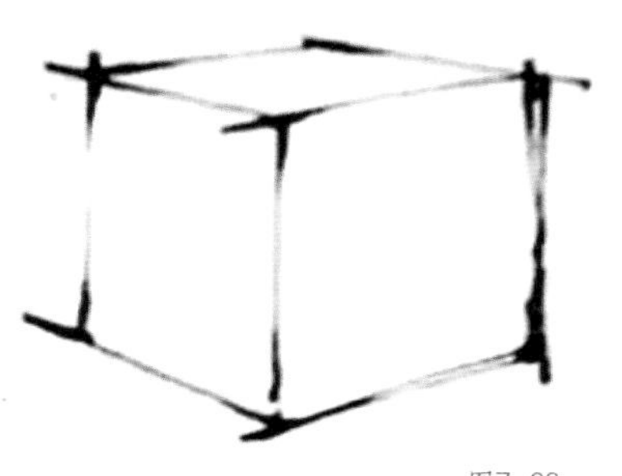
图7-98

图7-99

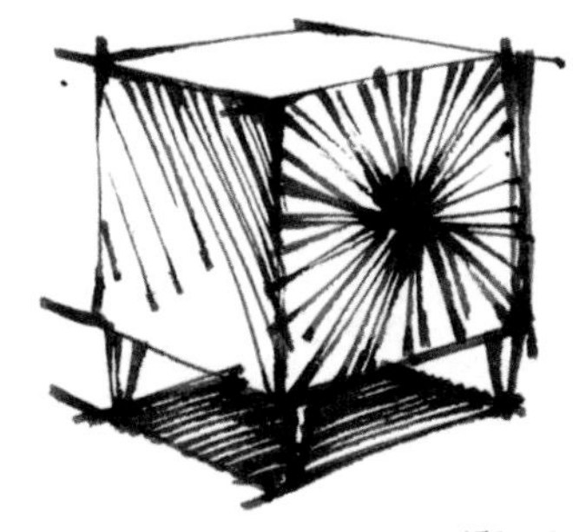
图7-100

在绘制柜子时，可以先进行小体积的柜体绘制练习。等掌握透视原理和确定比例的方法后，再绘制大体积的柜子。大体积的柜子线条更长，画的时候需要分成几段来完成，如图7-101所示。

图7-101

知识点 6 欧式古典家具的绘制方法

欧式家具的雕刻图案较多，在画的时候需要结合透视原理去分析雕刻图案的特点。一般来说，在开始绘制时可以先看一些实景图，如图7-102所示。

或者练习一些雕刻图案的绘制，对每个雕刻图案的细节进行放大、分解。如图7-103所示，一个扶手其实是由十几条曲线构成的。

分解完雕刻图案细节后，需要画一些较对称的弧线。在画之前要将它拆分成线，克服对这些雕刻图案产生的“恐惧感”。比如，在绘制椅子时，可以先分析椅子腿的结构，确定每个椅子腿的方向，如图7-104所示。

图7-102

图7-103

图7-104

第1步　对实景照片进行透视分析，绘制草图，如图7-105所示。

第2步 画左侧线条，因为左侧的线条简单一点，如图7-106所示。不过这条线是曲线，根据结构，分成几段，会比较容易画准。

第3步 根据透视线，画出家具的轮廓，如图7-107所示。不用管细节与雕刻图案，先把透视关系画准确。

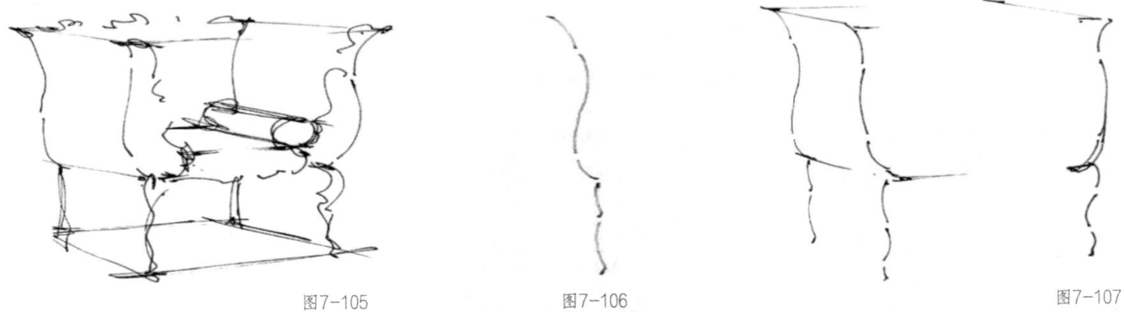

图7-105 图7-106 图7-107

第4步 画好透视图，再画大的雕刻图案的位置，可以用断开的线来表现，如图7-108所示。

第5步 把雕刻图案画到对应的位置上，并补充细节，如图7-109所示。工作中画的手绘图可以较简略，只要能体现出它有这样的特点就可以了，不用追求和图7-109完全一样的效果。

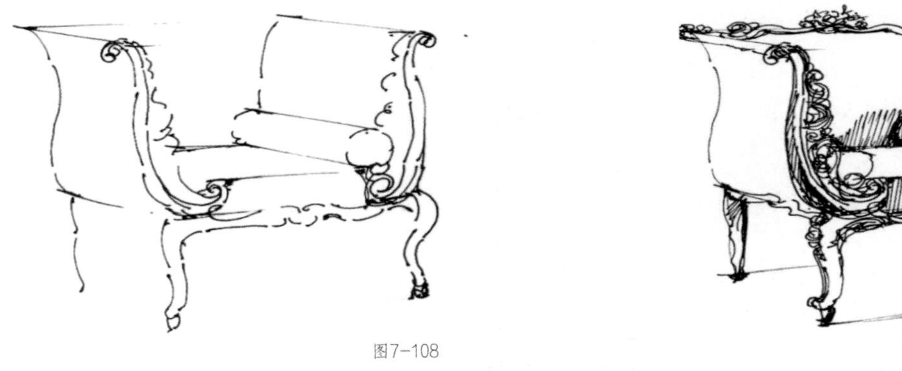

图7-108 图7-109

第6步 加上表现光影的排线，并继续补充细节，如图7-110所示。如果有图案，可以在暗面位置多画一些，亮面位置少画一些，这样一件欧式家具就画好了。

图7-110

知识点 7 中式家具的绘制方法

中式家具多种多样，大部分中式家具有对称的特点，如图7-111所示。在画手绘图时，做到绝对对称是有一定难度的。因此，在画之前需要先分析家具的细节，进行一些曲线的绘制练习。比如，中式家具的线条（包括曲线、直线和转折线），可以体现出家具的轻盈与轮廓。

第1步　分析透视关系。这是符合两点透视原理的家具，消失点在两侧，如图7-112所示。

第2步　把弧线拆分成几段，确定家具的宽度，如图7-113所示。

图7-111

图7-112

图7-113

第3步　根据两点透视原理，画出椅子的座面，再根据座面大小，确定椅子的高度，如图7-114所示。这把椅子比一般的中式椅子高一些。

第4步　画出椅子腿的框架，如图7-115所示。再画出椅子腿的装饰部分的轮廓，这个装饰部分具有对称结构，对称的结构尽量画对称，不要求绝对对称，如图7-116所示。

图7-114

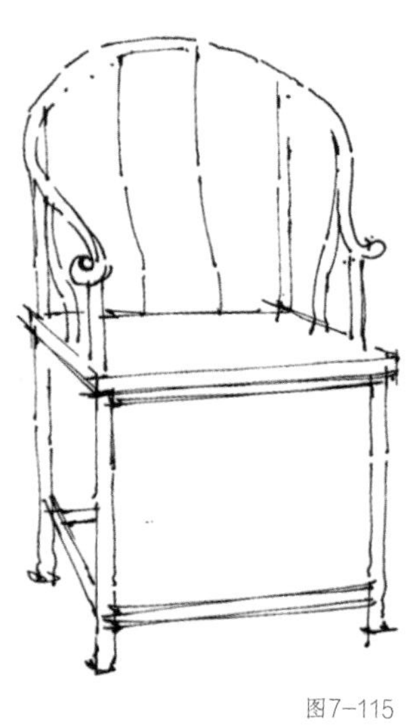

图7-115

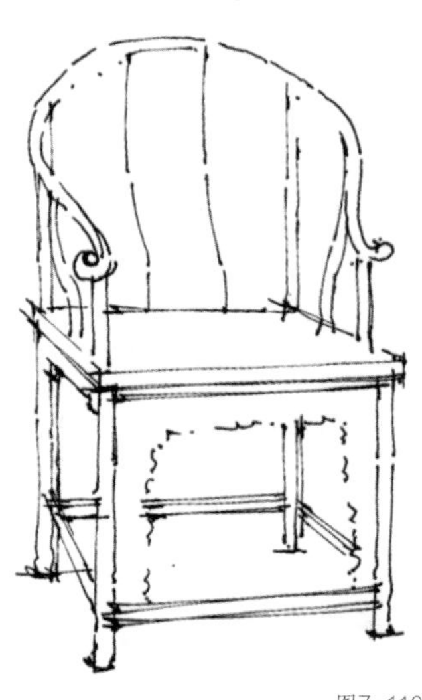

图7-116

第5步　在不同部位补充家具的细节，如图7-117所示。可以根据图案的形状自由发挥。

第6步　画出家具的暗面，如图7-118所示。在画线条的时候可以采用斜线排列，以体现整体的立体效果。

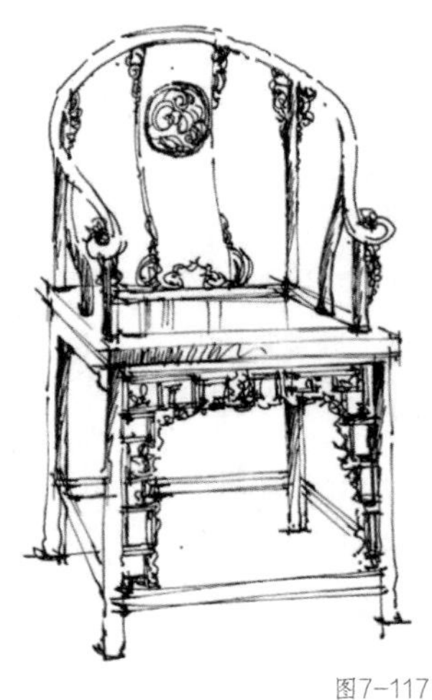
图7-117

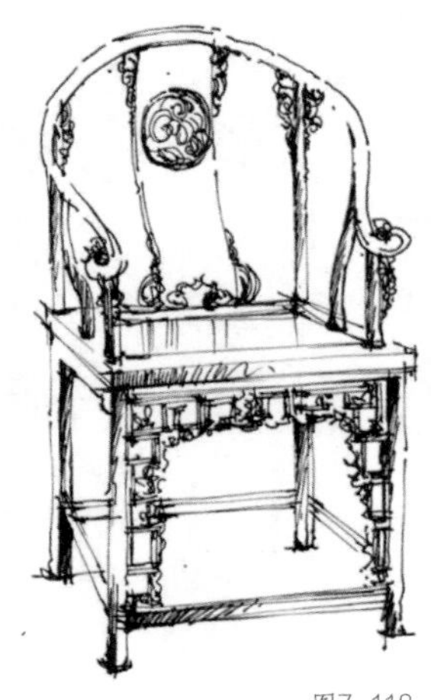
图7-118

知识点 8 北欧现代家具的绘制方法

北欧家具的整体造型比较简洁，在细节上充满了设计感。比如在造型上有很多的曲线，以木材和布艺为主，如图7-119所示。因此，在绘制北欧家具时，要观察家具的细节。

第1步　找一张北欧家具图。北欧家具的整体氛围比较温馨，可以仔细观察北欧家具图中椅子上一些圆角的地方，如图7-120所示。

图7-119

图7-120

第2步　根据椅子的两点透视，画出扶手的位置。扶手有点向上倾斜，如图7-121所示。

第3步　采用分段曲线，大致画出椅子上的靠垫和搭毯，如图7-122所示。绘制时要体现出靠垫柔软的质感。扶手上的搭毯要能表现出休闲舒适的氛围，需重点表现。

第4步　根据光源的位置，绘制光影，如图7-123所示。布艺材质的家具可以采用连笔的排列方法表现，会显得更随意、自然。

图7-121

图7-122

图7-123

作业

根据课程内容，临摹一张或多张家具的手绘图，如图7-124所示。

图7-124

第 8 课

家具组合表现

家具组合对室内空间效果有重要的影响，不同的家具组合，可以营造出不同效果的室内空间。例如，沙发、茶几和电视可以组成会客空间，餐桌和餐椅可以组成就餐空间，床和衣柜可以组成卧室空间。本课将讲解一些家具组合的透视方法，并展示空间家具组合表现。

通过绘制家具单体，大家已经熟悉了不同样式、比例和结构的家具，也掌握了家具单体的基本表现方法。有了基础之后，就可以进行家具组合的绘制练习了。家具组合是将各个家具单体放在特定的空间里，通过透视关系和尺度间的比较，使它们具有一定的场景感，如图8-1所示。只有完成了家具组合的绘制练习，才能顺利地过渡到空间表现的绘制练习。

图8-1

第1节 家具组合的透视方法

与家具单体表现不同，家具组合表现是把多个单独的家具组合在一起，从而产生更大体块的透视，如图8-2所示。对于初学者来说，在绘制家具组合时，首先要把大的透视方向画准确，一些小的偏差可以忽略。本节将从初学者的角度出发，讲述绘制家具组合的方法。

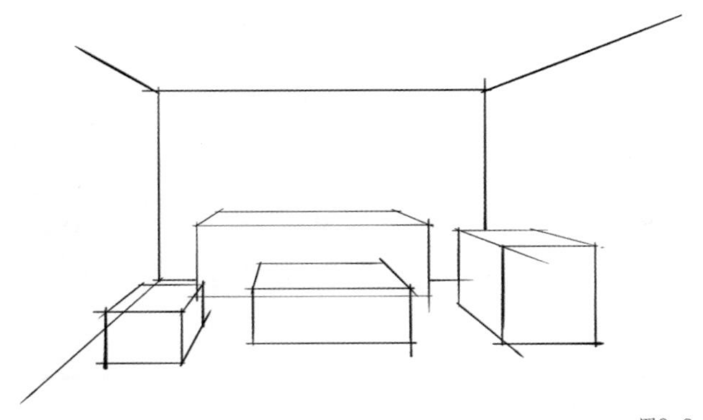

图8-2

知识点 1 几何体组合比例

在绘制一个空间或一个组合时，为了方便我们更好地了解空间结构和物体之间的比例关系，首先，要将其看作简单的几何体。接着，根据透视原理，以近大远小的排列方法，将单个或组合家具依次以几何体的方式表达出来，如图8-3所示。确定好几何体组合之间的位置关系，控制好几何体之间的比例，才能显示出空间的层次感。

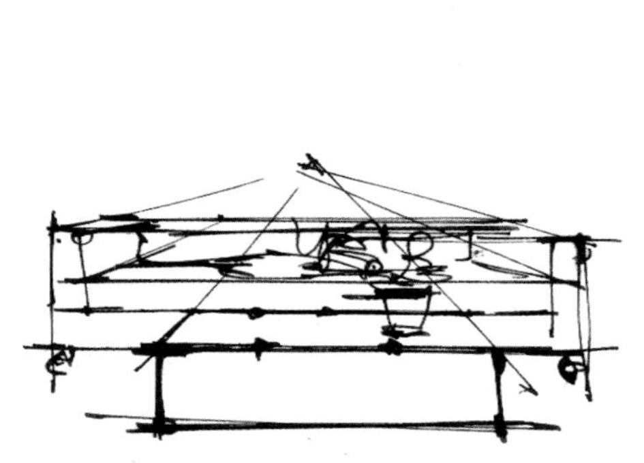

图8-3

在绘制沙发组合的透视图之前，要了解家具的具体尺寸，按照实际比例关系，确定几何体的比例。假设双人沙发的座面的长度为2 m，宽度为1 m，那么首先需要画一条代表2 m的横向线条，再根据比例关系画出代表1 m的竖向线条，如图8-4所示。继续画长和宽，就能画出一个长度为2 m、宽度为1 m的长方形，如图8-5所示。

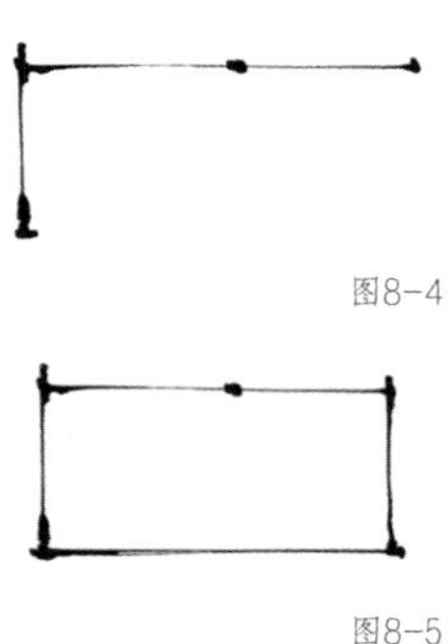

图8-4

图8-5

当画进深线条时，根据透视关系，进深线条的长度是横向线条的一半以下，如图8-6所示。

如果家具组合里还有茶几，则需要根据沙发几何体的长度来确定要绘制的茶几的长度。如果茶几的长度为0.8 m，那么在绘制时，横向线条要比沙发长度的一半短一些。以此类推，竖向线条和进深线条也是如此，如图8-7所示。

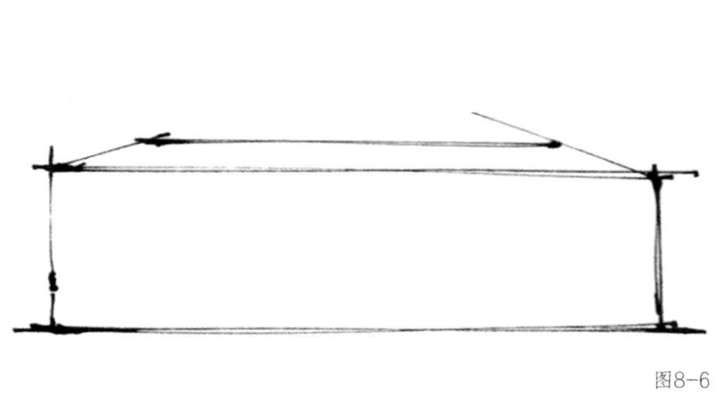

图8-6

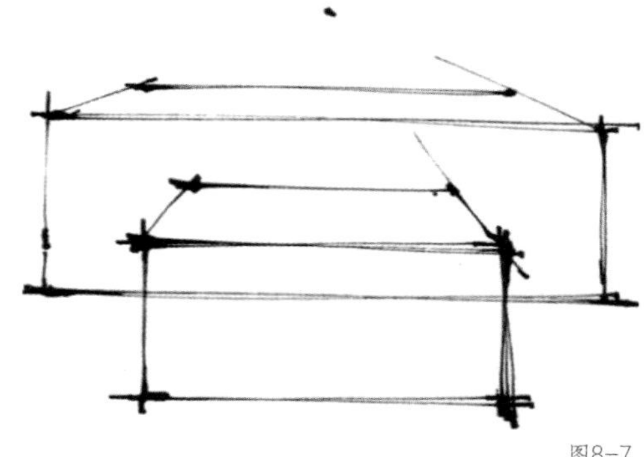

图8-7

在绘制过程中，为了确保整体空间的比例关系，一些家具的高度需要参照沙发的高度来确定。假设沙发的高度为0.8 m，如果要画一个2.5 m高的书柜，那么书柜的高度应该是沙发高度的3倍多一些；如果画一个0.5 m高的边几，那么边几的高度应该是沙发高度的一半多一些；如果要画一个3.2 m高的墙体，那么墙体的高度应该是沙发高度的4倍，如图8-8所示。在家具组合表现中，所有的几何体都可以找到参考和比较的长度。几何体组合的比例正确，家具组合的比例才会正确。

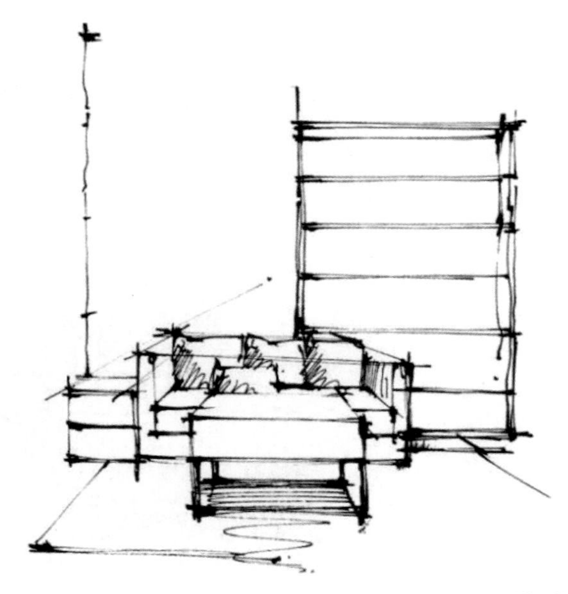

图8-8

在画家具组合之前，可以进行类似的几何体绘制练习，分析它们之间的比例、透视、前后关系，如图8-9所示。这种分析能让自己的思路变清晰，对手绘学习有很大的帮助。

图8-9

知识点 2 几何体组合透视

掌握了几何体组合比例后，为了让整个画面表达得更具有整体性，需要学习几何体组合透视。初学者想要让场景统一，对透视的把握是非常重要的，正确的透视能让画面场景表现得更加清晰，如图8-10所示。

图8-10

当绘制家具组合时，要把透视原理和透视关系联系起来。一点透视、两点透视的消失点的位置，以及视平线的高度，都会使空间产生不同的表现，如图8-11所示。如果能正确理解透视原理，在画几何体组合时就有了理论指导，从而画出准确的透视关系。下面讲解绘制几何体组合透视的方法。

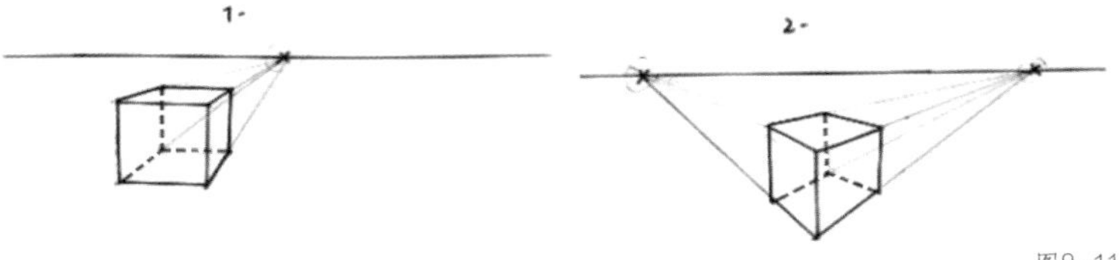

图8-11

第1步　对于卧室家具组合，要确定透视关系。如图8-12所示，这是一张两点透视的实景照片。用两点透视原理进行分析，大致找到透视点的位置，如图8-13所示。

图8-12

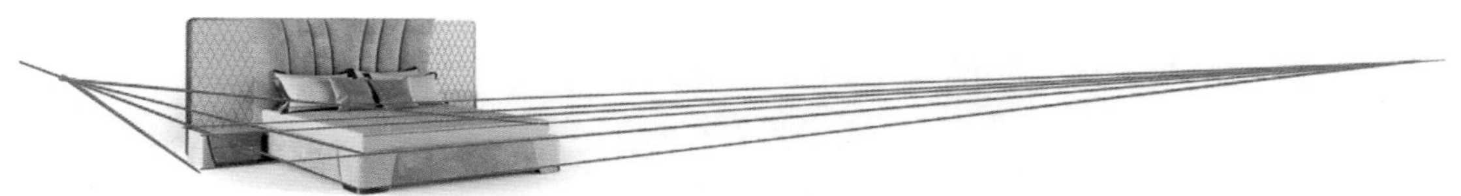

图8-13

第2步　根据透视线，消失点的高度在1.2 m左右，确定两个透视点的位置，画出床的平面，如图8-14所示。

图8-14

第3步　根据家具组合的透视关系，分别绘制出单个家具对应的结构线，如图8-15所示。确定透视关系和比例，表现家具的材质细节，如图8-16所示。

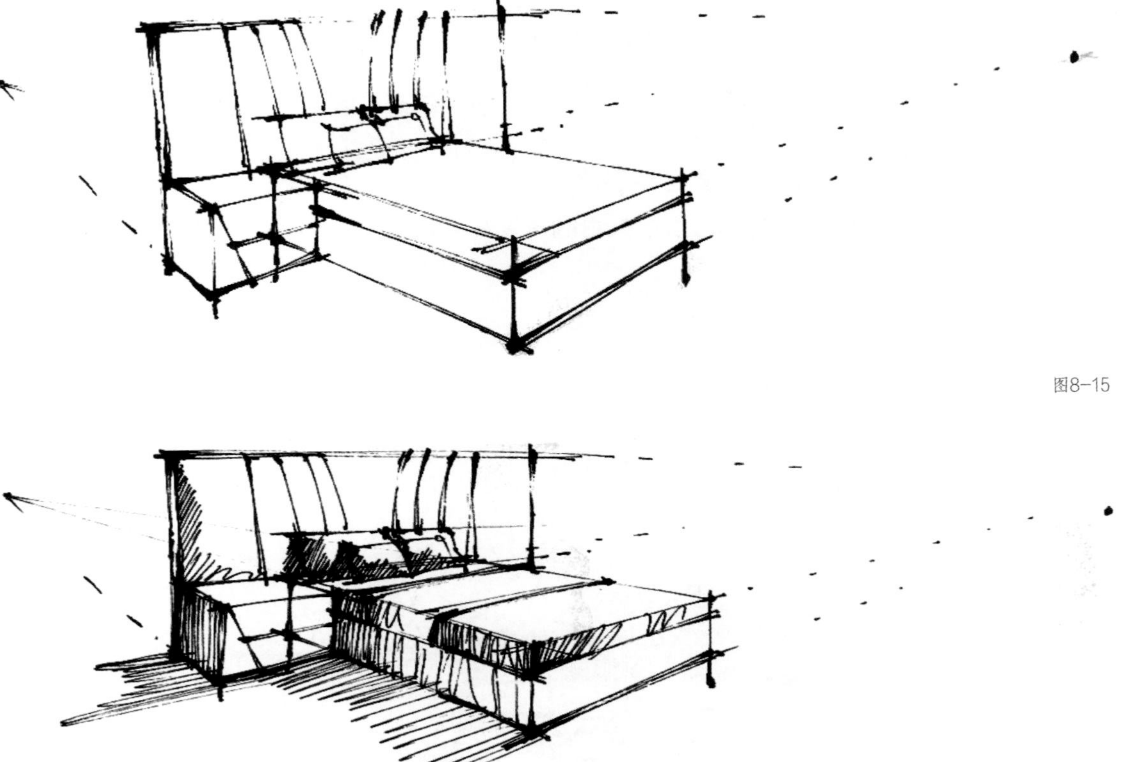

图8-15

图8-16

画实景图是学习手绘的好方法，通过实景图可以直观地看到家具整体的透视关系。只有理解了透视原理，才能快速地把握几何体组合之间的透视关系。

第2节 各空间家具的组合表现

每种空间都有一些具有空间属性的家具，如果想画一个整体的空间，可以先练习画空间的家具和家具组合，从而提高透视的准确度并熟练掌握表现空间。比如，画卧室前可以专门练习画卧室空间的家具组合，画客厅前可以专门练习画客厅空间的家具组合，如图8-17所示。对于从事后期设计的设计师来说，除了积累很多素材之外，这种方法还能提高工作效率。

图8-17

知识点 1 客厅家具组合

客厅家具组合当然和客厅空间有着密切联系。客厅空间是家装空间设计里非常重要的空间，在这个空间里，一般有沙发、茶几和一些装饰品等，如图8-18所示。相对来说，沙发是体积比较大的家具。如果能把握好一个空间里主要家具的透视关系和比例，那么画一个空间会变得简单许多。

图8-18

下面讲解绘制客厅L形沙发的方法。客厅家具有4个绘制要点，分别是透视、比例、结构、材质。初学者平时可以多观察一些L形沙发的实景图，以深入了解客厅家具的结构和比例，如图8-19所示。

图8-19

第1步　在纸面上确定一个消失点的位置，在实景图中，消失点的位置与沙发座面的距离约等于沙发长度的一半，按这个比例就能确定沙发座面的位置。画一条横向线条来表示沙发座面的长度，假设长度为2.5 m，如图8-20所示。

图8-20

第2步　连接消失点与横向线条的两端，将透视线向两边延伸，如图8-21所示。根据透视比例，结合沙发的进深尺寸画出长度，然后画出L形沙发的平面图，使所有透视线连接消失点，如图8-22所示。确定沙发在空间中的位置、茶几的位置，如图8-23所示。

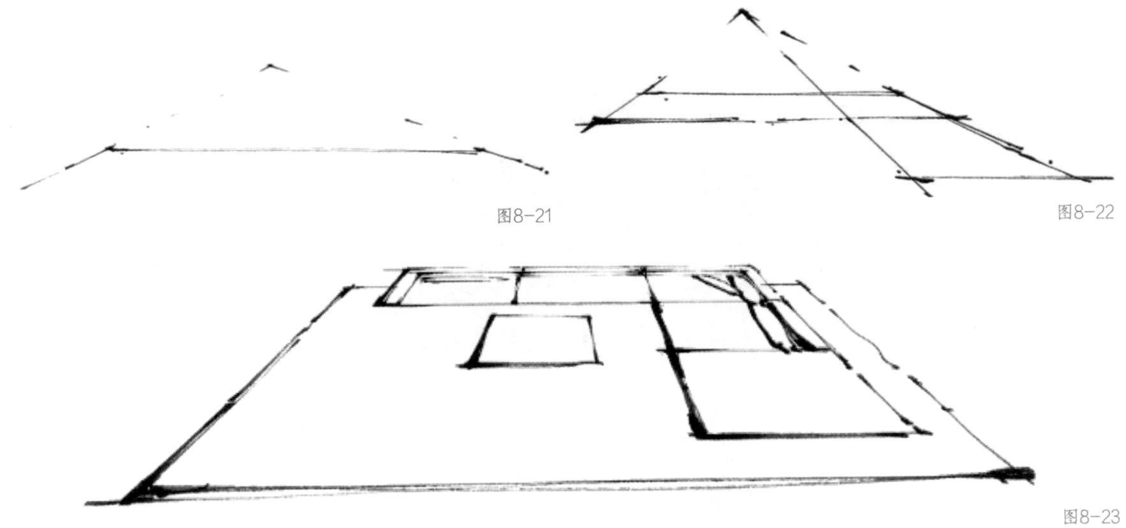

图8-21

图8-22

图8-23

第3步　按照真实家具尺寸，确定沙发的高度，一般来说，沙发的座面高度为0.4 m左右。根据透视原理，沙发的高度线条要垂直于纸面，如图8-24所示。

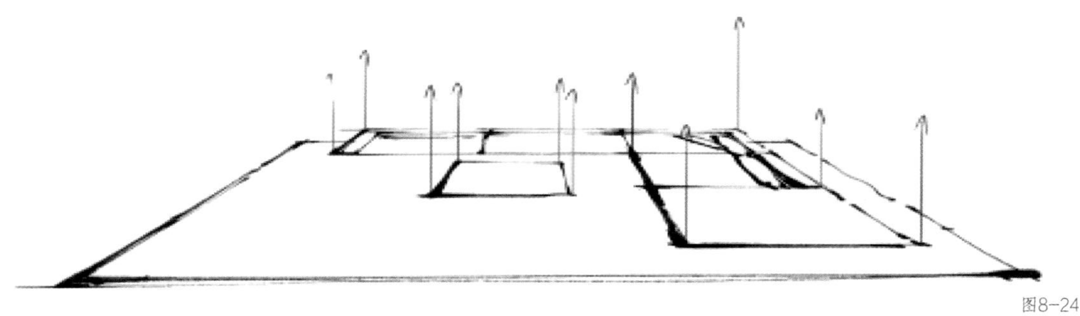

图8-24

第4步　根据沙发结构，画出几何体的形状，如图8-25所示。在完成这些前期步骤时，初学者可以先用铅笔来画。

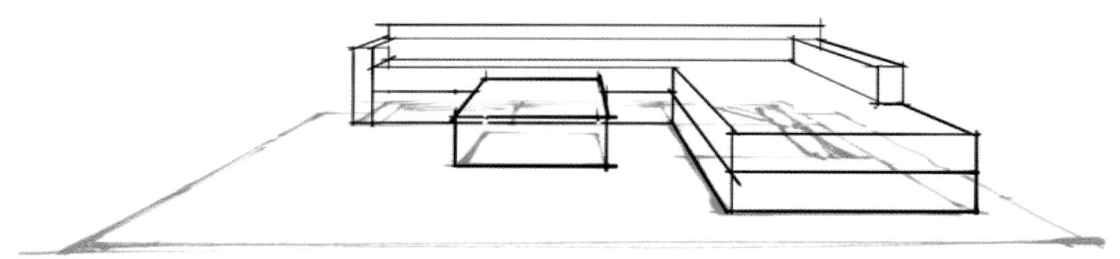

图8-25

第5步　进行沙发材质、光影和一些细节的表现，表现程度可以根据设计需要来调整，如图8-26所示。

图8-26

除了沙发之外，客厅里还有其他的家具，对每一件家具都可以用以上的方法进行绘制练习。初学者平时可以多找一些实景图来进行观察和临摹，这既能提高手绘能力，又能积累素材，一举两得。

知识点 2 卧室家具组合

卧室里主要有床、床头柜等家具，如图8-27所示。学习绘制卧室家具组合之前，可以学习绘制床的组合。因为床是卧室里的主要家具，所以画出主要家具之后，基本上空间的属性就有了，可以参考大的家具组合的比例来画其他家具。

图8-27

在绘制卧室家具组合前，可以先找一些家具的实景图来进行透视、比例与结构的分析。如图8-28所示，这是一张符合一点透视原理的卧室实景图，只有一个消失点，消失点的高度较低，在1 m左右。结合这些特点，徒手表现出来的透视关系如图8-29所示。下面以图8-28为例，讲解卧室家具组合的绘制方法。

图8-28

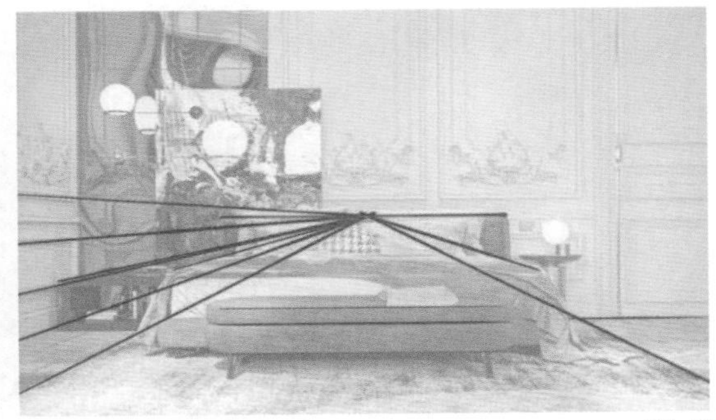

图8-29

第1步 确定消失点的位置，在消失点的下面画出一条代表床的宽度的横向线条，可以预估为1.8 m，如图8-30所示，结合透视关系，根据消失点的位置，画出床和床尾凳，如图8-31所示。

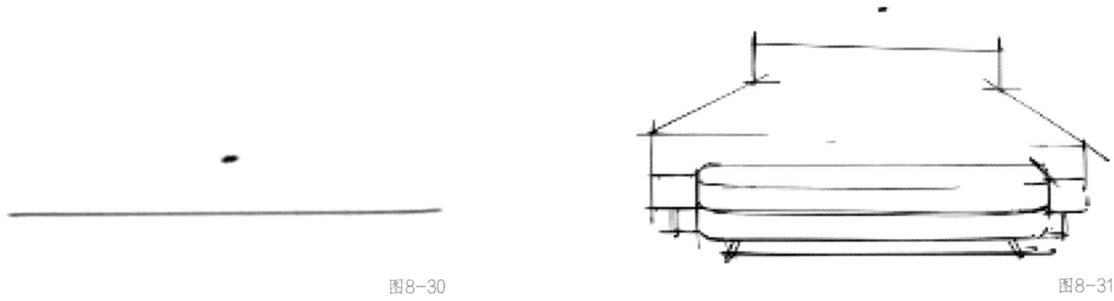
图8-30 图8-31

第2步　绘制床上用品等。绘制家具使用硬朗的线条，绘制床上用品则要用柔和的曲线，如图8-32所示。

第3步　根据家具的透视比例，画出一些硬装结构。画出地板和地毯，注意透视关系，画完以后，根据光照的方向，确定投影的大致位置，这样可以对家具组合进行光影表现，突出空间感，如图8-33所示。

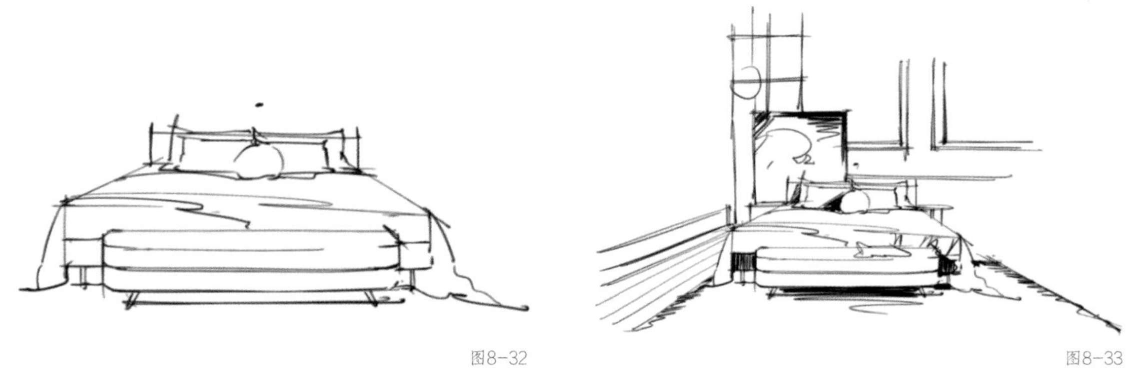
图8-32 图8-33

第4步　如果想表现出更强的空间感，可以根据实景图，用曲线来表现出墙面的欧式雕刻元素和布艺图案。对于后期设计图的表达来说，更多的细节能体现更强烈的风格和空间特点，如图8-34所示。

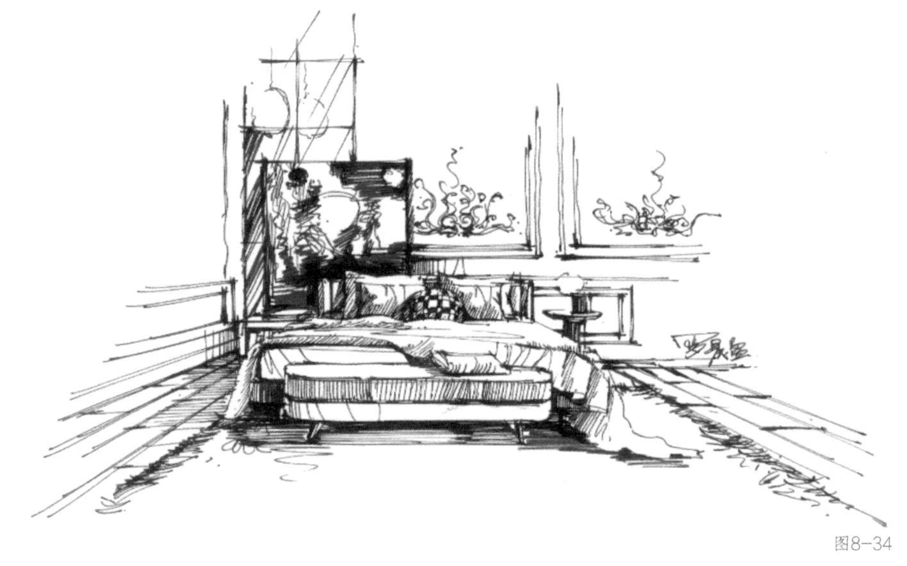
图8-34

绘制家具组合有很多不同的方法。使用以上方法，绘制速度会更快，但是需要以对透视关系、比例与结构的理解作为基础。在此之前，初学者可以多进行一些家具几何体的绘制练习，以便积累更多的经验。

知识点 3 餐厅家具组合

餐厅里的餐椅比较多，比较零散。因此，对于餐厅家具组合，不仅要画出更多小的几何体，在把这些几何体组合起来时还要考虑它们之间的透视关系，如图8-35所示。整体的绘制思路与前文的相同，不过在画餐厅家具时，更需要把握好透视关系。下面讲解绘制餐厅家具组合的方法。

第1步　根据室内设计资料集，了解餐桌椅的尺寸，这对确定透视图的比例很有帮助。一般来说，需绘制不少于3个几何体。确定好中间的消失点后，先画桌椅平面的位置，然后在平面的上方画垂直线，如图8-36所示。

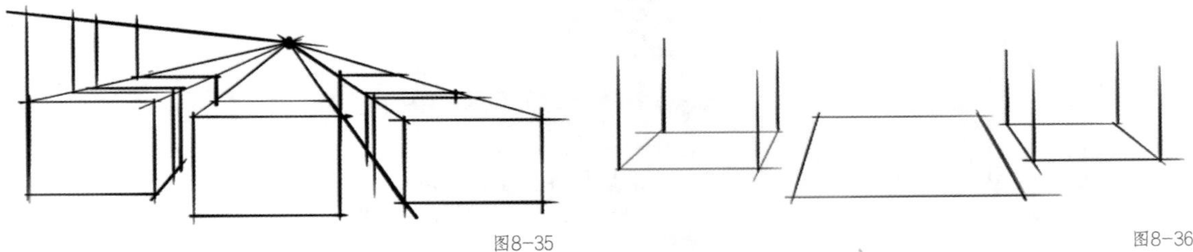

图8-35

图8-36

第2步　取一定高度，连接消失点。假设椅子的座面高度为0.45 m，透视线就连接到大约0.45 m高度的位置；桌面的高度为0.75 m，透视线就连接到大约0.75 m高度的位置，如图8-37所示。这样，餐桌和餐椅的家具组合就产生了，如图8-38所示。

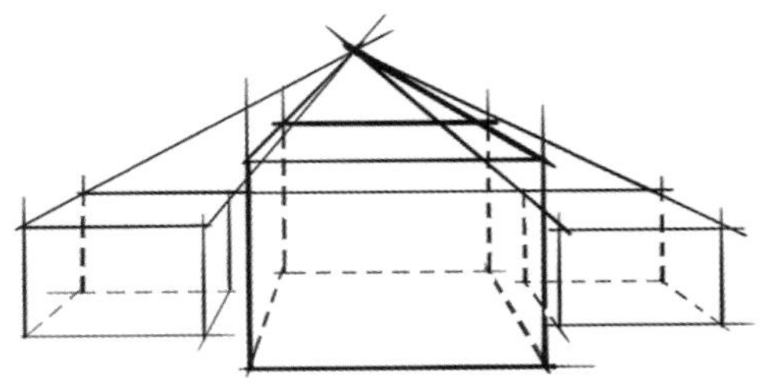

图8-37

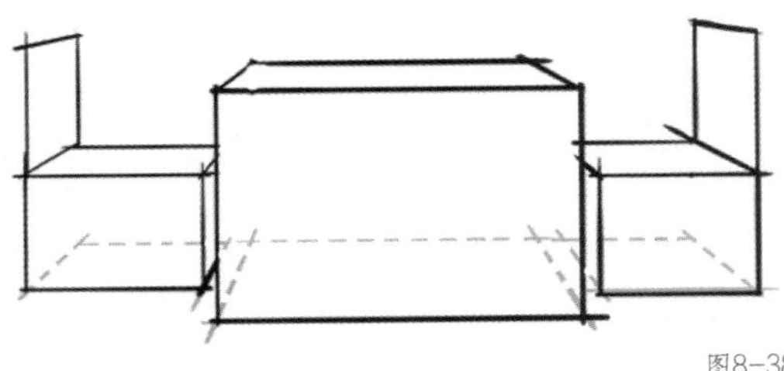

图8-38

第3步　根据几何体的比例，再结合餐桌椅的造型进行结构细化。绘制出一些布艺材质或者一些饮具等，更能烘托手绘图的氛围，如图8-39所示。

在绘制更多餐桌椅的时候，所用的方法与上述方法相同，不过几何体的数量会增加，在绘制前需要做更多的透视几何体绘制练习，如图8-40所示。

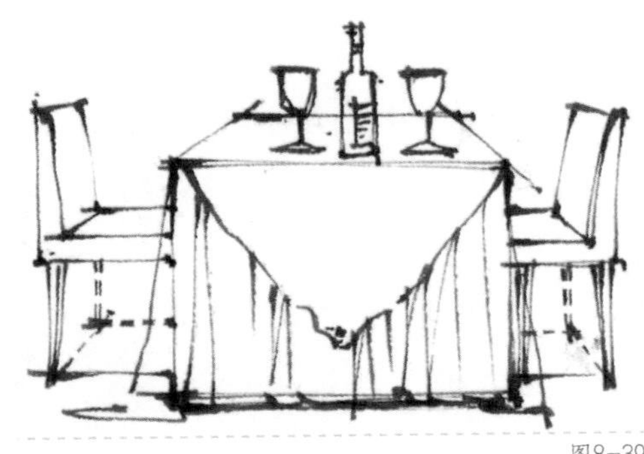

图8-39

图8-40

如果要练习绘制大一些的商业餐饮空间，也可以采用这样的方法。先练习绘制单独的桌子几何体或者椅子几何体，然后把它们组合起来，如图8-41所示。

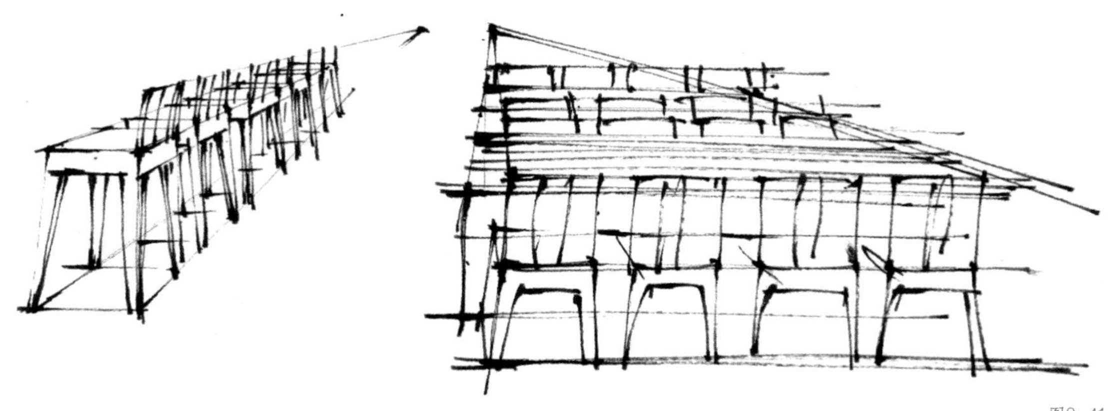

图8-41

掌握这些方法以后，就可以进行不同空间的家具组合表现了。初学者可以先从小的、简单的组合开始，循序渐进地进行练习，逐渐掌握室内家具组合表现方法。

作业

根据课程内容，临摹一张客厅家具组合的手绘图，如图8-42所示。

图8-42

第 9 课

室内空间的徒手表现方法

室内空间的徒手表现对于室内设计师来说是手绘的终极目标之一。要让手能跟得上脑袋中想法闪现的速度，在纸上行云流水般地表现出空间的具体设计，需要扎实的功底和经验的累积。本课将讲解室内空间的徒手表现方法。

在设计过程中，专业的室内设计师很多时候需要快速表达设计想法。当与客户对接需求时，设计师如果具备徒手表现空间的能力，可以将想法快速表现出来，便于解决沟通的难题。

徒手表现空间有独特的魅力，其特点是速度快、没有太多设备和环境的限制，随时可以画，比起用计算机制图，这是很大的优势，如图9-1所示。

图9-1

第1节 室内空间几何体的徒手表现

在画大空间前，需要对空间的透视和空间家具的透视有一定的基础。

空间的透视涉及的东西多、范围广，包括空间本身的透视、家具的透视和装饰品的透视等。在绘制的过程中先对空间里大的家具进行透视分析，再对空间进行整体的透视把握。经过各种透视的训练和分析后，就可以得心应手地表现空间的设计想法了。

例如，在工作中，设计师通常会先绘制出图9-2左边所示的平面设计方案，然后根据平面设计方案，快速绘制出右边的空间设计方案。

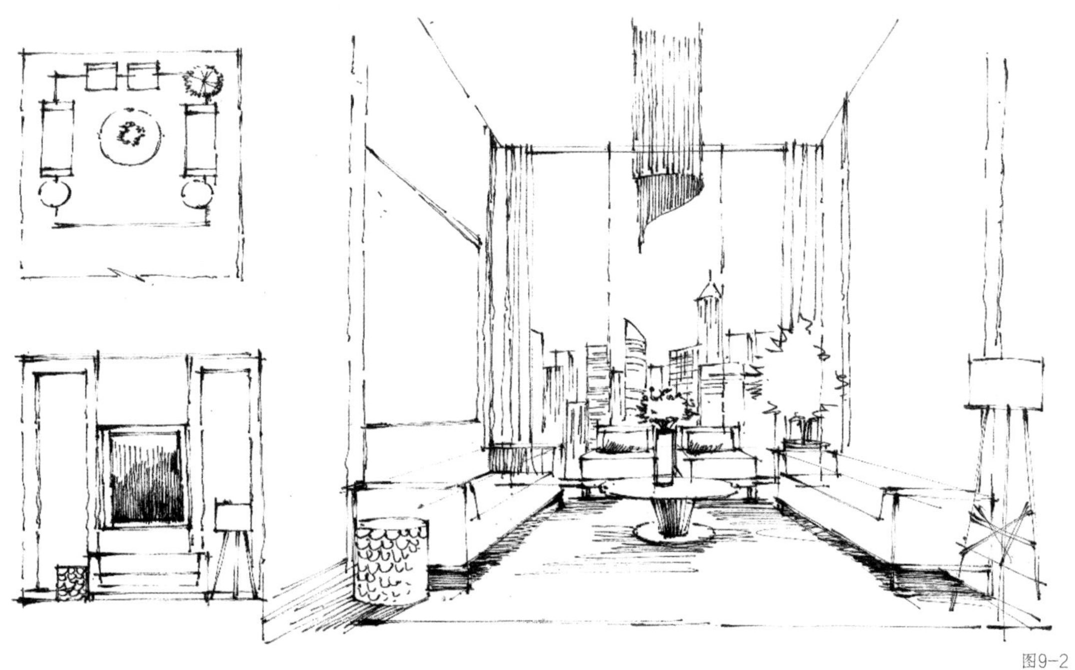

图9-2

知识点 1 空间结构比例

设计与绘制一个空间前需要先了解自己想设计的空间的大致尺寸，再进行尺寸的预估。有了真实的尺寸指导，绘制空间的时候就有了尺寸比例的参考。

下面以图 9-3 为例，讲解根据真实的空间比例进行绘制的方法。

图9-3

在绘制空间时可以先考虑墙体等的尺寸，确定好以后，再根据墙体的尺寸确定家具的比例。

假设现在有一个空间需要设计，这个空间长5 m，宽4 m，高3 m，这些尺寸就是空间的真实尺寸，可以通过测量得来。在平面图中，每一条线段代表的长度是相等的，所以在绘制空间图时就需要以空间的真实尺寸作为参考，如图9-4所示。

空间中高度的每一段距离相等，如果用1:100的比例关系，1 cm就相当于1 m，竖向长度用3 cm表示，横向宽度用4 cm表示，如图9-5所示。

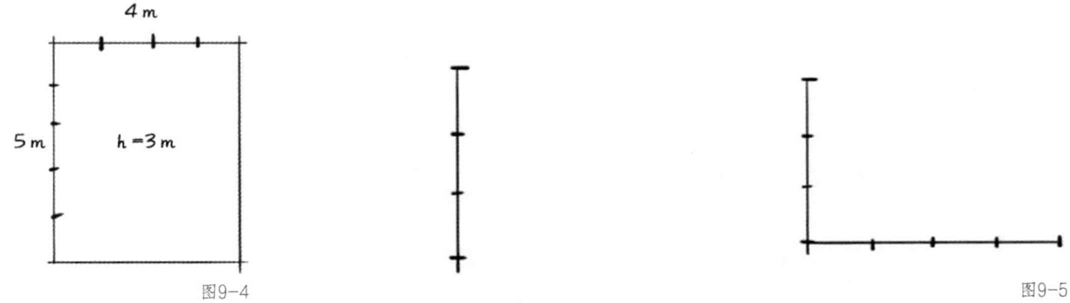

图9-4

图9-5

结合一点透视的特点，根据消失点和4个墙角，就能画出空间的透视线了，如图9-6所示。

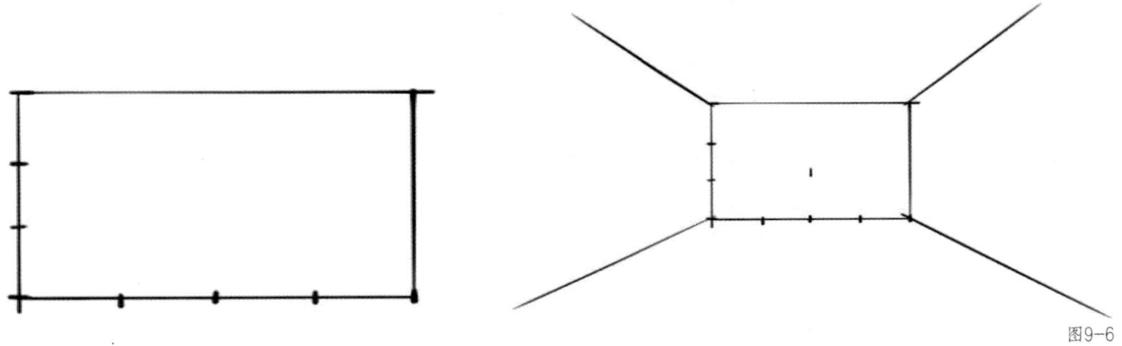

图9-6

根据透视原理测点的关系，可以测量出进深的参考比例，如图9-7所示，这样空间墙体的比例就确定了。

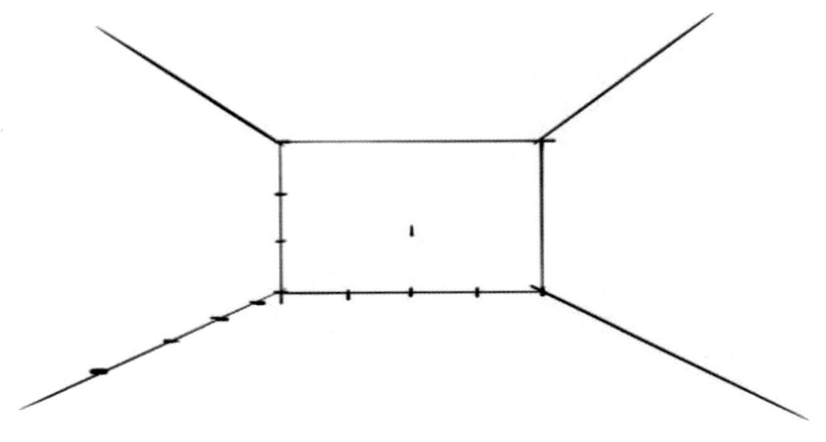

图9-7

如果要画一个宽3 m、长3 m、高3 m的空间，其方法也是一样的。先画出3 m的高度，然后画出3 m的横向宽度，最后根据消失点，画出空间的透视线，这样就能确定空间的整体尺寸了，如图9-8所示。

提示 线条的尺寸比例可以设置为图上的1 cm相当于实际的1 m，也可以设置为图上的3 cm相当于实际的1 m。设置不同的尺寸比例，画完以后整张图的大小会不一样。

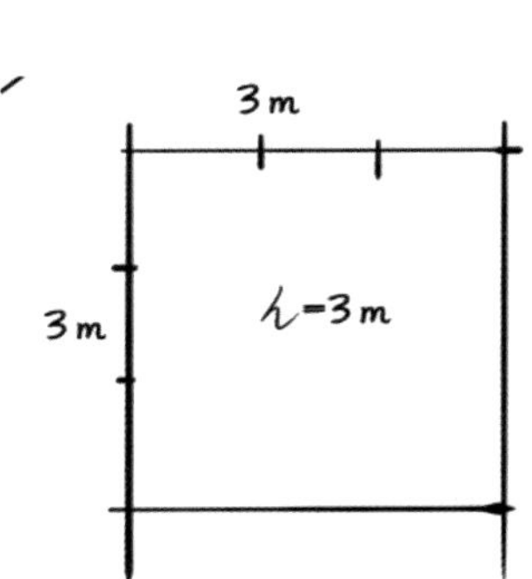

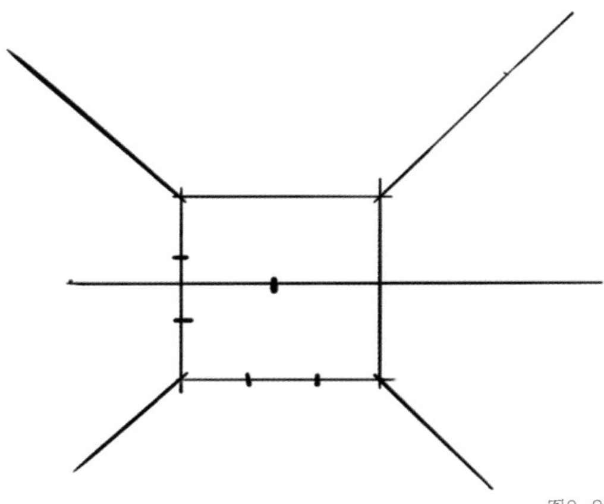

图9-8

图9-9所示为一张卧室空间的设计草图，平面的尺寸可以经过测量得到，根据实际的尺寸进行设计。

在画透视图的时候，要根据真实的尺寸来确定空间的高度和宽度，如图9-10所示。

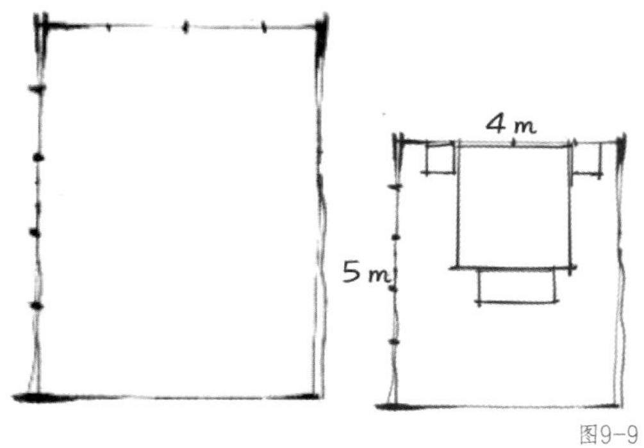

图9-9

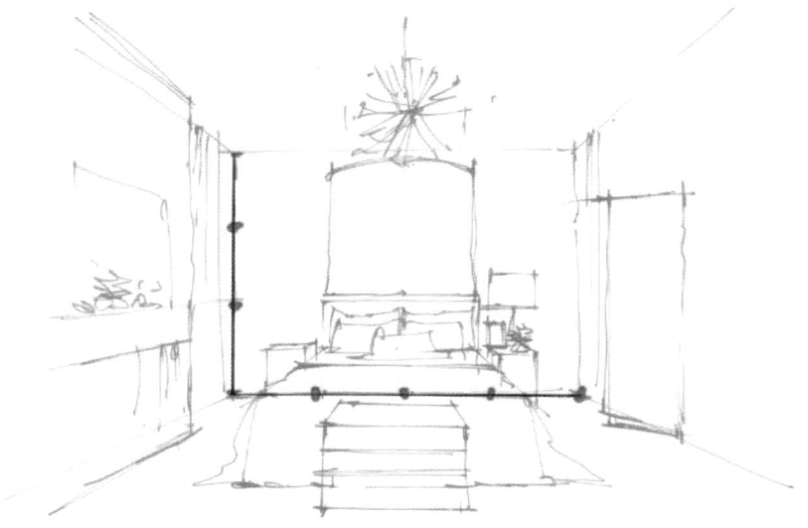

图9-10

根据透视原理，确定消失点的位置和进深的比例，画出墙体的透视线，如图9-11所示。

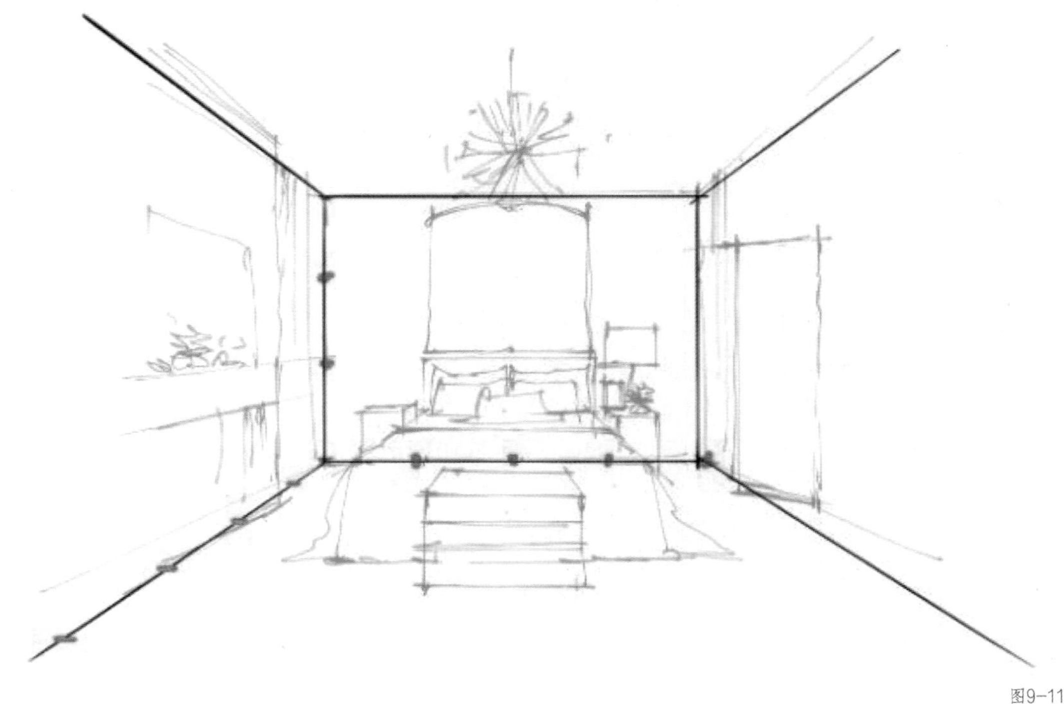

图9-11

整体家居的比例参考空间定好的尺寸，继续完成绘制即可。在添加细节后，空间设计的最终效果如图9-12所示。

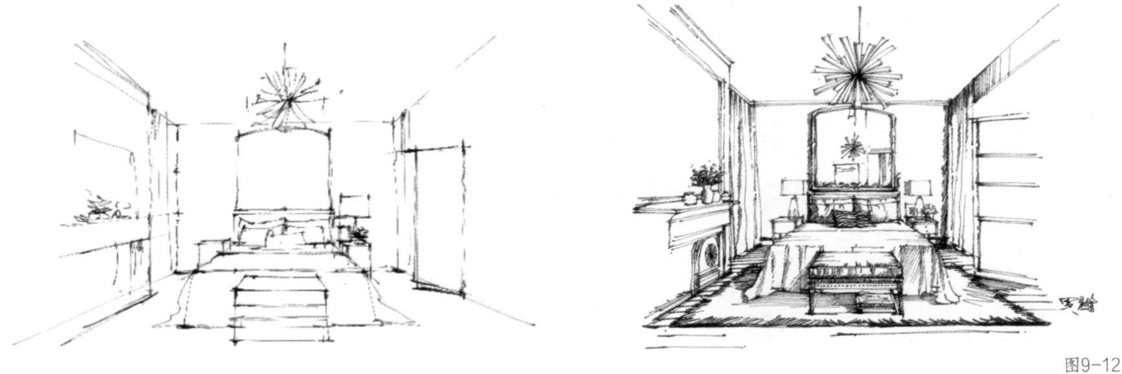

图9-12

知识点 2 空间结构几何体透视

在进行空间徒手表现时，除了确定空间整体比例之外，还要知道空间的整体结构与布置。刚开始练习时我们可以把家具等当成几何体来进行透视的训练。以空间中的长方形为例，现在有一个3 m×4 m×3 m的空间，其中有一个1 m×2 m的长方形，如图9-13所示。

按照提供的尺寸，先画出竖向长4 m、横向宽3 m、高3 m的空间，如图9-14所示。

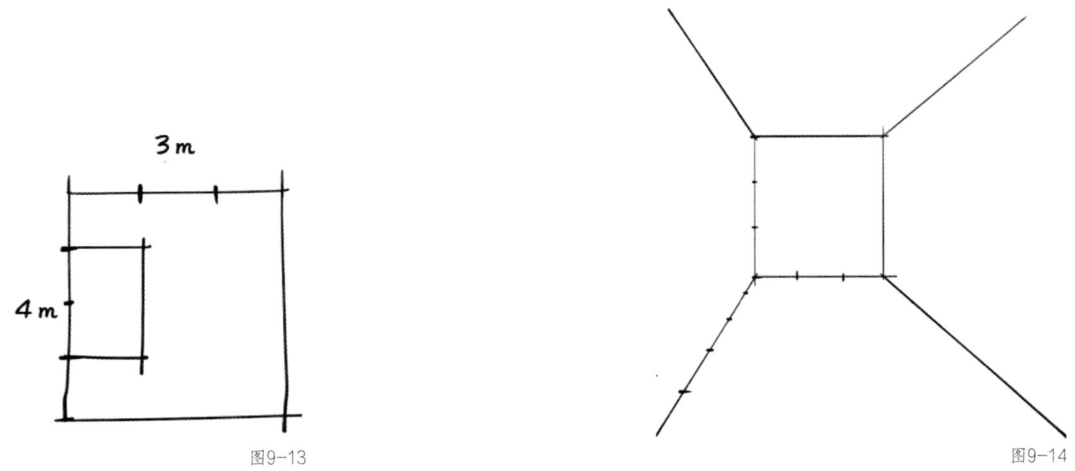

图9-13

图9-14

根据平面中长方形的位置，在透视图中找出对应的位置和尺寸，如图9-15所示。

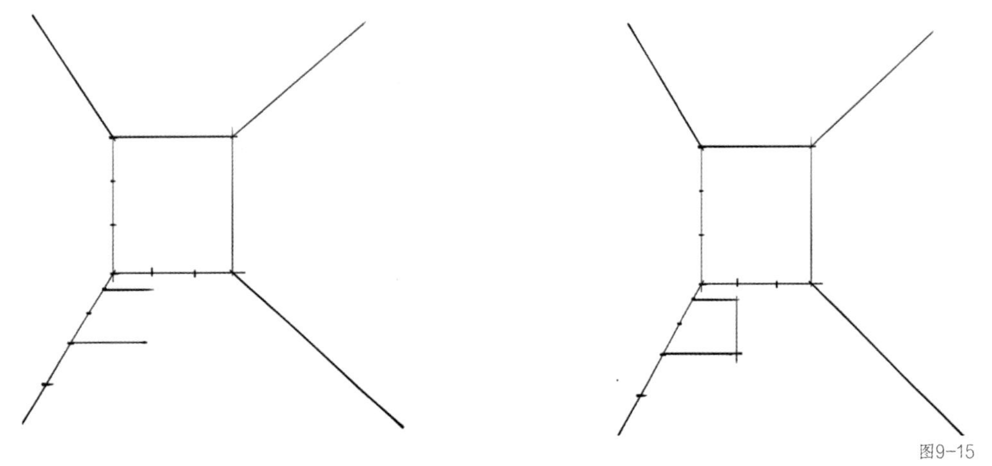

图9-15

根据透视点的位置，画长方体（高度为1 m）。这涉及几何体在空间的透视关系，家具的透视关系可以根据几何体的透视关系来分析，如图9-16所示。

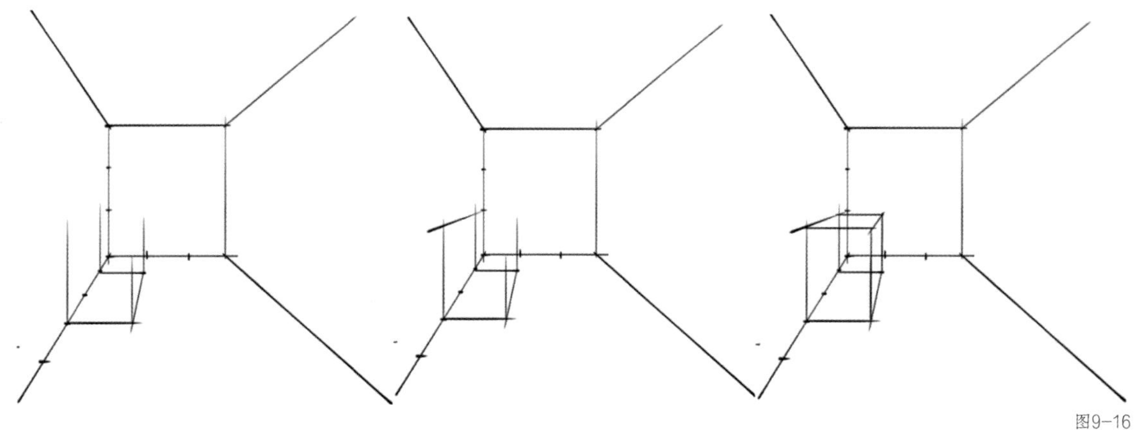

图9-16

因此，无论空间大小，都可以先通过绘制这样的几何体来进行分析与透视训练。有了这样的基础，就可以慢慢过渡到空间的表现或家具的表现，如图9-17所示。

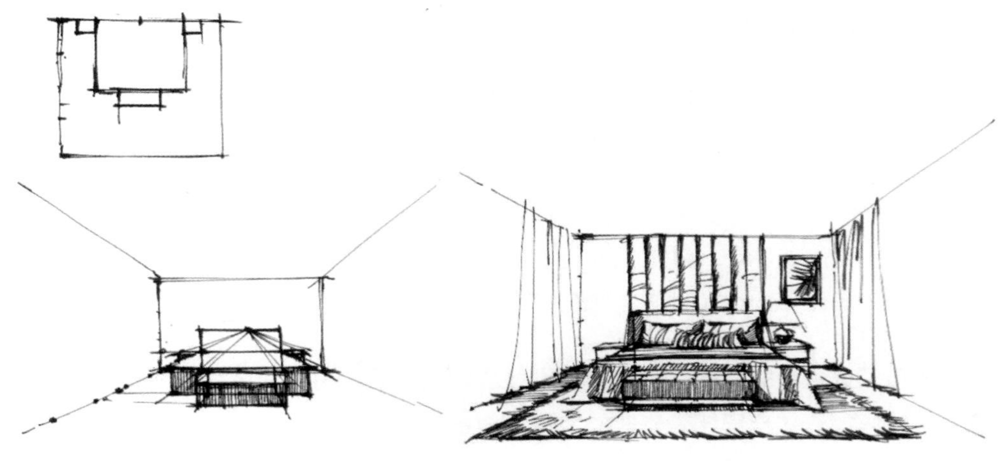

图9-17

第2节 室内空间的徒手表现

室内设计师在从完成内设计的过程中经常使用线稿来表现设计想法，如一些立体的造型物品或软装的陈设搭配，如图9-18所示。

线稿可以简单得只有几笔，也可以包含很多的细节表现，还可以表现设计师的设计情感。随手的几笔也能表现空间结构，这是线稿独特的表达方式。本节将通过客厅、卧室、阁楼（Loft）空间3个案例，介绍室内空间徒手表现的方法。

图9-18

知识点 1 客厅空间的绘制方法

客厅空间是在室内设计工作中常画的空间之一，这种空间的尺寸相对其他空间来说一般会大一些，线条会长一些，画的时候线条可以采用分段的方法来画，如图9-19所示，或者用“小曲大直”的线条表现方法。

图9-19

有了家具与家具组合的绘制练习和透视原理基础知识后，再绘制客厅空间会比较容易。可在开始练习的时候找一些自己比较喜欢的实景图做参考。

在开始练习徒手表现的时候，尽量选择符合一点透视原理的实景图，一点透视比两点透视的表现难度小一些，如图9-20所示。

图9-20

客厅空间绘制的方法如下。

第1步　对实景图进行透视分析。这张图的视平线高度大约为1.2 m，消失点不在图的正中间。这个信息非常重要，如果消失点定位准确，画完以后，手绘图的视觉效果会和实景图的更接近。

提示 墙体总高一般在2.8 m左右，墙体总高的三分之一多一些大约是1.2 m。消失点的位置如图9-21所示。

图9-21

第2步 快速地画一张草图来进行构图和比例的练习，如图9-22所示。对于草图，可以更大胆地去表现透视效果，梳理画面的逻辑，这是一个比较好的练习过程。

图9-22

第3步 在纸的正中间，画墙体的结构线，如图9-23所示。线条的尺寸比例可以根据自己想要的大小来确定，线条尽量画得直一些。

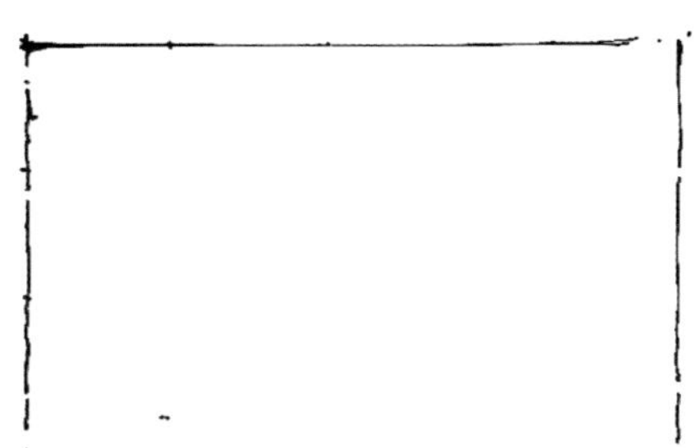

图9-23

第4步　根据分析好的视平线的高度，确定消失点的位置，根据消失点与4个墙角的位置，画出墙体透视线，如图9-24所示。

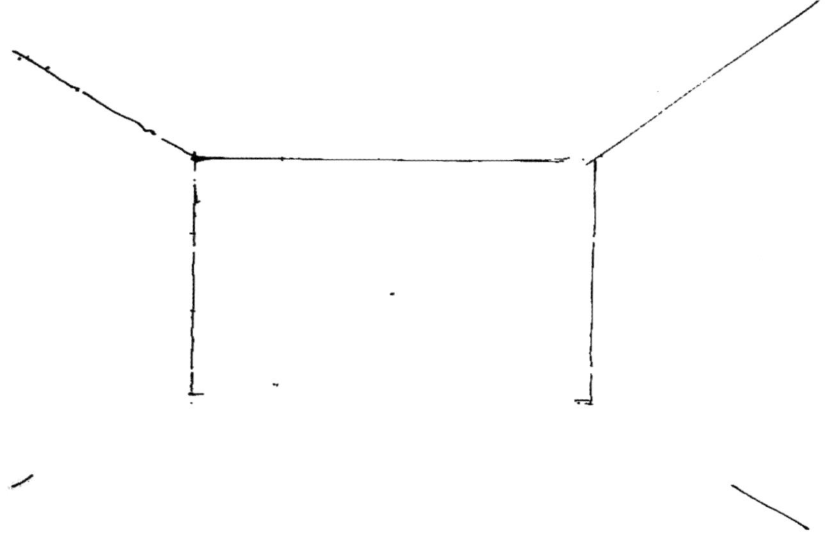

图9-24

第5步　沙发的高度应该是墙体高度的三分之一左右。参考墙体结构线的比例，绘制沙发的大致结构，如图9-25所示。

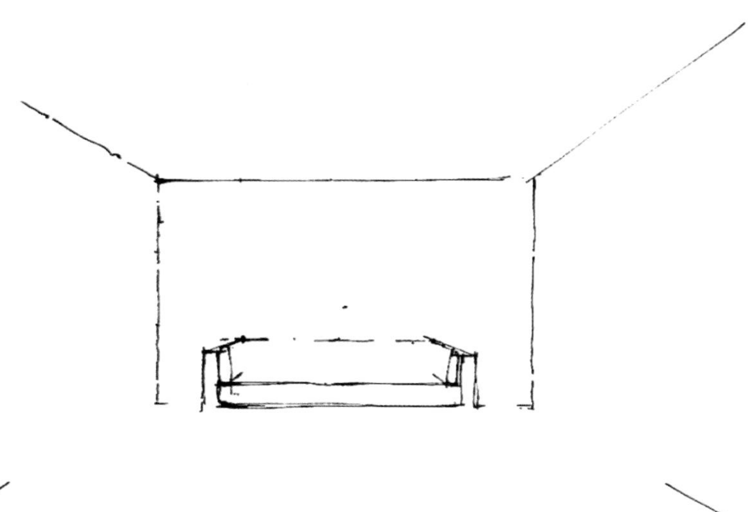

图9-25

第6步 茶几的尺寸是参考沙发的尺寸来确定的。根据沙发的宽度，确定茶几的宽度，假设沙发有2.5 m宽，那么茶几的宽度大约是1 m或1.2 m，要和沙发的横向尺寸进行比较，如图9-26所示。

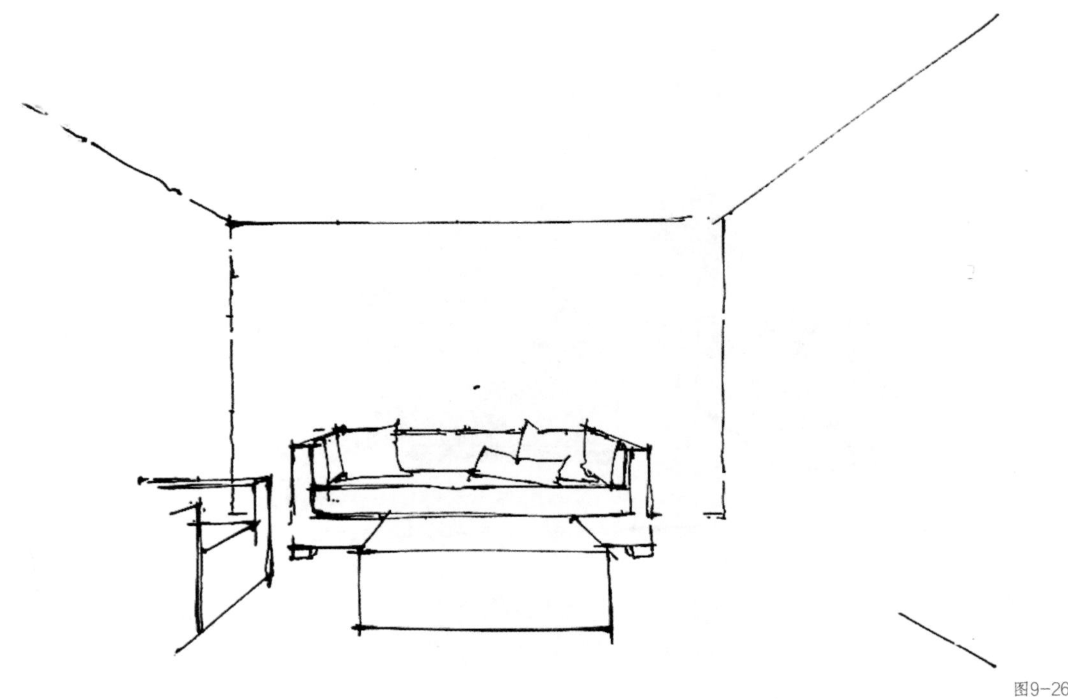

图9-26

第7步 画一些空间的配饰，如绿植和装饰画等，如图9-27所示。对这些装饰的尺寸没有很严格的要求，参考家具的大小进行绘制即可，尺寸与实际有些许不符也没有关系。

图9-27

第8步　根据需要，绘制一些光影。投影的方向可以根据光线的方向来确定，由实景知，窗户在空间的右边，所以整体的投影要画到家具等的左边，如图9-28所示。

图9-28

第9步　补充光影和细节能让家具等的立体感更强。补充家具等的光影，根据具体的情况和空间的前后关系，补充其他细节，如图9-29所示。

图9-29

第10步　表现墙体等。墙体是空间里的背景，适当表现一些就可以了，不需要太多的细节，这样可以加强空间感，如图9-30所示。

图9-30

第11步　加上地毯和地板的材质质感表现等，如图9-31所示。这些地方都属于背景，可以适当弱化，不能表现得太突出。

图9-31

到此，客厅空间的徒手表现案例就讲解完毕了。这是一个完整的练习，大家通过这样的练习，会对空间布局和线条排列理解得更透彻。

知识点 2 卧室空间的绘制方法

卧室空间是家装设计空间中比较好画的空间。因为其中的家具一般比较具有整体性，所以确定透视关系和比例的难度较小。在绘制卧室空间时，除了表达设计原色外，还要表现卧室的氛围，这样才能充分体现设计师的设计理念。

如果这是一个古典风格的空间，设计师可以多表现一些古典风格纹样的雕刻图案或者布料的花纹，这些都可以体现设计师的设计经验和专业素养，如图9-32所示。

图9-32

当绘制精致的空间时，线条可以多一些，细节的表现也可以多一些，靠垫的图案、床头的装饰，还有灯具等都可以有细节的表现，如图9-33所示。

图9-33

当绘制现代风格的空间时，线条要简洁、有力度，不要有太多的装饰，以体现出干净的画面感，光影表现要尽量弱化，配饰的表现也只起辅助的作用，如图9-34所示。

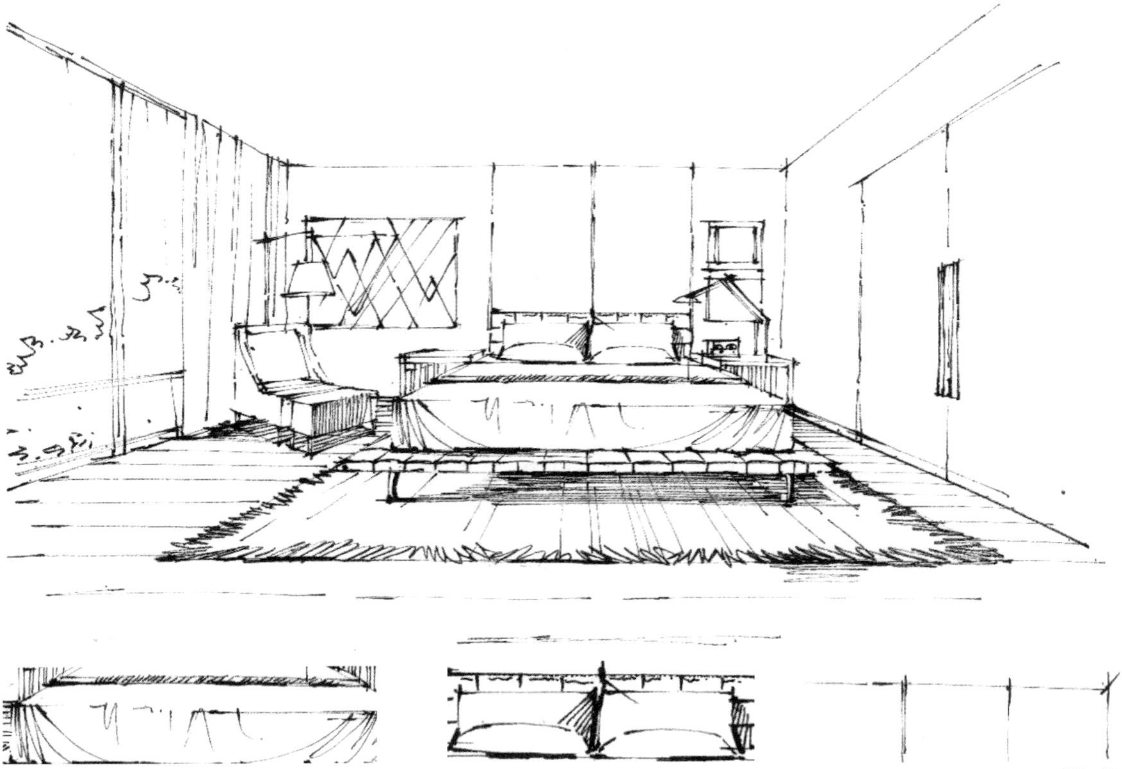

图9-34

如果要徒手表现图9-35所示的实景图，可以先进行实景图的透视分析。这是一个符合一点透视原理的卧室空间，消失点比较低，空间给人的整体感觉较简洁。具体的绘制方法如下。

图9-35

第1步　根据徒手表现的透视方法，确定空间的尺寸比例，根据实景图，这张图的消失点的高度在1 m左右，确定消失点的位置以后，画出墙体的透视线和主要家具组合的位置与大小，参考透视原理，确定家具的尺寸与比例，如图9-36所示。

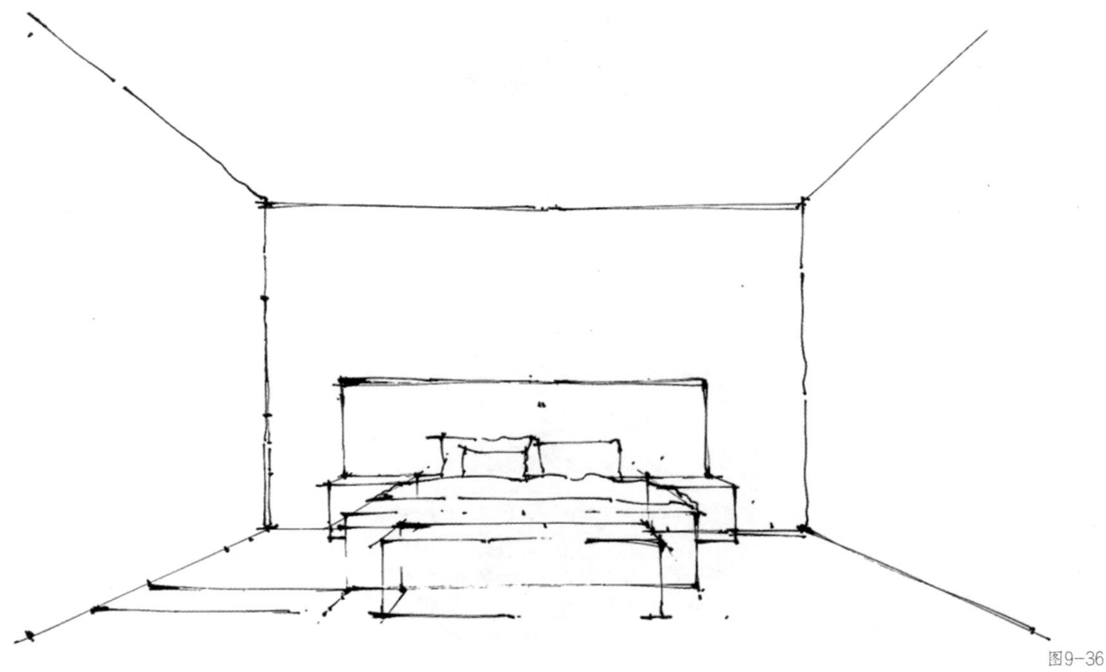

图9-36

第2步　以窗户所在的方向为阳光照射到空间的方向，要适当表现光影关系和细节特点，如靠垫上的千鸟格图案是一个重要的设计元素，因此要进行细节绘制，如图9-37所示。

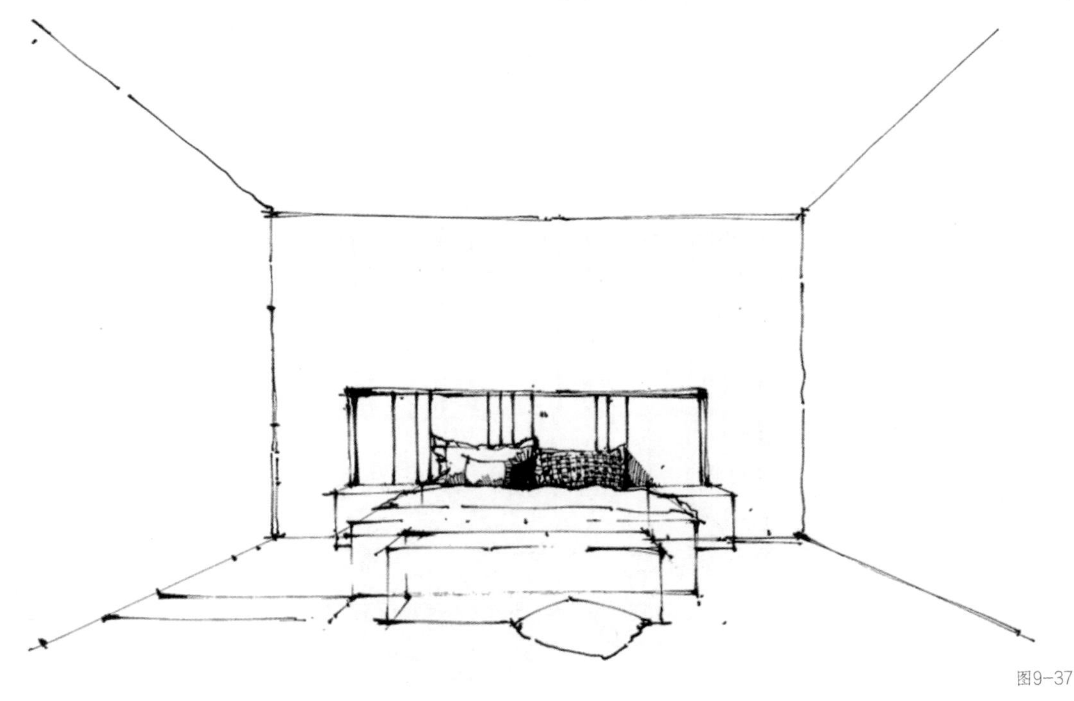

图9-37

第3步　地面的靠垫和光影可以体现休闲、慵懒的氛围，排列线条的时候需整齐一些，避免出现太多连笔，以体现出简洁的效果，如图9-38所示。

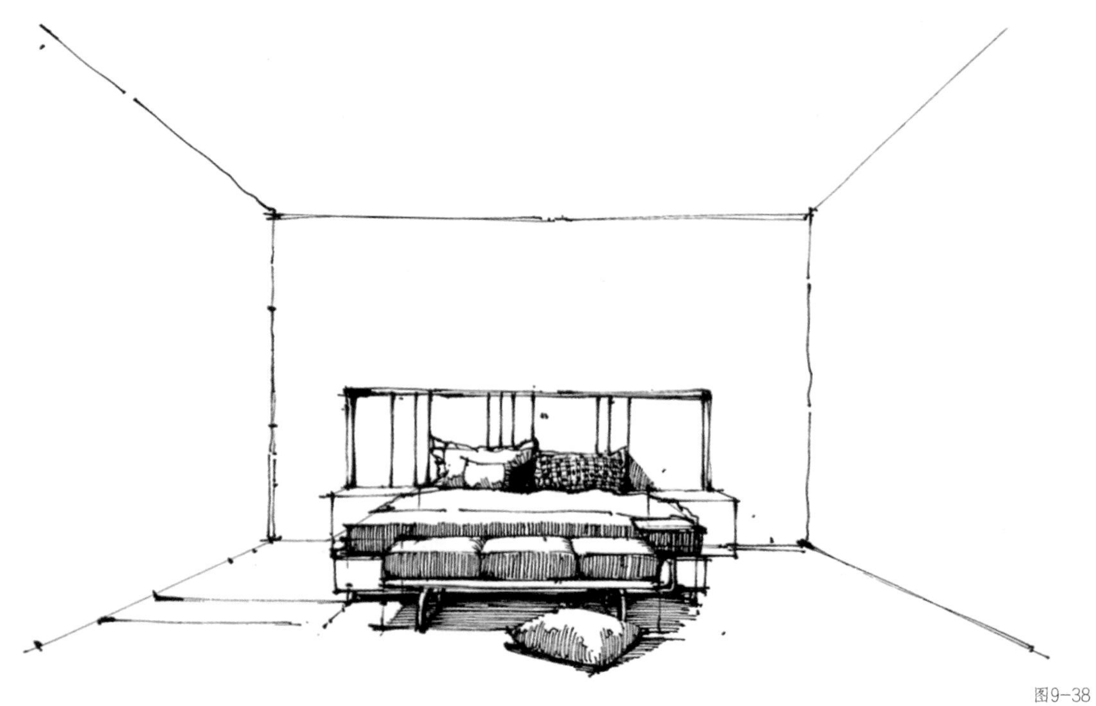

图9-38

第4步 在背景墙上添加书柜，书的轮廓可以画出来，以体现书柜的功能特点，如图9-39所示。

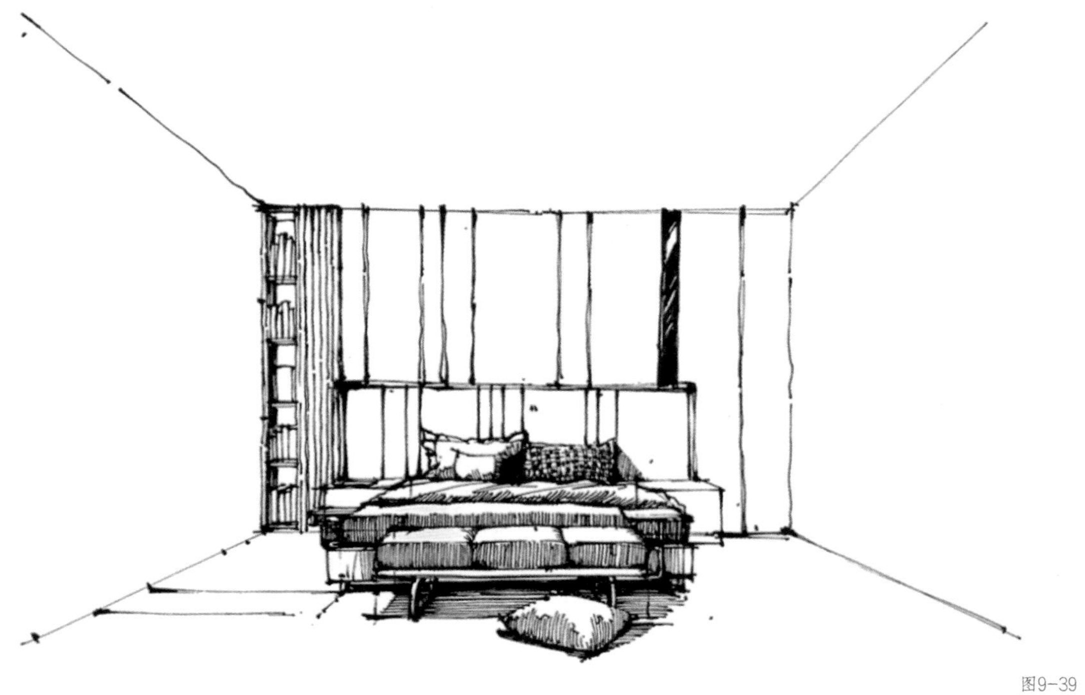

图9-39

第5步 卧室右边的衣柜线条比较长，可以将线条分成几段来画或者用接线的方法来画。可以表现一两组衣柜里放置的物品，用于体现衣柜的功能和空间的氛围，如图9-40所示。

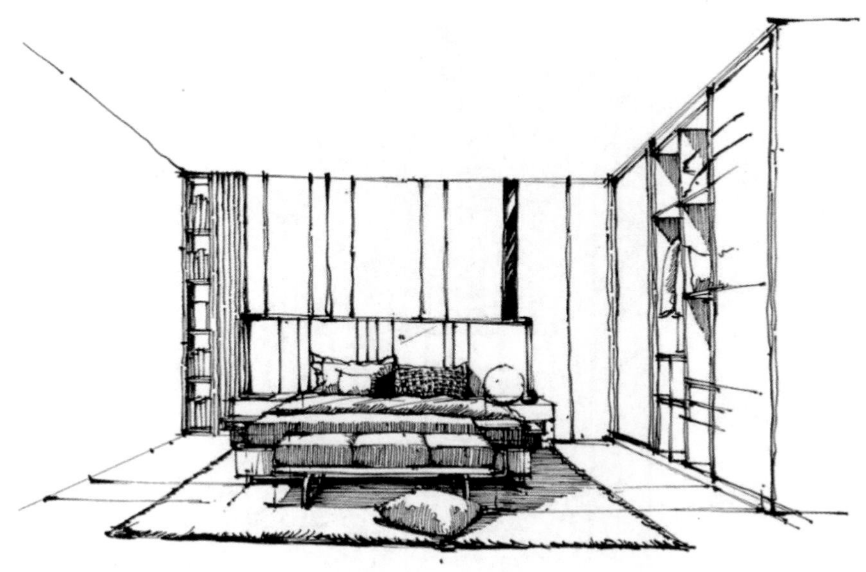

图9-40

第6步 窗帘的线条可以随性一些，可以用曲线，这样更能体现布艺的柔软质感。天花板和地面的线条要硬朗，用于体现空间的风格特点，如图9-41所示。

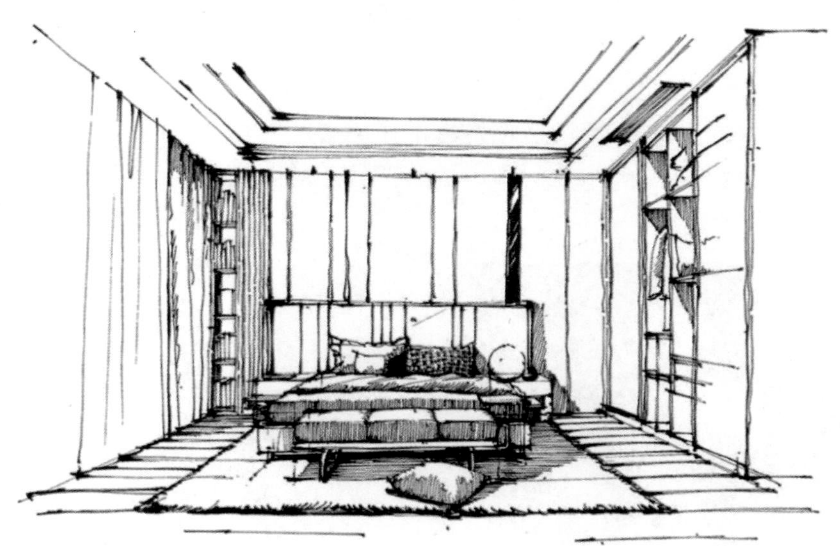

图9-41

到此，卧室空间的徒手表现案例讲解完毕。经过反复的练习，大家对卧室的线条绘制和空间表现会更加熟练。

知识点 3 阁楼空间的绘制方法

空间的高度不一样，构图的方法和画图采用的比例会有区别，阁楼空间的高度通常会比普通空间的高一倍。在视平线不变的情况下，阁楼空间中家具的透视关系会有大的变化，如图9-42所示。

图9-42

在画图9-43所示的这个空间之前，要目测它的空间整体高度并进行透视分析，视平线的高度基本上没有太大的变化（还是1.2 m左右），但是第二层就属于仰视的空间了，其家具的透视关系会和平视时的不一样。当画这种空间时，可以把纸竖着放，这样的构图会比较完整。下面讲解具体的绘制方法。

图9-43

第1步 把家具画到纸稿偏下方的位置。把纸从上到下分成3等份，沙发画到纸稿偏下三分之一的地方比较合适，如图9-44所示。

第2步 按照正常的方法，绘制沙发，完成家具组合的绘制，如图9-45所示。注意，小茶几的位置最好提前确定，这样透视关系会比较准确。

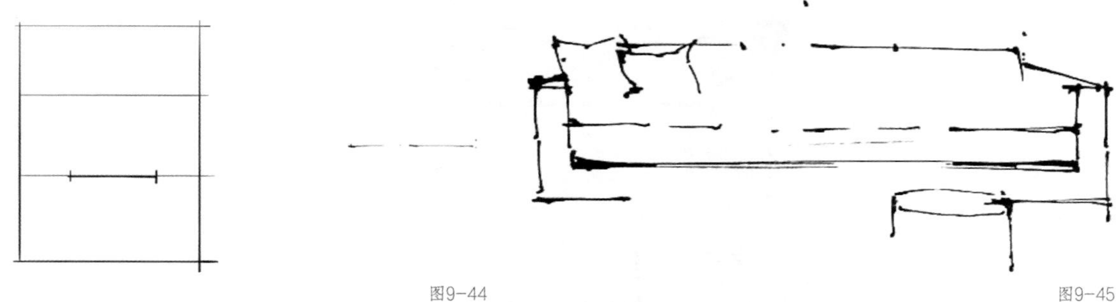

图9-44

图9-45

第3步 根据沙发的高度，画一层空间的高度，如果沙发的高度是0.8 m，那么墙体的高度大约为2.8 m，如图9-46所示。

图9-46

第4步 根据第一层空间的高度和实景图的比例，画出第二层空间的高度，如图9-47所示。因为第二层是阁楼的样式，所以在手绘图中第二层空间的高度为2.8 m左右或更高。

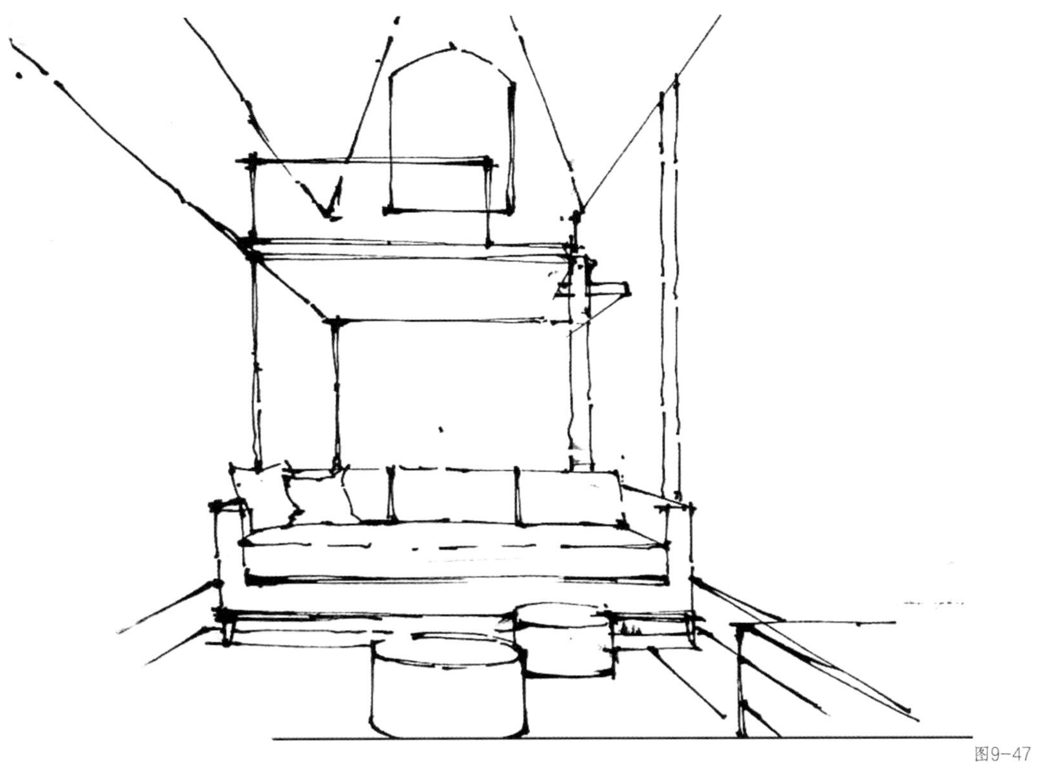

图9-47

第5步　绘制家具的光影和细节。根据家具和家具组合的表现方法，绘制家具的光影和细节，绘制效果如图9-48所示。

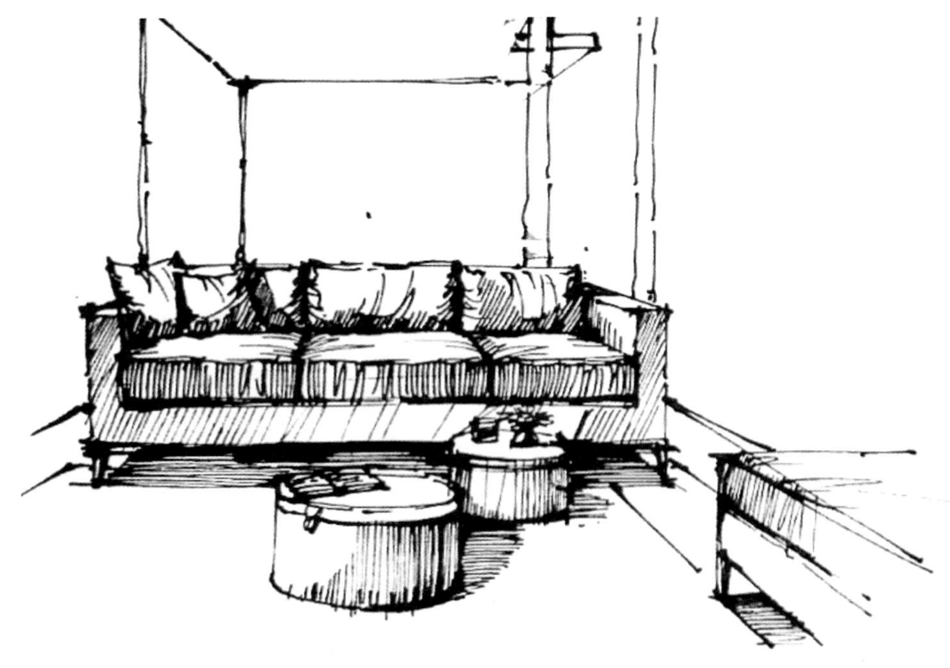

图9-48

第6步　绘制墙面。在画墙面的砖块的时候，不仅要注意相对于消失点的方向，而且要体现出近大远小的透视关系，这样可以加强手绘图的空间感和真实感，如图9-49所示。

图9-49

第7步　绘制第二层的细节。可以弱化第二层的细节表现，主要把结构表达清楚。阁楼的倾斜线条可以在屋顶表现，透视关系会更准确，如果熟练掌握了透视原理，也能直接画，如图9-50所示。

图9-50

第8步　绘制地毯。画出地毯的竖向图案的延长线，并“连接”到消失点，以画出统一的透视关系，在画面左侧的窗帘位置画几条线，体现出光照感，如图9-51所示。

图9-51

到此，阁楼空间的徒手表现案例讲解完毕。通过对类似案例的练习，大家可以更好地把握室内设计的空间感。

作业

1. 参考图9-52和图9-53，完成两张室内空间的线稿临摹练习。要求：构图合理，透视关系准确，线条流畅，比例准确。

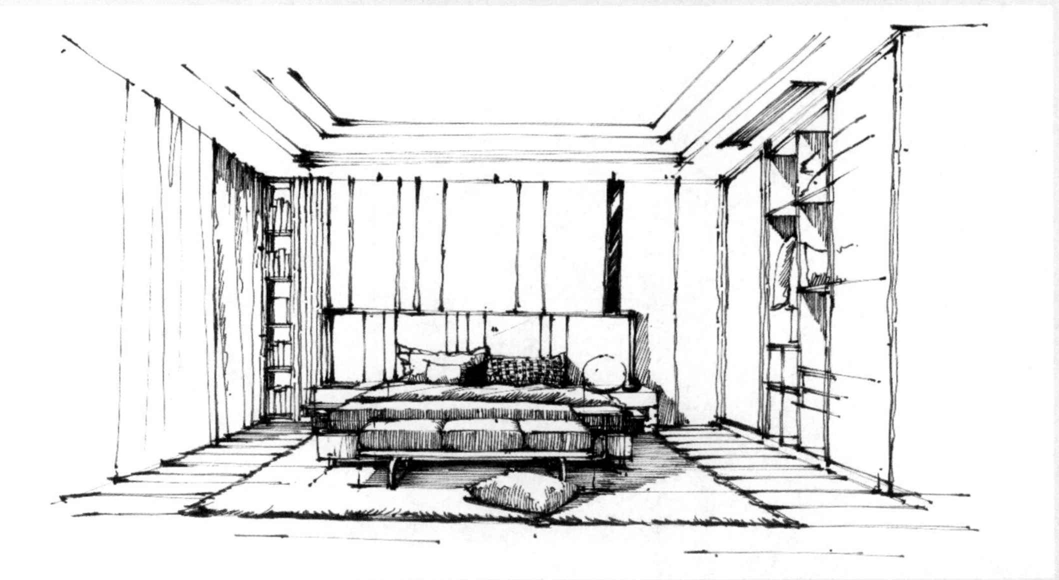

图9-52

图9-53

2. 根据图9-54完成实景图手绘稿1张。要求：透视关系准确，线条流畅，比例准确。

图9-54

第 10 课

彩色铅笔的表现方法

彩色铅笔是绘画工具中比较容易掌握的一种上色工具，因为它的笔芯偏硬，控制难度不大，所以上手快，适合初学者。用彩色铅笔画出来的画的视觉效果好，色调柔和，画面细腻，即使细节很小也可以画得很精致，还能结合水彩笔画出晕染的效果。本课将讲解使用彩色铅笔的技法和绘制步骤、使用彩色铅笔来表现家具和空间的方法等。

彩色铅笔在快速表现中应用得较多，选择水溶性彩色铅笔可以弥补马克笔的不足，在后期统一画面的整体效果方面能起很大的作用。特别是在色彩的过渡和衔接与对细节的处理方面，通常彩色铅笔比马克笔的效果好很多，是快速表现的理想工具之一，如图10-1所示。

图10-1

第1节 彩色铅笔的表现方法与几何体绘制步骤

在使用彩色铅笔画家具和表现某一空间前，大家需要学习使用彩色铅笔表现线条排列和几何体的方法。在这些基础训练中，大家可以练习彩色铅笔的使用方法，理解物体立体关系的表现方法。

知识点 1 使用彩色铅笔表现线条排列

彩色铅笔有其特有的笔触，自重感轻，线条感强，在使用的时候，绘制力度的大小将直接影响颜色的深浅。绘制力度大，颜色就深一些；绘制力度小，颜色就浅一些。结合这个特点，使用彩色铅笔表现线条排列很容易表现渐变的效果。在进行线条排列的时候，要多练习由深到浅的渐变效果的表现，如图10-2所示。

在使用彩色铅笔进行线条排列的时候，线条和线条之间的距离不宜太大，细的线条能表现细腻、柔和的视觉效果。渐变效果也能使用细的线条来表现，但是一定要注意线条排列，否则画出来的颜色层次感会很弱，如图10-3所示。

图10-2

图10-3

家具和空间的颜色表现都有具体的形状要求，因此需要在不同造型的面上进行线条排列的练习，如图10-4所示。在运用彩色铅笔进行线条排列的时候，需要注意以下几点。

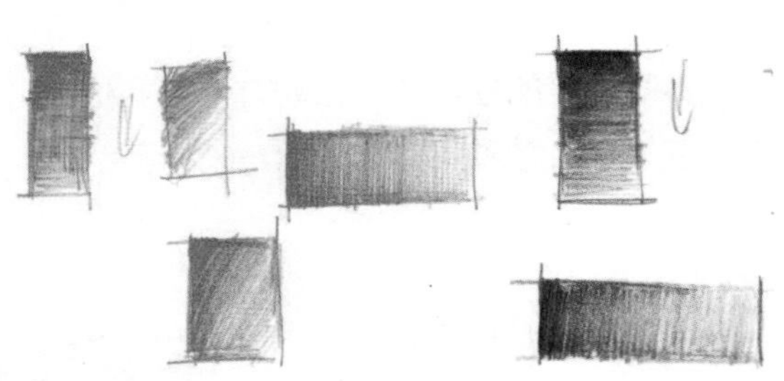

图10-4

（1）线条需要整齐地排列在造型面里，尽量不要超出边缘。

（2）线条排列要有渐变的效果，即颜色由深过渡到浅。

（3）线条与线条之间要有距离，但是距离不能太大。

如果线条排列得不好，渐变得太快，那么绘制出来的颜色就会缺乏层次感，如图10-5所示。

线条排列应做到颜色层次多、线条清晰，线条之间的距离也基本相等，如图10-6所示。

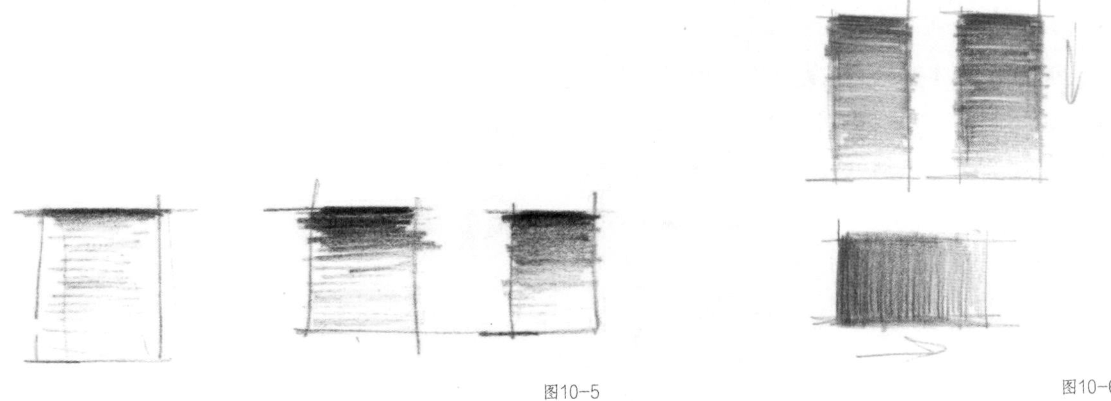

图10-5

图10-6

知识点2 使用彩色铅笔表现几何体

在画家具之前要进行几何体不同面的彩色铅笔线条排列练习，在练习的过程中要理解几何体的立体关系，这对后期家具和空间的表现非常重要。使用彩色铅笔表现几何体的练习方法如下。

先画出一个几何体。几何体的透视关系要准确，线条要流畅。确定几何体的颜色后，先找3支同色系的彩色铅笔，用较浅色的彩色铅笔排列第一层的线条，再使用另外两种颜色的彩色铅笔依次加深暗面区域。在表现几何体的顶面时，下笔力度要小一些，这样能体现顶面有很多的光，顶面靠里面的颜色要深一些，这样就表现出立体的关系，如图10-7所示。

图10-7

不同角度的立方体的绘制方法是类似的，大家根据自己想要达到的效果选择颜色的类型和不同深浅的颜色即可，如图10-8所示。

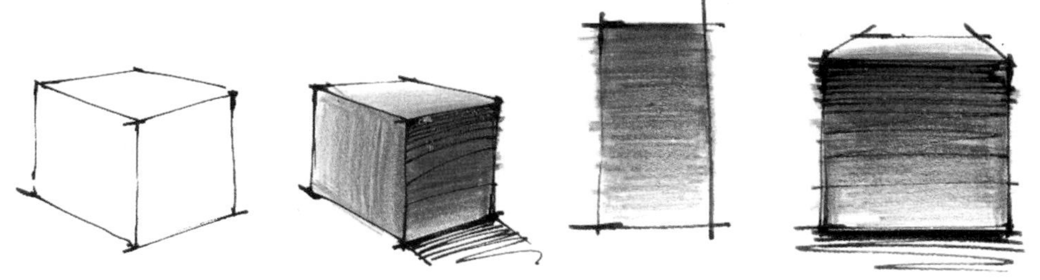

图10-8

第2节 彩色铅笔的家具表现

通过几何体的基础绘制练习，大家可以建立对立体关系的理解。家具和几何体是有很多共同点的，例如，它们都是立体的，如图10-9所示。因为光照的关系，家具的颜色会呈现出渐变的效果，所以在画家具的时候大家可以参考几何体的立体关系。

图10-9

知识点 1 家具的线稿绘制

在进行色彩表现前，一定要绘制优秀的线稿。在开始学习的时候，大家可以先根据实景照片练习绘制家具的线稿。在练习时，注意观察家具的光影关系和色彩细节。

在刚开始练习绘制线稿的时候，可选择造型较简单的家具。此处以图10-10为例讲解使用彩色铅笔绘制家具的线稿。先画出家具的草图，进行透视关系和比例的分析。

图10-10

第1步　绘制需要进行颜色表现的家具线条。在表现家具的时候，需要体现家具造型的特点，比如，对于倾斜的造型，一般会先从左边往右边画。因为布艺家具的轮廓不很“硬”，所以线条要虚实结合。先画椅子上半部分的造型，如图10-11所示。

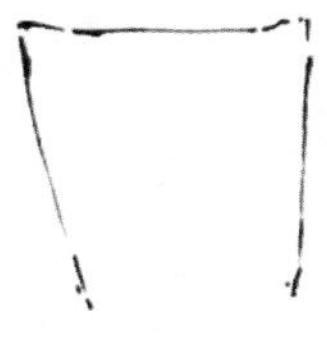

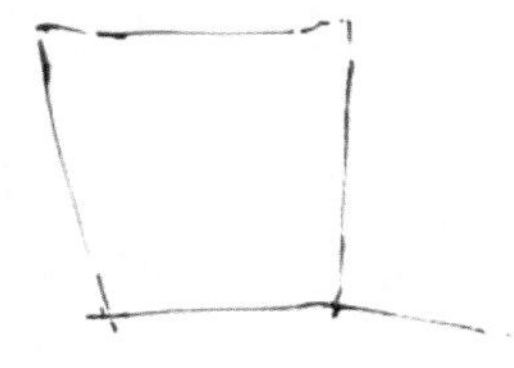

图10-11

第2步　绘制椅子的下半部分。由于椅子下半部分的轮廓线是带有弧度的，因此在绘制时线条可以适当断开，避免用太实和硬朗的线条来表现，如图10-12所示。

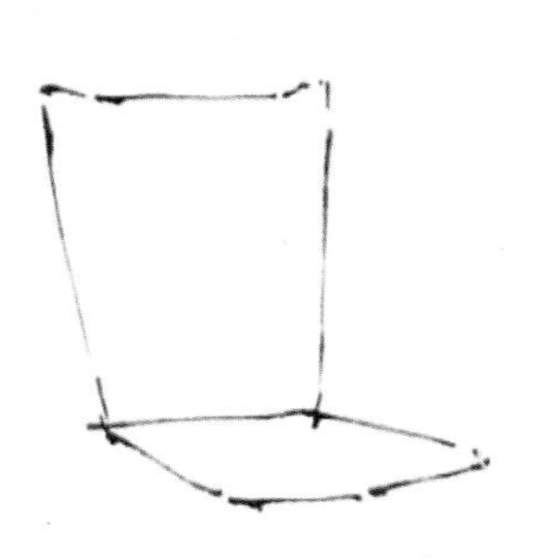

图10-12

第3步　通过线条排列表现椅子的材质。完成椅子的轮廓绘制后，先不要急着上色，用线条排列体现椅子的靠背厚度、椅子腿的立体感和布艺材质的质感等。每一件家具都有自己的特点，这把椅子的靠背上有软的钉扣，这个细节可以用线条表现出来，同时根据光线的方向用线条排列来表现明暗关系和立体感，如图10-13所示。待这些步骤都完成后，就可以上色了。

图10-13

知识点 2 家具的光影分析

在进行色彩表现前，需要理解光影的明暗关系，确定家具的哪个部位是深色的，哪个部位是浅色的，这样上色后的家具才会有立体感、空间感和色彩的层次，如图10-14所示。

如果要临摹图10-15所示的这张实景照片，那么要先分析光影关系，图中窗户在左侧，那么主要的光源在左边。在进行线稿绘制时，要体现出光影关系，右侧是暗面，投影的线条要画在物体的右侧，如图10-16所示。

图10-14

图10-15

图10-16

根据光线的方向，确定线条排列的位置，如图10-17所示。在表现色彩的时候，根据线条排列的规律，使用深色来体现家具立体感。

图10-17

完成线稿图和光影分析后，就能使用彩色铅笔上色了，注意，暗面使用深的颜色加重，家具的顶面使用浅的颜色表现，如图10-18所示。

家具、家具组合和空间都按照这样的光影关系来进行色彩表现，根据设计图的色彩，结合光线的方向，体现立体感与空间感。因为彩色铅笔可以叠加绘制，所以彩色铅笔非常适合用于绘制光线照在家具上产生的渐变效果。

图10-18

知识点 3 使用彩色铅笔表现家具色彩的方法

完成前面的光影分析与线稿后，就能顺利地使用彩色铅笔来表现家具的色彩了，如图10-19所示。下面根据一张实景照片讲解从绘制线稿到使用彩色铅笔上色的方法。

第1步　挑选实景照片。挑选时选择颜色明确或颜色好看的家具，这样可以使色彩表现的效果更突出。图10-20中的红色非常鲜艳、明亮，窗户的采光为主光。

图10-19

图10-20

第2步　分析照片的透视关系和家具之间的重叠关系，快速地绘制草图，如图10-21所示，草图是不需要细节和光影的表现的。

第3步　结合草图分析和实景照片，画出家具的大致轮廓，如果有不能确定家具尺寸、比例的地方，那么可以用虚线来表现，如图10-22所示。

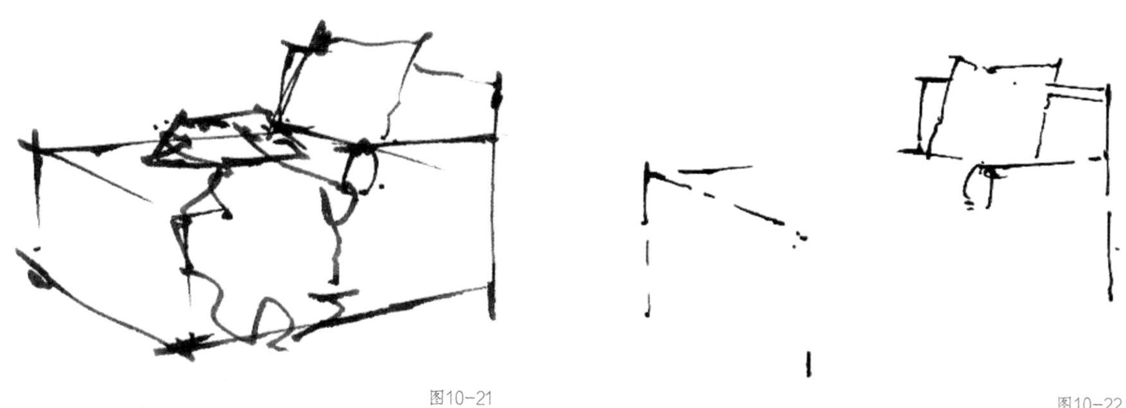

图10-21

图10-22

第4步　绘制家具外形和家具的软装配饰。画出单人沙发上的毛毯，线条可以随意一些，使用曲线体现布艺的柔软，如图10-23所示。

第5步 根据光线的方向，表现光影。光线是从窗户进来的，可以在单人沙发的右侧进行线条排列来表现光影，如图10-24所示。表现光影的时候不需要将线条排列得太细致，后面还会添加颜色的光影表现。

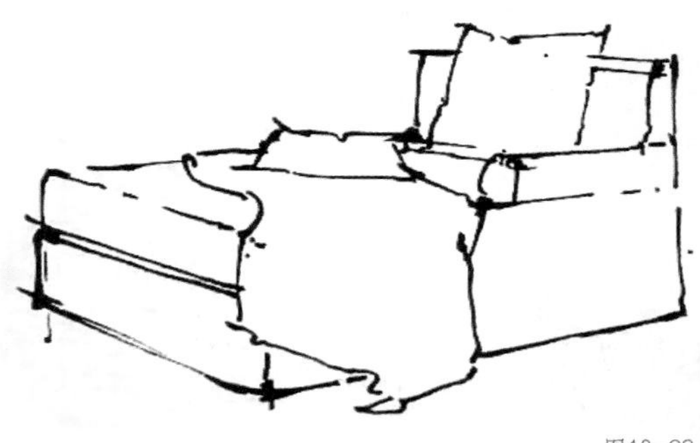

图10-23

图10-24

第6步 使用线条排列表现布艺材质。因为这是一张布艺材质的单人沙发，所以要多绘制一些线条来表现其材质，投影的区域可以适当地加重一些，如图10-25所示。

第7步 进行色彩的表现。根据单人沙发的红色，挑选3支颜色深浅不一的彩色铅笔，3支彩色铅笔的颜色都要符合实景照片中单人沙发的颜色，如图10-26所示。

图10-25

图10-26

第8步 在家具的暗面上第一遍颜色。先用3支彩色铅笔中颜色最浅的那支画家具的暗面，暗面的颜色比较深，需要多绘制几遍，如图10-27所示。

第9步 使用颜色较深的彩色铅笔上色。第一遍上色完成后，再用颜色深一点的彩色铅笔来加深暗面的颜色，还有靠垫后面的投影区域的颜色，如图10-28所示。

图10-27

图10-28

第10步　用深灰色或黑色的彩色铅笔画单人沙发和毛毯的投影，注意进行线条排列时下笔的力度，在绘制毛毯投影的时候力度要小，它的立体关系没那么强，如图10-29所示。

第11步　用3支彩色铅笔中颜色最深的绘制单人沙发的暗面，注意，线条排列中要有渐变的效果。使用黑色继续画投影的区域，画出家具的投影关系会加强整体的空间感，使整体的色彩关系更明确。使用柠檬黄色来画光的颜色，注意，柠檬黄色只画在物体的顶面，面积不能太大，可以更好地体现出光照的效果，如图10-30所示。

图10-29

图10-30

在进行家具表现的时候都可以参照以上方法，但是每件家具有不同的色彩和特点，在具体绘制的时候还要根据这些不同稍加调整。如果画的是黄色的家具，就要注意通常黄色的明度比别的颜色的都高，对深色的部分下笔时要加重力度来与其他部分形成对比，同时用高光笔提亮，增强亮面的表现，如图10-31所示。

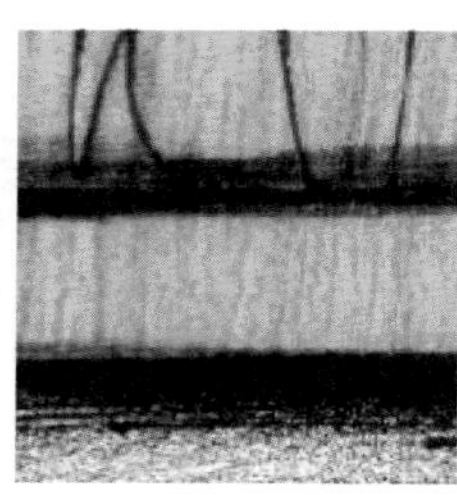

图10-31

如果画的是蓝色家具，那么要使用柠檬黄色来添加光的颜色，体现出颜色的层次，因为黄色和蓝色混合可以变成绿色，所以整体的视觉效果会很自然，如图10-32所示。如果还用其他的环境色来一起表现家具的色彩，那么家具的视觉效果会更丰富，如图10-33所示。

图10-32

图10-33

第3节 彩色铅笔的家具组合表现

家具组合的色彩表现是不同的家具和装饰组合在一起后的色彩表现，如图10-34所示。在画的时候大家需要考虑家具与家具之间的色彩协调，以及家具色彩与其他配饰色彩之间的相互影响。

图10-34

知识点 1 家具组合的线稿绘制

家具组合的线稿表现方法和单个家具的基本一致，但是家具组合的绘制难度会大一些，因为需要绘制的家具或物体更多，同时需要考虑家具之间的透视关系和空间前后关系。以图10-35为例，接下来讲解家具组合的线稿绘制。

图10-35

第1步　对实景照片进行分析。先根据实景照片画出草图，再分析家具之间的比例以及透视关系，如图10-36所示。

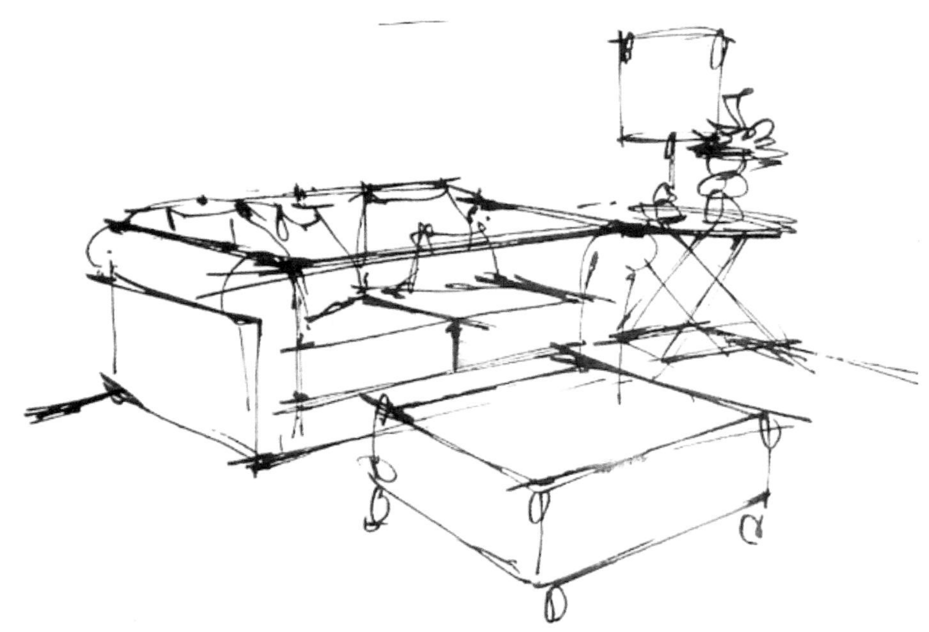

图10-36

第2步　确定透视关系。画出主要家具的大致轮廓，确定基本的透视关系，两张黄色的沙发可以看作两个大的几何体，这符合两点透视原理，如图10-37所示。

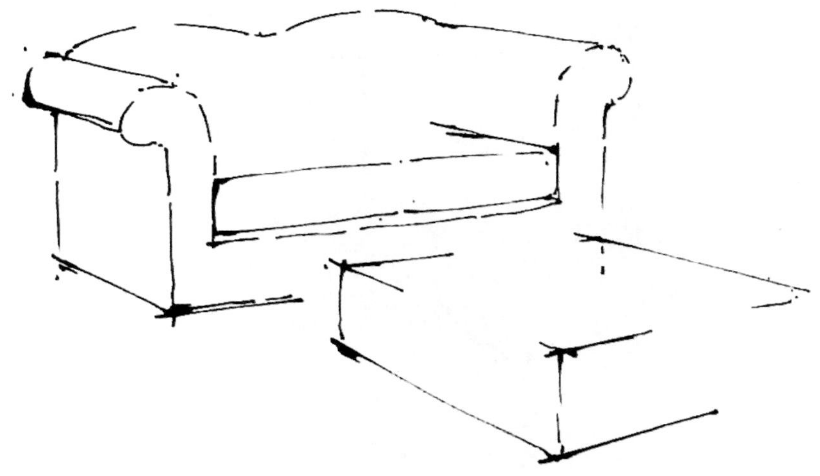

图10-37

第3步　确定家具的比例。根据沙发的高度，确定边几的位置和大小、沙发上靠垫的位置和大小，根据沙发和边几的大小，确定灯具的高度和大小，如图10-38所示。

图10-38

第4步　确定光影关系。先添加大沙发的细节，再根据实景照片的主光方向，进行光影表现，在沙发和靠垫的左侧区域，绘制线条来表现暗面，同时可以用线条表现靠垫等处的图案，如图10-39所示。

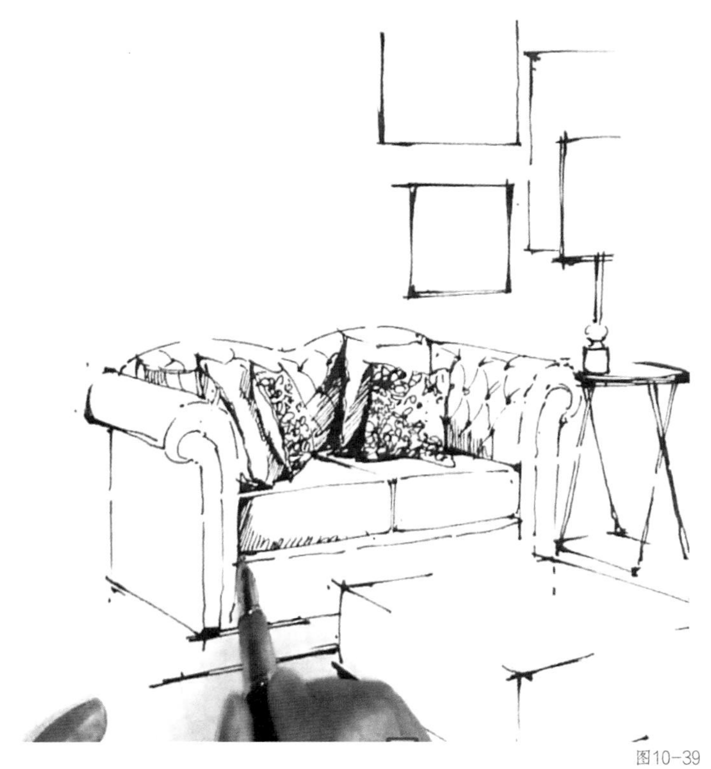

图10-39

第5步 绘制地面家具的投影等。地面家具的投影区域较大，可以在暗面绘制大面积的线条，注意线条疏密，要体现出渐变的效果，离光源越远，线条排列越疏，如图10-40所示。画完投影后就可以进行色彩的表现了。

图10-40

知识点 2 使用彩色铅笔表现家具组合色彩的方法

线稿完成以后就可以根据实景照片来进行色彩表现。在上色之前，对实景图进行色彩分析。图10-35中的色调是偏黄色的暖色调，沙发以黄色为主，背景墙面和地面的颜色偏浅，靠垫是深色调的，还有蓝色调的灯具等。因此，在进行颜色表现的时候，注意，应有多种颜色同时出现在画面中。接下来，具体讲解使用彩色铅笔表现家具组合色彩的方法。

第1步　根据主要家具的颜色，挑选彩色铅笔。主要家具的颜色为黄色，可以挑选几支黄色系（包括深黄色和浅黄色）的彩色铅笔，如图10-41所示。

图10-41

第2步　为主要的家具上色。先使用挑选的彩色铅笔中颜色最浅的黄色，在家具的暗面进行线条排列，如图10-42所示，再使用深一点的黄色来加深暗面，如图10-43所示。

图10-42

图10-43

第3步　确定配饰的颜色并绘制。根据实景照片中配饰的颜色，挑选彩色铅笔，包括靠垫、灯具和墙面的颜色。因为这些都属于配饰，所以在画的时候可以弱化一些，颜色的层次也可以减少一些，如图10-44所示。

图10-44

第4步　结合水彩笔制造晕染的效果。整体上色完成以后，可以使用水彩笔蘸一点清水，在彩色铅笔的基础上平涂，制造出晕染的效果，如图10-45所示。水彩笔的笔触比彩色铅笔的更柔和，颜色之间的衔接也会更自然、协调。

第5步　进行细节表现。晕染效果做好后，可以使用高光笔对画面进行提亮，要提亮的位置一般在物体的顶面、光照多的地方。注意，提亮的面积不能太大，面积小才有明度对比的效果，如图10-46所示。图片中的花卉也可以用高光笔来进行点缀，增强花卉的立体效果，再对细节和整体色彩进行完善，最终效果如图10-47所示。

图10-45

图10-46

图10-47

以上就是使用彩色铅笔来表现家具组合色彩的方法。大家在做练习时可以选择自己喜欢的场景和颜色，如果场景的颜色或图案比较多，那么需要有足够的耐心去表现细节和特点。有些图案放到一起的时候看起来复杂，需要先对图案进行分解，得到不同的几何体和色块，大量的几何体和色块的组合变化可以增强视觉效果，如图10-48所示。经过这样的场景分析后，画起来会更顺手。

图10-48

图10-48（续）

如果选择的实景照片中有植物，也可以使用彩色铅笔来进行线条排列。当进行线条排列时，把植物当成圆形物品，找到光线方向后提亮亮面，加深暗面，或者在暗面的区域画出投影就可以了，如图10-49所示。

图10-49

如果植物有具体的轮廓，不仅要根据每片叶子的暗面和亮面进行线条排列，还要根据光线的方向表现出渐变。因为叶子的面积小，所以要多用高光笔来体现两个面，如图10-50和图10-51所示。

图10-50

图10-51

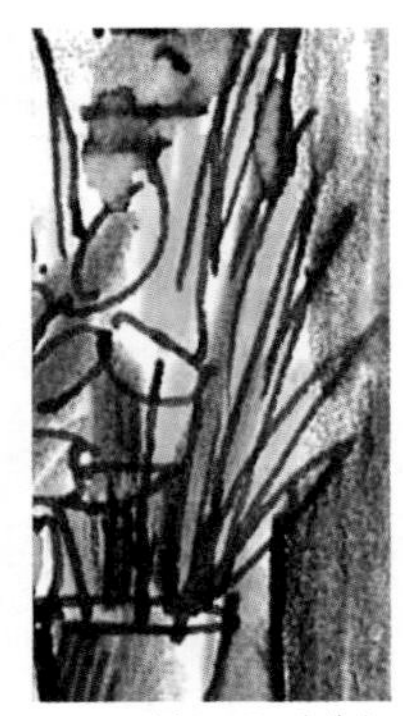

图10-51（续）

如果选择的实景照片中有白色的家具，那么在使用浅灰色或黑色来表现线条和光影时要注意力度。其实白色的家具本身是没有色彩的，通常使用环境色和光源色来进行绘制，再加上一些光影关系来体现家具的立体感就可以了，如图10-52所示。

图10-52

第4节 彩色铅笔的空间表现

在表现空间色彩的时候，主要表现空间整体色调的搭配，如图10-53所示。在实际的设计工作中，设计方案先由设计师和客户进行沟通，然后根据客户的需要和设计的方向进行色彩的搭配与表现。在前文的家具与家具组合表现中，是参考实景照片去搭配颜色的，而这一节主要讲解怎么进行设计方案的表达。

图10-53

知识点 1 空间的线稿绘制

当设计方案的平面布置图确定后，就可以绘制线稿来表达空间的设计方案，线稿是根据平面图的布置和设计师的构思来完成的。如果要根据图10-54来完成卧室空间的透视图线稿绘制，那么需要先进行透视草图和角度的分析。找到任意一个角度，可以用一点透视原理，也可以用两点透视原理，选择一个自己擅长且能更好地表现空间造型的角度来进行分析，如图10-55所示。下面具体讲解空间的线稿绘制方法。

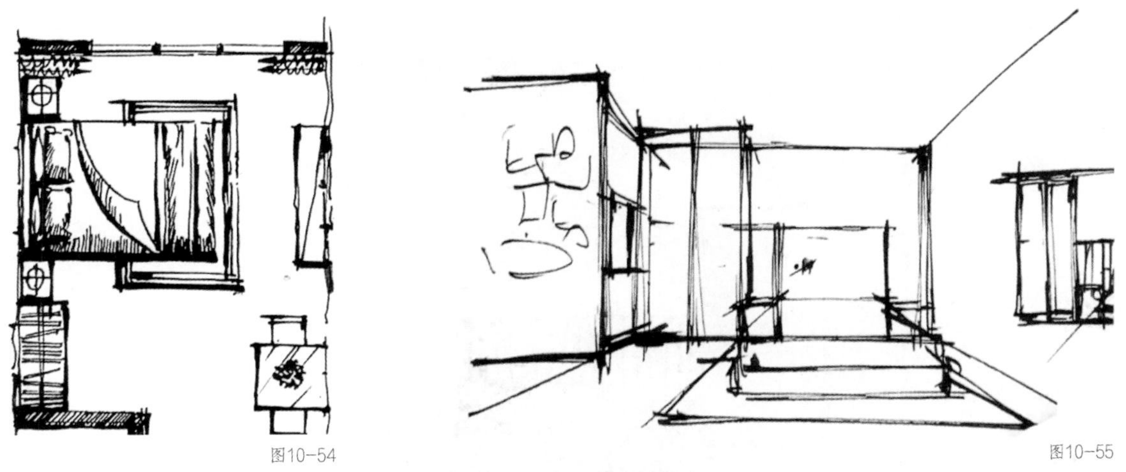

图10-54

图10-55

第1步　在线稿中画出空间的墙体。画出墙体就能基本确定整张图的构图和比例，以及透视关系，如图10-56所示。大家可以先从一点透视开始，这是比较容易掌握的透视。

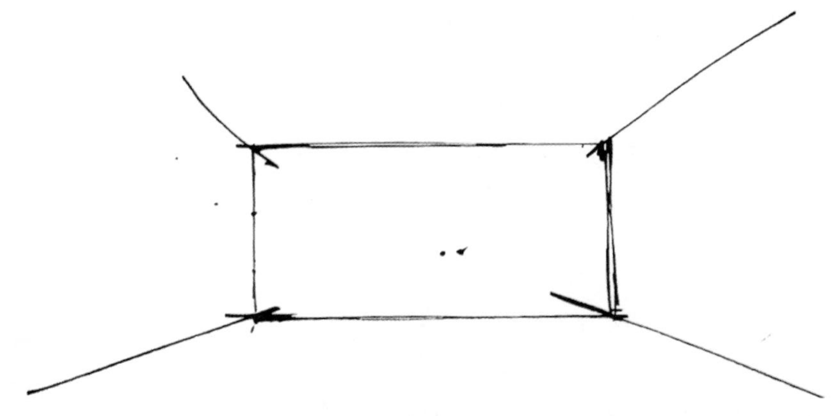

图10-56

第2步　根据空间墙体的比例和平面布置图，画出空间的主要家具，调整空间结构。先画出主要家具，比如床和衣柜。空间结构可以根据平面布置图的结构来进行调整，如图10-57所示。

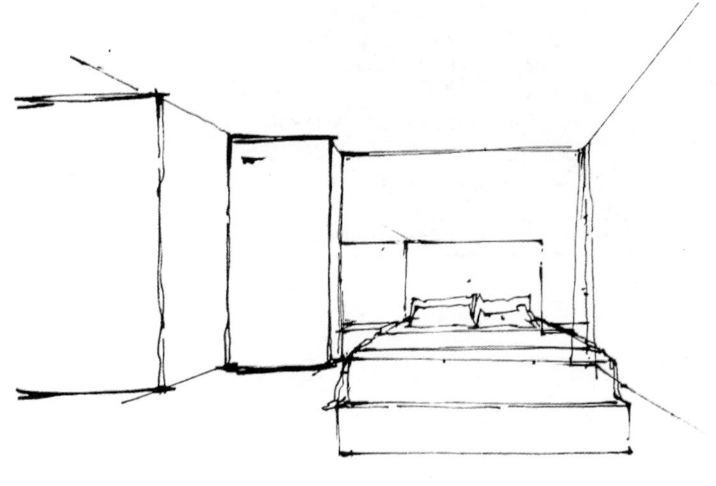

图10-57

第3步　运用线条排列来表现家具的立体感和光影关系，并补充细节。床头是软包材质，可以通过排列少量的线条来体现柔软的质感，如图10-58所示。

图10-58

第4步　用不同方向的线条排列等来体现更多细节。例如，在绘制地毯时，线条排列要有疏密变化。比起其他家具的线条排列，地毯的要更随意、松散一些，没有规律的线条排列更能体现地毯的蓬松，如图10-59所示。

图10-59

第5步　根据空间的设计方案，完成线稿绘制。因为这张图是设计方案，所以在造型和结构上完全可以按照自己的想法来表现，但是光影关系需要根据画图的经验来表现，如图10-60所示。

图10-60

知识点 2 使用彩色铅笔表现空间色彩的方法

根据设计方案，进行色彩表现的时候，颜色是需要自己搭配的，即需要结合自己的想法和方案的实际情况来做选择。具体的上色方法可根据前文的案例来进行，此处以紫色系家具为主来讲解表现空间色彩的方法。

第1步　选择深浅不一的紫色系彩色铅笔，从浅色开始画，如图10-61所示。

图10-61

第2步　绘制配饰、家具等。地板是木地板，就用与木头相近的土黄色来上色；窗帘是黄色的，就用黄色系的彩色铅笔，由浅到深来进行绘制，如图10-62所示。

图10-62

第3步　表现空间的光影效果。确定主光源的位置，因为这张图的光源在右边，所以在家具的左边需要画出深色的投影，可以直接用黑色的彩色铅笔来画，画的时候注意表现渐变，如图10-63所示。

图10-63

第4步　进行细节调整。如果木地板的颜色只使用纯黄色，那么颜色的明度有点高，可以使用深一点的黄色叠加一遍。阴影区域的颜色需要继续加深，用来强调空间的光影关系，同时加强光源色和环境色的表现，如图10-64所示。

图10-64

以上就是使用彩色铅笔来表现空间色彩的方法。与家具和家具组合不同的是，其空间的范围更大，有大面积的墙面，大面积上色会很容易使画面显得单调。因此，在进行大面积上色时，要注意以下几点。

- 在画大面积的墙面时，可以使用一种颜色表现渐变的效果，也可以通过丰富的颜色体现色彩层次的变化，如图10-65所示。注意，避免平涂，因为这样会使画面看起来单调、生硬。

图10-65

图10-65（续）

· 当给大面积墙面或顶面上色时，可以加强光源色和环境色来丰富色彩关系，同时让空间的整体色彩显得更协调，如图10-66所示。

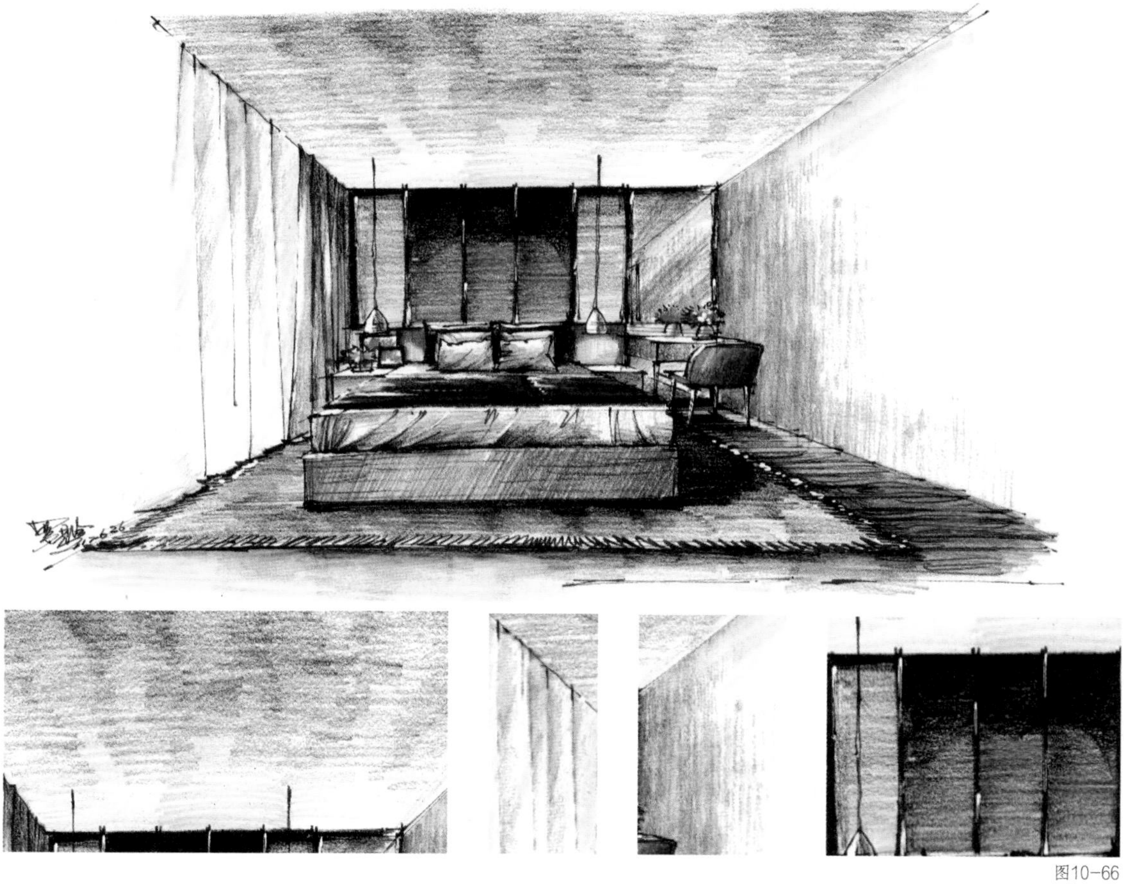

图10-66

· 因为空间大，上色的范围也比较大，所以在阴影区域要画得比较深，这时直接用黑色可以更好地体现空间感和色彩的层次，如图10-67所示。

图10-67

· 在墙面或者面积大的地方可以结合水彩笔来制造晕染的效果，这样可以产生很好的色彩过渡和色彩衔接效果，如图10-68所示。

图10-68

图10-68（续）

彩色铅笔的使用方法并不难，需要花时间去做练习，特别是练习使用彩色铅笔表现线条排列的效果。多多练习，培养耐心，熟能生巧，慢慢地就可以用彩色铅笔表现好色彩了。

作业

请使用彩色铅笔完成以下两项任务。

1. 使用彩色铅笔临摹图10-69中的家具，注意线条排列的技巧和光影关系的体现。

图10-69

2. 按照图10-70中的家具组合实景照片，绘制线稿和进行颜色表现。

图10-70

第 11 课

马克笔的表现方法

学习室内设计手绘的人不仅要熟练掌握手绘的基本知识，还要对美学有足够深的理解，在色彩搭配上有娴熟的技艺。本课将讲解马克笔的表现方法与几何体绘制步骤，如何用马克笔表现几何体、家具和家具组合等。

第1节 马克笔的表现方法与几何体绘制步骤

马克笔也称记号笔，是一种使用比较方便的绘画工具，常用于平面设计、工业设计、服装设计等一些专业的手绘表现。本节将讲解3个知识点，从马克笔的分类到使用方法，再到如何使用马克笔表现几何体色彩，以展示马克笔的表现方法与几何体绘制步骤。

知识点 1 马克笔的分类

一般来说，马克笔有油性和水性两种。油性马克笔比较适合用于室内外设计的快速表现图，它的特点是色彩丰富、稳定，边缘比较整齐，易于表现力度，同类颜色可以加深。水性马克笔可以通过重复叠加表现很柔和的过渡，因此适合用于写生、景物等，它的特点是色彩比较“灰”，有特殊的水溶效果，不同色叠加可以画出“高级灰”色。

日常学习和工作中常用的马克笔品牌有Touch、法卡勒、斯塔、三福和AD等。对于初学者来说，Touch是很好的选择（见图11-1），它具有方形笔杆、倾斜笔头，比较适合室内空间手绘表现；AD和三福马克笔具有圆形的笔头，比较适合有一些经验的人使用。

图11-1

采购马克笔一般需要有参考色卡。给初学者提供的部分参考色卡如图11-2所示，在购买马克笔时，把这个提供给店家来选择颜色就可以了。

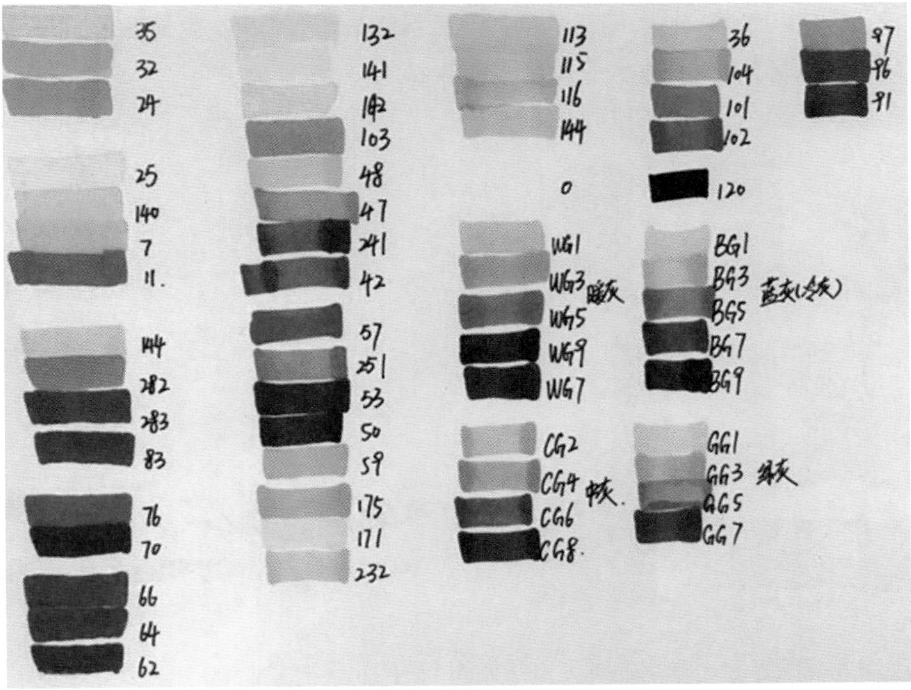

图11-2

知识点 2 马克笔的使用方法

马克笔的优点是表现快速、笔触潇洒，笔触要有力度是使用马克笔的重点。马克笔有两个笔头，一个宽头，一个细头。常用排列之一是宽头的平行排列，如图11-3所示。在绘制时，要果断、干净，力度要强，处理好笔触间的关系。在平行排列时，注意下笔的力度和叠加颜色的厚度，往往通过控制运笔速度和力度来表现，如图11-4所示。此外，马克笔的类型、新旧程度甚至纸张的特性都会对画面效果产生影响。比如，大面积上色的时候用的是宽头，小面积上色时用的是细头。

在绘制时，注意，不要出现大量飞白效果。飞白效果是指快速运笔时在纸上留下的变化效果，如图11-5所示。这种效果一般可以在表现布料材质或者布料顶面的时候使用，表现大部分家具以及墙面的时候不使用。

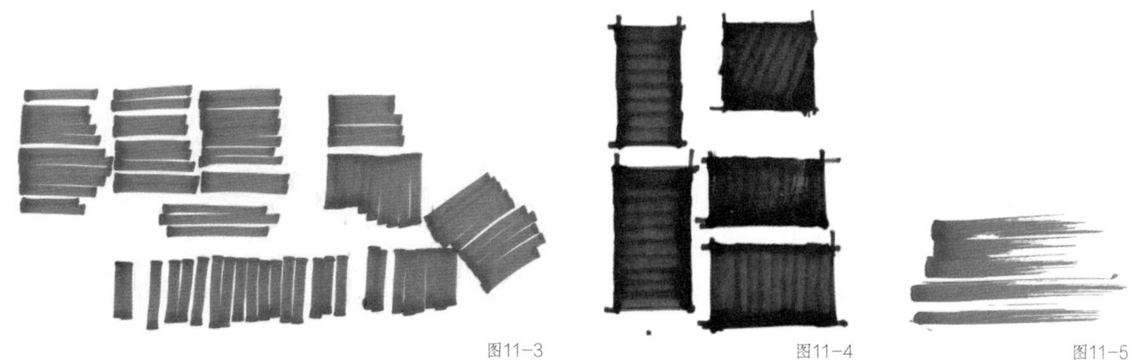

图11-3 图11-4 图11-5

马克笔的痕迹要有渐变层次感。马克笔的痕迹可以体现物体的材质光影变化，该变化通过痕迹的浓淡、疏密和缓急产生。可以借助同类色系或者同一颜色反复叠加来加深，使颜色有深浅的变化，增加层次感，如图11-6所示。

在表现物体阴影时，常用的排列方法如图11-7所示。

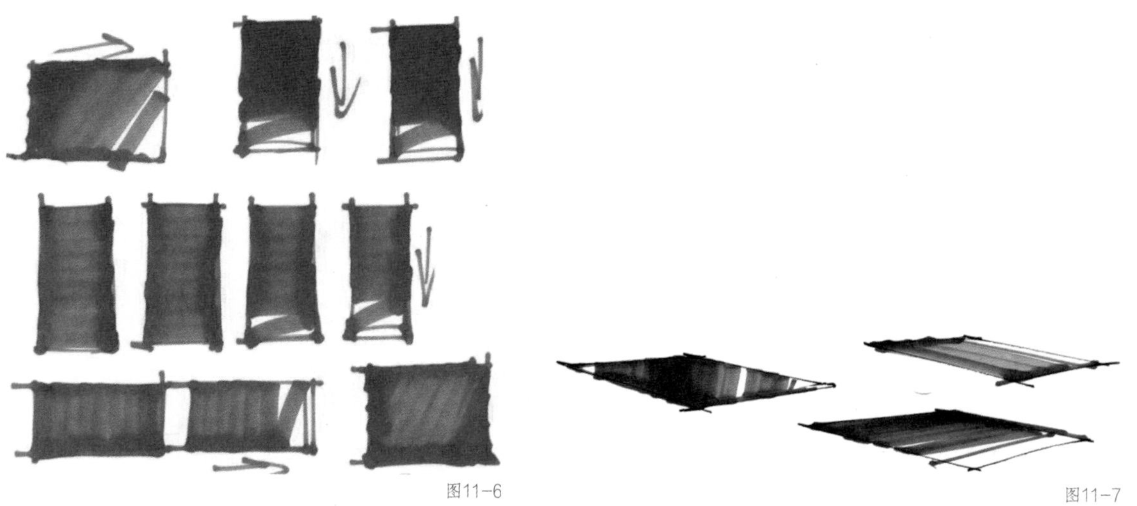

图11-6 图11-7

在表现空间墙面等时，常用的排列方法如图11-8所示。

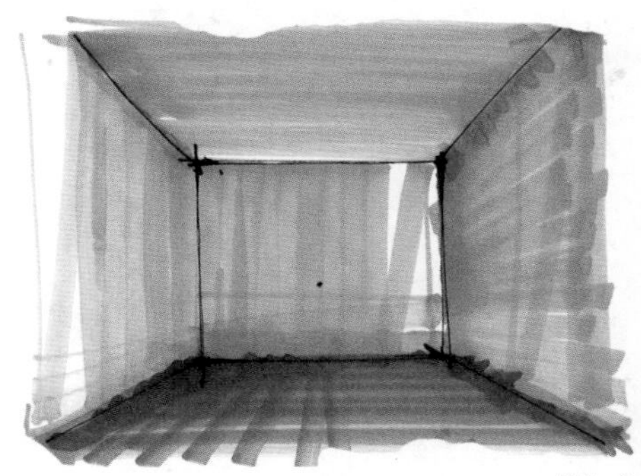

图11-8

知识点 3 使用马克笔表现几何体色彩

在表现家具前，需要进行一些几何体的色彩表现练习，以更好地理解家具的几个明暗面之间的关系。一般来说，物体的顶面相对较亮，受光线影响较大；侧面多表现为暗面和阴影。这一规律为我们提供了色彩明度的基本原则。

在着色时，由浅到深，对不同色彩的叠加也应注意先后顺序。深色有覆盖性，而浅色较易修改，因此在绘制时，基本的原则就是先浅色后深色，这样比较容易表现出层次感。

在排列时，马克笔需要根据物体的结构来进行表现。比如，圆柱体就不适合采用横向排列，因为横向排列不能体现圆柱体的结构和特点，如图11-9所示。在进行家具表现时，也是一样的，应该根据家具的结构灵活排列。

图11-9

第2节 马克笔的家具表现

在进行家具色彩表现前，应绘制线稿，把透视关系表达准确，把线条画流畅。线稿是基础，如果线稿画得不到位，那么最终表现出来的色彩效果也不会好，所以要把更多的时间和耐心用在绘制线稿上。另外，在进行家具色彩表现时，很多“大面”的区分和痕迹排列可以参考几何体。

知识点 1 家具线稿

下面根据图11-10所示的实景照片来进行从线稿到色彩的表现流程讲解。这张实景照片是一个符合两点透视原理的沙发，上面有一个靠垫。在绘制前，可以先用很快的速度画一张草图来进行透视分析，如图11-11所示。

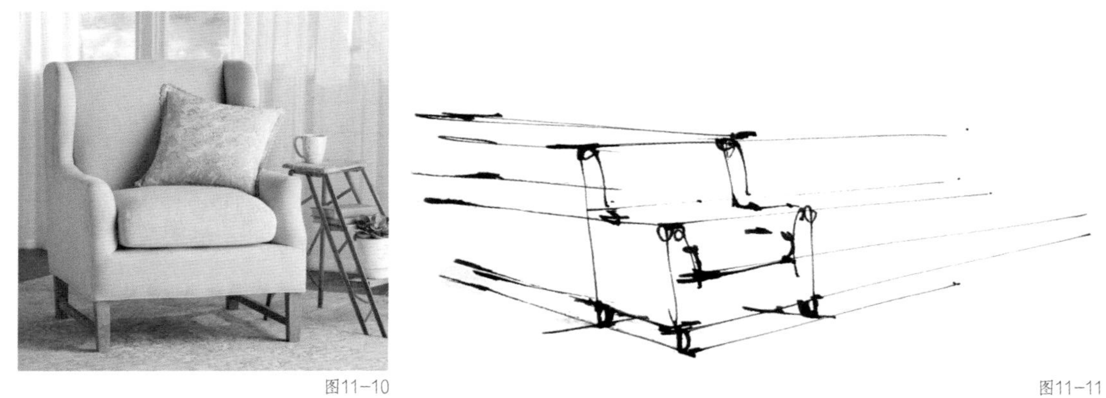

图11-10

图11-11

第1步 画出一条比较长的线来作为整个家具比例的参考，这条线的长度可以为8~10 cm，参考这条线依次往下画就可以了，如图11-12所示。

第2步 用线条表现出大致的光影效果，这样后期的光影关系会比较明确，如图11-13所示。

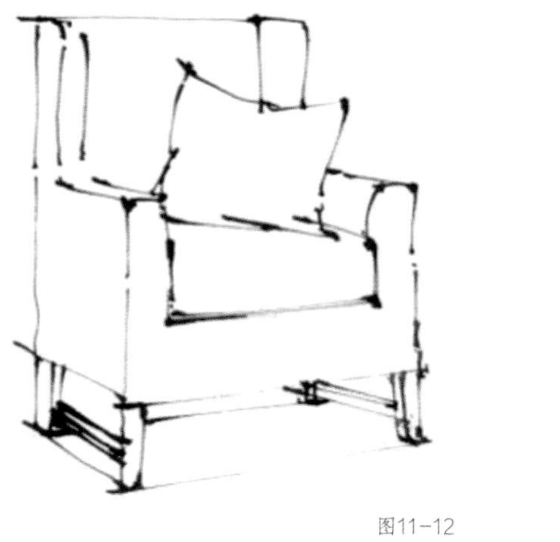

图11-12

图11-13

知识点 2 家具光影分析

在绘制线稿和光影时，需要表现出光影关系。首先，要考虑物体在空间中的真实光影关系，如果该空间是即将设计的空间，可以假设一个光照的方向来表现。比如，这个沙发的主要光照方向为从右上到左下，所以要把线条和深色的部分画在背光面，也就是左下方，如图11-14所示。

图11-14

知识点 3 使用马克笔表现家具色彩

根据实景照片进行色彩表现的时候，首先需要对照色卡，找到和实景照片中的家具类似的颜色。下面以前面的草图为例讲解家具色彩表现的方法。

第1步 用36号马克笔，根据光照的方向画出背光面，用25号马克笔叠涂，加深一些暗面，如图11-15所示。

第2步 用WG3号与WG5号马克笔加深一些暗面和光影，注意面积的大小，顶面留白的地方不要画成深色，如图11-16所示。

第3步 用WG7号马克笔将最深投影以及地面投影加深，这样家具的色彩表现就完成了，如图11-17所示。

图11-15

图11-16

图11-17

知识点 4 使用马克笔表现家具图案

一般来说，在表现图案之前，需要表现物体的立体感。首先，用WG1号马克笔表现靠垫的暗面，再用144号或者66号马克笔表现靠垫上的花朵图案，然后，用64号马克笔加深图案的暗面，最后，用高光笔点缀图案的亮面，用一些白色点来进行小面积的点缀，如图11-18所示。

图11-18

第3节 马克笔的家具组合表现

本节有两个知识点，首先是家具组合线稿，其次是使用马克笔表现家具组合色彩。练习重点是完成线稿后，使用马克笔来表现家具组合的色彩。另外，在选择马克笔颜色时，需要保证色彩整体的协调性。

知识点 1 家具组合线稿

在表现家具色彩前，要花很多的时间来绘制线稿，透视关系和比例应尽量准确。先画出主要家具，然后根据家具的大小来绘制地毯和背景的装饰画，如图11-19所示。再找出主要的光照方向，用线条表现光影关系，如图11-20所示。

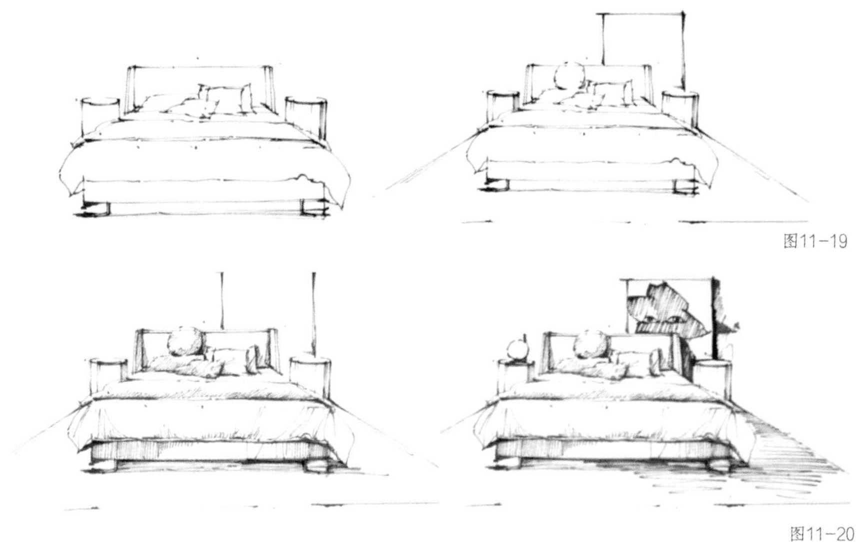

图11-19

图11-20

知识点 2 使用马克笔表现家具组合色彩

绘制完线稿后，下面讲解使用马克笔表现家具组合色彩的步骤。

第1步　用97号马克笔横向画床头板，顶面留出小面积的空白，如图11-21所示。

图11-21

第2步　按照光照的方向，用96号马克笔把靠垫周围的阴影加深，也采用横向排列，尽量保持运笔的方向统一，如图11-22所示。

图11-22

第3步　用WG3号马克笔快速绘制床单、床体及床头柜的背光面，绘制时注意床单的线条方向，可以用叠加颜色的方法，呈现出有深有浅的效果，如图11-23所示。

图11-23

第4步　用WG5号马克笔加深WG3号马克笔表现过的暗部，主要表现布艺褶皱。运笔时可以随意、潇洒一些，不用太拘谨，如图11-24所示。

图11-24

第5步　用WG7号马克笔加深最深的阴影部分，用WG1号马克笔表现顶面的床单，顶面可以留白，以体现立体感，如图11-25所示。

图11-25

第6步　用BG3号马克笔表现靠垫暗面，顶面留白，可以用扫笔的方法来画，运笔时注意起笔要自然，没有收笔，像彗星的尾巴一般，以看起来过渡自然，如图11-26所示。

图11-26

第7步　用BG5号和BG7号马克笔表现后面的装饰画，将眼睛留白，背景横向排列。用232号马克笔或者其他浅色的笔来表现床尾的被子，注意留白，如图11-27所示。

图11-27

第8步　用GG7号马克笔加深床体的暗面，用120号马克笔加重阴影和后面装饰画的部分，眼睛留白，如图11-28所示。

图11-28

第9步　对于地毯的部分，可以选择同色系的灰色，例如，用BG3号马克笔和BG5号马克笔来表现地毯，用高光笔提亮顶面，最终效果如图11-29所示。

图11-29

第4节 马克笔的空间表现

空间不仅可以利用透视关系来进行表现，还可以利用色彩的明度对比来进行表现。本节主要讲述绘制空间线稿的步骤、如何进行空间色调分析，以及如何使用马克笔表现空间色彩。

知识点1 空间线稿

下面根据图11-30所示的实景照片来讲解绘制空间线稿的方法。找合适的实景照片来练习非常重要。先选择自己喜欢的、好看的、时尚的，然后对它进行透视分析。这张实景照片中是一个符合一点透视原理的空间，消失点的高度在1.2 m左右。确定好消失点的位置后，再进行线稿绘制，如图11-31所示。

图11-30

图11-31

第1步　根据实景照片，画出空间的墙体结构线，并预估空间尺寸，确定沙发大致的大小，如图11-32所示。

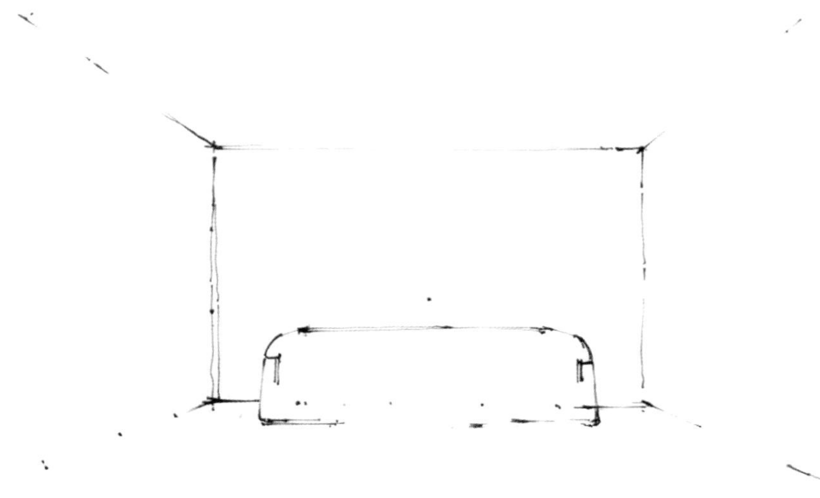

图11-32

第2步 根据沙发的比例，画出靠垫等。按照实景照片的风格来说，画面比较对称，所以在画靠垫的时候要考虑对称关系，如图11-33所示。

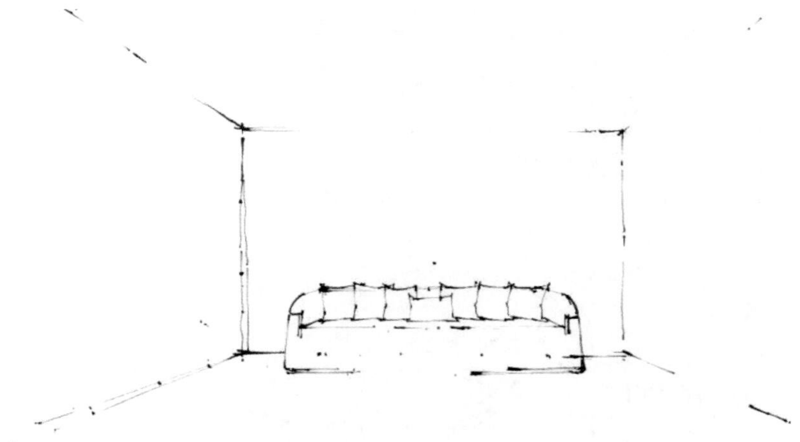

图11-33

第3步 根据沙发的位置和大小、比例，确定茶几和椅子的位置与大小，如图11-34所示。对于离沙发远一些的家具，可以从消失点连一些辅助线和点来确定。

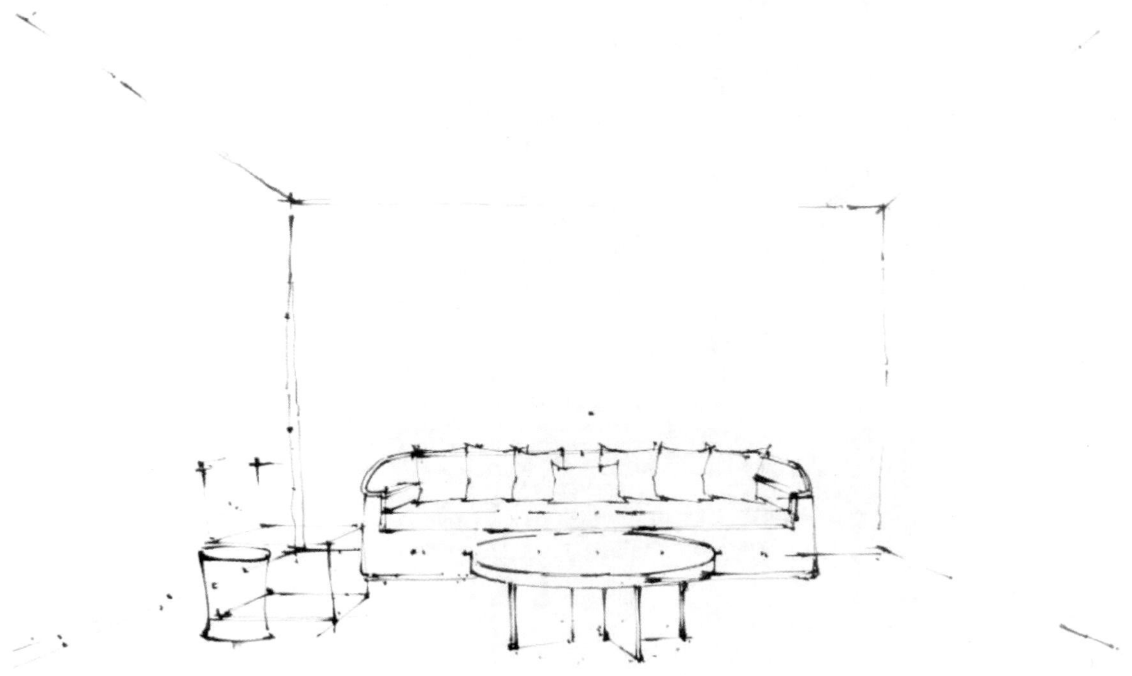

图11-34

第4步 右边的两把椅子的高度可以参考左边椅子的高度，如图11-35所示。注意，这里常出错的地方是横向线条容易画得不平行。

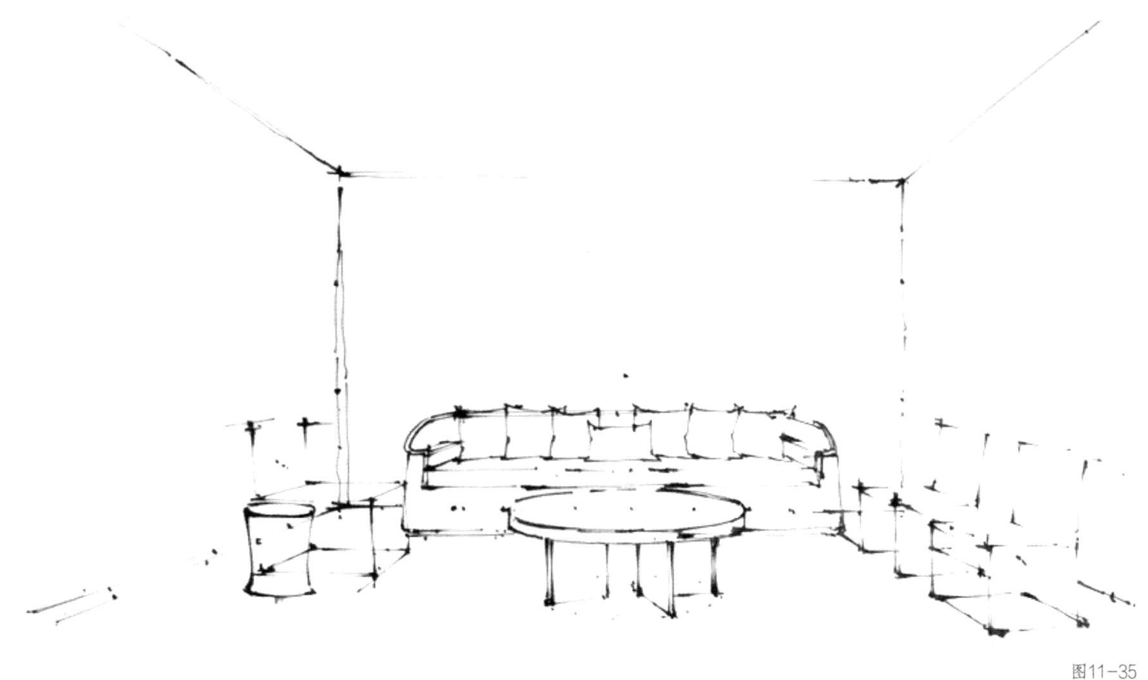

图11-35

第5步　以窗户为主要光源位置，用线条表现大致的光影效果，如图11-36所示。

图11-36

第6步　墙面的材质和地毯的图案可以弱化，无须表现细致，如图11-37所示。

图11-37

第7步　在画柜子的时候一定要找好消失点的位置，特别是上面的线条容易连接不准确，可以分段画，如图11-38所示。

图11-38

知识点 2 空间色调分析

在进行颜色表现前，首先需要对实景照片进行色调分析。在一个空间中，决定表现暖色调还是冷色调，深色调还是浅色调。如图11-39所示，这张实景照片整体色调偏黄、偏暖，因为是新中式的风格，家具大部分是深色的，空间的墙体整体是浅色调的，所以这张图的颜色层次比较明确，表现起来也不会有太大的难度。大部分可以选择WG系列的暖灰色，表现家具时可以选择深灰色和胡桃木色。

图11-39

如图11-40所示，这张图的整体色调偏蓝、偏冷，背景墙为冷灰色的，沙发为深蓝色的，地毯为湖蓝色的，颜色均为深色调，天花板和地板的颜色是浅色调，颜色的层次比较明确。在表现墙面的时候，可以选择BG系列的冷灰色，在表现家具的时候，可以选择深蓝色，如图11-41所示。

图11-40

图11-41

知识点 3 使用马克笔表现空间色彩

分析完色调以后再进行色彩表现可以让思路更清晰，更有方向感。下面讲述使用马克笔表现空间色彩的方法和步骤。

第1步 从大面积的颜色开始表现，例如，用色卡里的97号和96号马克笔来表现墙面，也可以用其他色系的相近颜色，如图11-42所示。

图11-42

第2步 用97号和96号马克笔画柜子，用WG5号和WG7号马克笔画主要家具，只要整体色调是暖色调，且是灰色系，就可以使用暖灰色来画，如图11-43所示。

图11-43

第3步　地毯可以选择和家具同色系，也可以使用暖灰色，每个人的色彩感觉不一样，只要表现符合整体氛围即可，如图11-44所示。

图11-44

第4步　用WG3号马克笔表现地面，下笔的力度要比较强，先横向表现，再竖向表现，体现地面的光滑感。整体上色完成以后，用高光笔提亮一些细节，做一些小的调整，如图11-45所示。

图11-45

作业

临摹图11-46。先绘制空间线稿，再进行空间的色调分析，最后用马克笔完成空间色彩的表现。

图11-46

第 12 课

不同风格空间的手绘表现方法

空间表现是指直观、全面地展示整个空间的视觉效果，是手绘课程里的重点内容。前面已经讲过各种手绘的表现方法，本课将结合案例来讲解空间表现中用到的重要技法和把握空间氛围的表现方法。

设计师在日常工作中会遇到具有不同喜好和各种需求的客户，他们对色彩、舒适度、风格元素和空间氛围的喜好与需求不同。因此，设计师不仅要对风格理论有自己的理解，还要对相关理论元素和不同的空间氛围进行手绘表现，并根据客户的喜好和需求来表现不同的风格与空间氛围，如图12-1所示。

图12-1

知识点 1 现代风格空间的色彩表现

现代风格空间的特点是有简约的造型、硬朗的线条、丰富的材质层次、简单的色彩搭配，如图12-2所示。如果要进行现代风格的空间设计和手绘表现，那么在绘制线稿阶段就要用硬朗和简洁的线条来体现空间的特点，光影效果的变化也要减少，整体空间的色彩表现要有明确的明度对比和色彩层次。在进行现代风格空间的色彩表现时，通常选择马克笔，使用马克笔绘制时力度要强，用于体现空间简约的造型，如图12-3所示。

图12-2

图12-3

在刚开始练习空间的色彩表现时，可以通过临摹实景照片来练习基础的色彩表现方法。实景照片通常有比较明确的色彩表现，可以帮助大家理解空间色彩的光影关系和色彩搭配。在可以熟练地运用表现技法和把握空间的整体色彩以后，进行创作练习，个人的能力会得到稳步提升。接下来，以现代风格空间为例讲解色彩表现的方法。

第1步　找一张适合自己现阶段水平的现代风格空间实景照片，照片中的设计和色调最好是自己喜欢的，这样会更有动力去表现。图12-4是一张符合一点透视原理的实景照片，照片中的家具数量不多，色彩的种类较少，这样的实景照片比较好临摹。

图12-4

第2步　根据实景照片的颜色，选择马克笔。选择与墙面相近的颜色，进行大面积上色，上色手法是横向绘制，力度要强。对于墙面右侧的大理石纹理，可以选择暖深灰色的马克笔，同时进行横向和斜向绘制，如图12-5所示。从大面积的墙面开始绘制，比较容易控制整体的色调。

图12-5

第3步　对墙面使用同色系的颜色加深，用笔方向是横向和斜向结合。实景照片上有红色，用红色横向平涂，在表现布艺材质时减弱力度，体现其柔软的特点，如图12-6所示。

图12-6

第4步　画出地面的阴影区域。因为实景照片中窗户在左侧，所以家具的右侧会有阴影。选择较深的暖灰色，画出地面上的阴影区域，结合透视关系，进行横向线条排列，尽量使之和透视方向统一，如图12-7所示。

图12-7

第5步　画出家具的阴影区域。先加深地面的颜色，画出窗帘的颜色。注意，运用深色和浅色来区分层次。然后，在右侧墙面绘制出窗帘和家具的投影。注意，在线条排列中，要同时使用宽头和细头，这样看起来才不生硬，如图12-8所示。

图12-8

第6步　绘制和调整细节。根据实景照片的效果，先把深色的地方（例如，阴影区域和家具的背光面）再次加深，再用高光笔提亮家具的亮面，最后绘制大理石材质的纹理，根据纹理的特点绘制曲线，曲线应有粗细变化，这样的视觉效果更自然。最终效果如图12-9所示。

图12-9

在实际操作的过程中，注意，设计方案不一样，表现出来的色彩、造型也会不一样，而对于不同的空间性质要用不一样的笔触和色彩去表达。图12-10所示也是现代风格的空间，因为这个空间的采光较好，所以在色彩上要多体现出明亮的效果。

图12-10

图12-11所示为有冷色搭配的空间，在表达冷色的时候，要选择和暖灰色接近一些的颜色。可以在冷色画完以后叠加暖灰色来表现，这样会更协调。

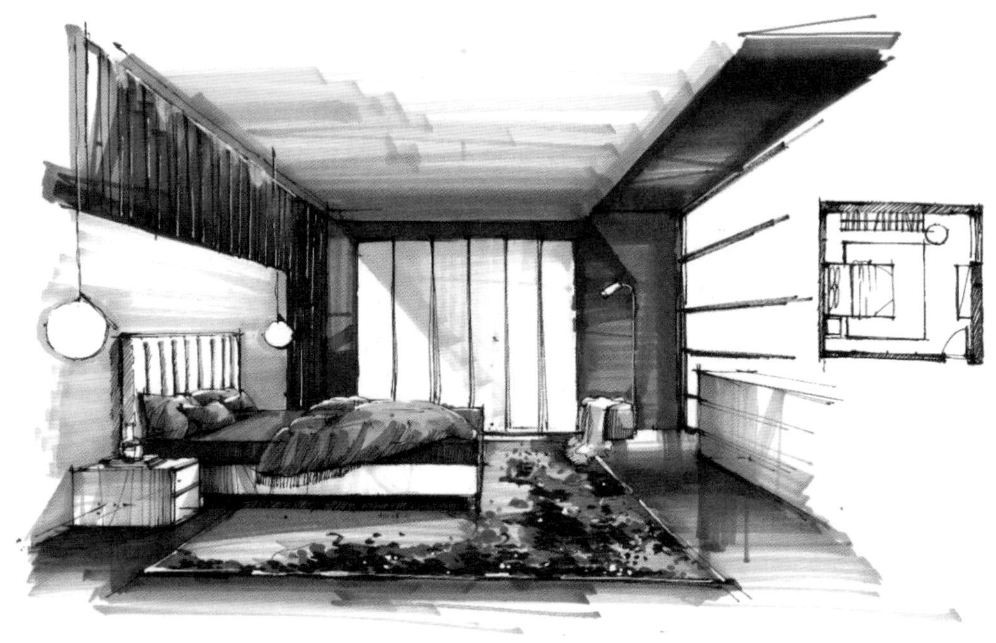

图12-11

图12-12所示为办公空间。对于这样的空间，在表现时更需要体现空间的整体性。在选择颜色时，要尽量选择一个系列的颜色，以加强颜色明度的对比，还要用小面积的亮色进行点缀，加强明暗对比。

图12-12

图12-13所示为现代简约风格的儿童房。在绘制时，不仅要体现简约的造型，还要用高纯度的色彩来体现儿童房活泼、温馨和富有童趣的特点。在色彩搭配上，可以选择3种不同的色系，用不同的颜色层次来体现空间特点。

图12-13

图12-14所示为楼层较高的空间，在进行线稿表现的时候，可以借助直尺来绘制竖向线条和长的透视线，用线条的力量感来体现现代简约的风格。在色彩表现上，柠檬黄色的家具是空间的亮点，要用较明亮的黄色来表现。在绘制时，要留白，这个空间的采光好，留白可以体现光的特点。

图12-14

知识点 2 后现代风格空间的色彩表现

后现代风格空间有前卫、创新的特点，通常还有错位或异型的造型，如图12-15所示。在进行手绘表现的时候，需要放大这些特点和造型，用于营造后现代风格空间的氛围。接下来，以后现代风格空间为例讲解色彩表现的方法。

图12-15

第1步　确定实景照片并进行透视分析。先选择一张具有后现代风格特点的实景照片，如图12-16所示。再进行透视分析，这是一张符合两点透视原理的实景照片，中间特殊造型雕塑的材质和设计形式强烈地体现了后现代风格的特点，在进行手绘表现时要突出这个雕塑。

第2步　绘制线稿并根据实景照片的颜色来上色。完成线稿，并使用马克笔的中灰色来表现雕塑的暗面，这种颜色是处于冷暖色调中间的颜色，有强烈的金属感。根据造型特点，用弧线来绘制雕塑的边缘，因为金属的特点是高反光，所以要有留白，如图12-17所示。

图12-16

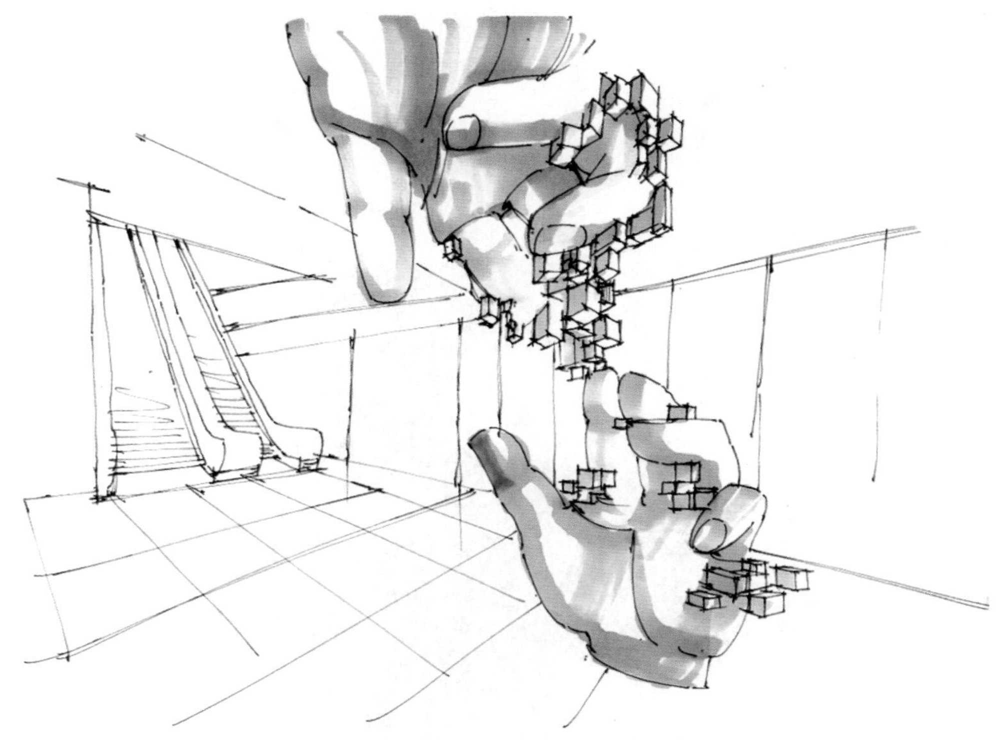

图12-17

第3步　添加墙面的颜色。实景照片上的墙面是黄色和蓝色的，它们都属于鲜艳的颜色，和灰色能产生出对比的效果。在绘制时竖向运笔，可以体现墙体的方向，如图12-18所示。

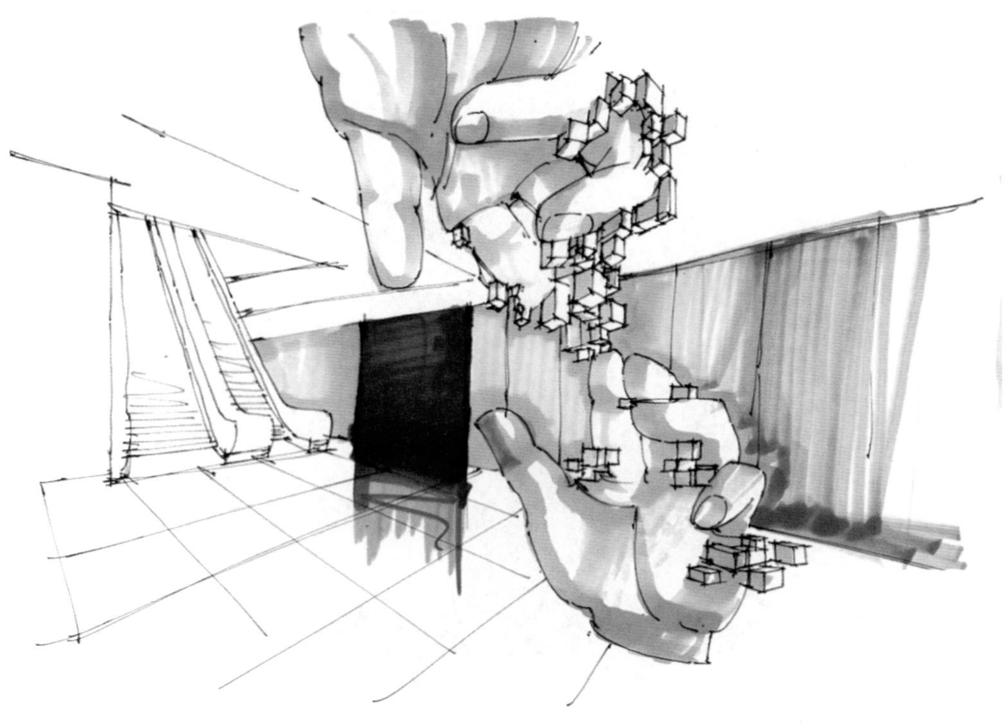

图12-18

第4步　添加地面的颜色。地面的颜色是比较深的灰色，根据两点透视原理，使用暖色系的灰色来进行线条排列，同时绘制几条垂直于地面的竖向线条，用来表现地面的光泽感，如图12-19所示。

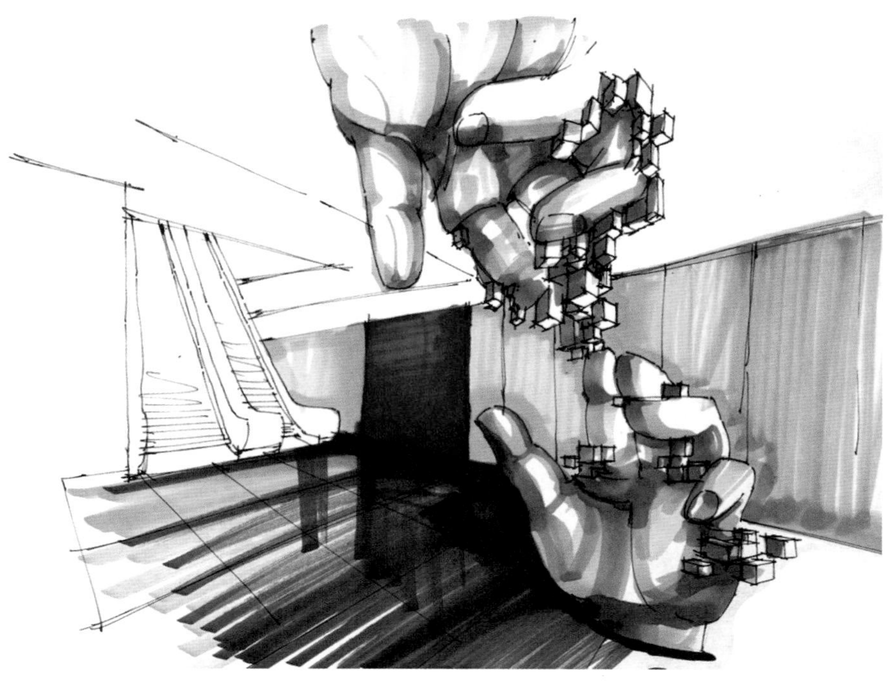

图12-19

第5步　调整整体的色彩。根据实景照片中深色的部分，用深灰色的马克笔进行加深，雕塑和地面都需要进行加深。加深的同时注意保留浅色，这样可以体现更多的颜色层次，如图12-20所示。

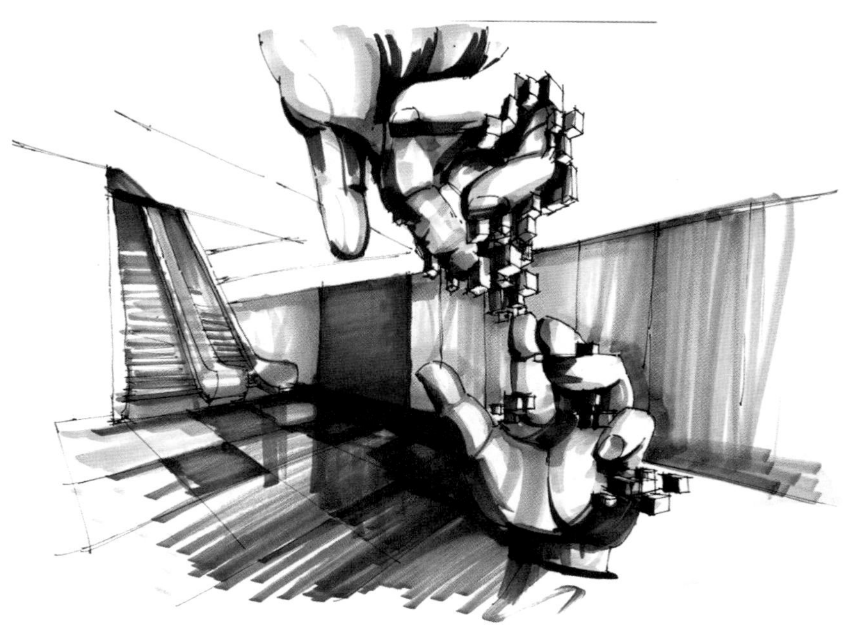

图12-20

第6步 绘制亮面。用高光笔在亮面的区域进行提亮，如果有留白的地方没有画好，可以用高光笔来完成，以表现反光强烈的效果，如图12-21所示。

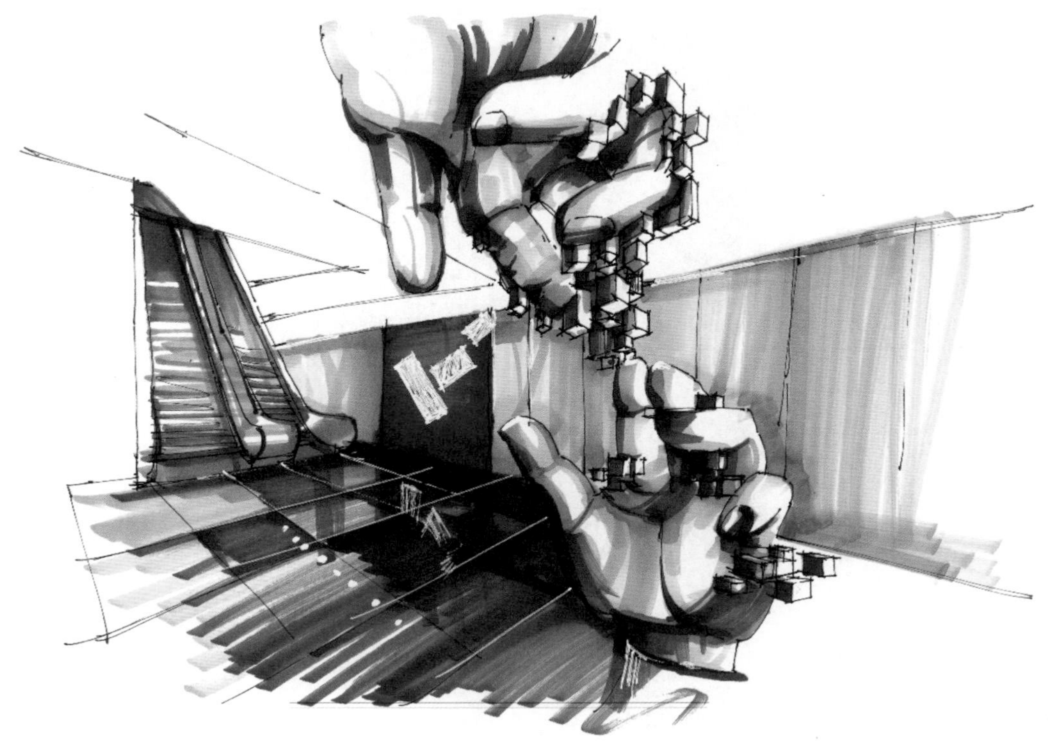

图12-21

知识点 3 混搭空间的色彩表现

混搭空间的特点是在一个空间内，有多种风格的元素结合在一起，这种风格比较受年轻人的欢迎，如图12-22所示。在绘制混搭空间时，需要结合不同风格家具的特点来表现。

图12-22

图12-23展示了具有中式元素和西式元素的混搭空间，空间整体充满了古典气息。此处以该图为案例来讲解混搭空间的色彩表现。

第1步 分析透视关系并绘制线稿。这张图中的空间符合一点透视原理，先根据一点透视原理完成线稿。因为这是一个挑高的空间，所以在画线稿的时候需要把层高确定在6 m左右，然后按照比例来确定家具的大小。

图12-23

第2步　进行色彩表现。先表现比较强烈的色彩，红色在这个空间比较突出，使用红色涂出两个柜子的底色。再使用低纯度的黄色来绘制椅子，因为椅子是方形结构的，所以下笔要有力度。茶几是深色的，但是在这一步先用暖色系的灰色绘制底色，如图12-24所示。

图12-24

第3步　加深颜色。先用红色绘制地面，再使用深红色加深暗面。茶几的颜色也要加深，下笔要有力度，如图12-25所示。

图12-25

第4步　大面积上色。空间有大面积的黄色，可以先用高明度的颜色进行浅色的表现，再在较暗的部分进行加深，如图12-26所示。

图12-26

第5步　因为沙发整体是浅色的，所以加深沙发周边的颜色来衬托。空间中浅色的地方可以留白，在阴影区域画出较浅的暖灰色来表现立体感，如图12-27所示。

图12-27

第6步　添加配饰和装饰品的颜色。空间中的配饰和装饰物品的颜色是冷色系的，面积也比较小，在上色的同时需要在茶几上添加冷色来进行呼应，以整体加强空间的环境色调，如图12-28所示。

图12-28

第7步　进行提亮。使用深色添加完以后，用高光笔进行提亮。特别是茶几的顶面是光滑的，要体现出其高反光的质感，可以在深色的基础上进行轮廓的高光提亮，如图12-29所示。

图12-29

知识点 4 新中式风格空间的色彩表现

新中式风格是现在设计行业中比较受欢迎的风格。新中式风格会把很多中式元素和现代元素搭配在一起，如图12-30所示。因此，在进行手绘表现时，应主要体现中式家具的特点和空间风格的氛围。

图12-30

图12-31所示是一个新中式风格的客厅空间，空间整体简洁、干净，家具的对称摆放体现了浓厚的中式风格。在进行手绘表现的时候，需要表现出素雅的特点和端庄、雅致的氛围。下面讲解新中式风格的色彩表现。

图12-31

第1步　完成线稿和初步上色。在绘制新中式风格的线稿时，可以用比较简洁的线条，不用表现出太多细节。根据实景照片的颜色上色，空间的整体色调很鲜明，可以用低纯度的暖灰色来表现，再逐渐把深色的地方加深，注意，浅色的地方留白，如图12-32所示。

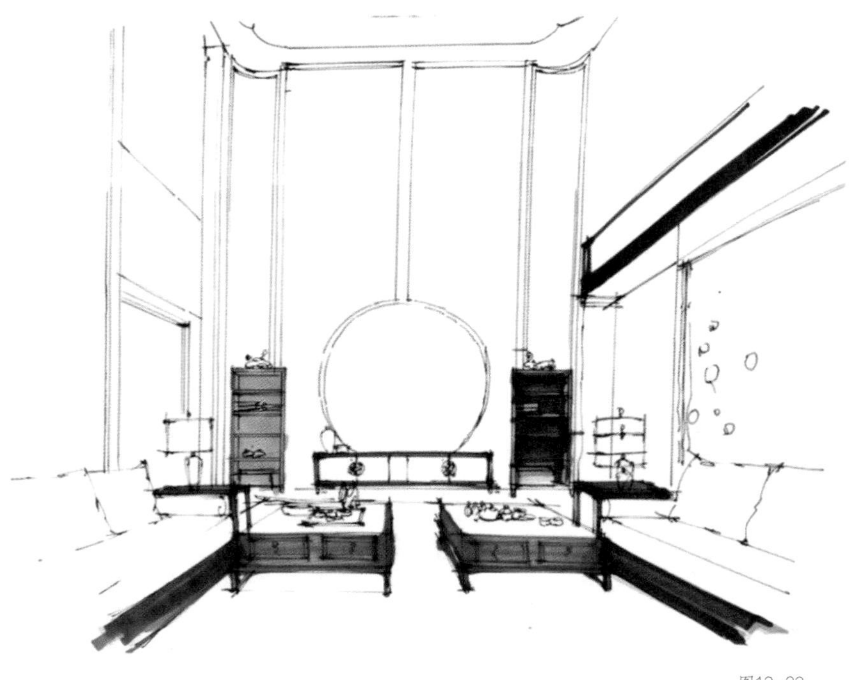

图12-32

第2步　加深深色的部分。根据实景照片的颜色，在深色部分，使用原木色和暖灰色加深，绘制时下笔力度要加大，如图12-33所示。

图12-33

第3步　添加地毯的颜色。地毯的材质是柔软的，可以选择暖灰色并结合点画的笔触效果来表现，不能画得太整齐，要表现出地毯的柔软，图12-34所示。

图12-34

第4步　添加电视背景墙的颜色。对于电视背景墙上的画，要用暖色系的浅灰色描绘，体现画中的柔和感，图12-35所示。

图12-35

第5步　调整细节。把深色的部分再加深，把浅色的部分用高光笔提亮，体现出细节，如图12-36所示。

图12-36

知识点 5 欧式古典风格空间的色彩表现

欧式风格空间的特点比较突出，整体奢华，细节较多，有强烈的西方古典风格，如图12-37所示。在绘制欧式空间时，需要在线稿中多体现一些家具和雕刻图案来强调欧式风格空间的特点。此处讲解使用色彩来表现欧式风格空间的方法。

图12-37

第1步 完成欧式风格空间的线稿，进行初步上色。在绘制线稿时，细节要丰富，对背景墙上的雕刻图案要重点表现，对家具上的细节使用近实远虚的方法来表现。在色彩表现上，要选择能体现奢华特点的颜色，选择中高纯度的颜色，如图12-38所示。

图12-38

第2步　搭配色彩。在实际工作中，色彩的搭配要根据客户的需求和设计师的设计方案来选择。在此处的欧式风格空间中用的是对比色的搭配，用紫色、红色搭配黄色。在绘制地毯时，先铺满红色，再结合紫色绘制出宽条纹，使颜色层次显得更丰富，如图12-39所示。

图12-39

第3步　添加地板的颜色。因为这个空间的地板是木质的，所以选择木色，根据透视方向，横向绘制，地板的光泽感可以用竖向线条来表现，如图12-40所示。

图12-40

第4步 调整细节。使用高光笔完善亮部的细节，在暗部的阴影区域加深颜色。到此，欧式风格空间的整体氛围就通过线稿的细节和色彩的纯度体现出来了，最终效果如图12-41所示。

图12-41

知识点 6 法式风格空间的色彩表现

法式风格空间的氛围特点是优雅、古典、纤细，如图12-42所示。在绘制法式风格空间的时候，不仅要注意线条的自然、流畅（可以多用曲线来表现），还应体现古典雕刻的细节。接下来，讲解使用色彩表现法式风格空间的方法。

图12-42

第1步　完成线稿的绘制，并初步上色。在绘制线稿时，要着重于细节的绘制，主要的家具也要着重绘制。根据法式风格空间浅色调的特点，用浅蓝色表现主要家具，如图12-43所示。

图12-43

第2步　这个搭配方案的整体色调偏蓝，可以选择深浅和纯度不一样的蓝色来上色，同时可以用不同的蓝色来区分背景和主要家具，如图12-44所示。

图12-44

第3步 用小面积的黄色结合平涂的方法来表现雕刻的细节，黄色和蓝色的结合在视觉上能形成颜色对比的效果，如图12-45所示。

图12-45

第4步 在空间暗部的阴影区域，小面积地加深颜色，用来对比空间的浅色，当绘制浅色的窗帘和床帘时，可以在皱褶的位置加入浅灰色来表现立体感，用高光笔完善亮部的细节，如图12-46所示。

图12-46

知识点 7 北欧现代风格空间的色彩表现

北欧现代风格空间的特点是温馨、设计感强、家具简约，并且整体以浅色为主，如图12-47所示。白色和原木色是空间的主要颜色，也会有小面积的装饰和点缀色。接下来，讲解使用色彩表现北欧现代风格空间的方法。

图12-47

第1步　确定实景照片，完成线稿绘制。图12-48所示是一个符合一点斜透视原理的北欧风格空间，空间的整体氛围温馨、舒适，家具以简约的布艺沙发和木质家具为主，还有几株植物做装饰。因此，在手绘线稿时，不仅需要营造简洁的空间造型，还需要表现布艺家具和植物的线条感，如图12-49所示。

图12-48

图12-49

第2步 选择低明度的绿色来表现沙发的颜色，运笔时需要控制力度。选择浅木色来表现桌子的颜色，笔触要有力度，如图12-50所示。

图12-50

第3步 选择深木色以加深桌子的颜色。在这个空间里茶几具有比较深的颜色，可以直接用深灰色来表现，如图12-51所示。

图12-51

第4步 北欧风格的特点是比较清新，可以选择明度和纯度都较高的颜色来表现，如图12-52所示。

图12-52

第5步 因为实景照片中的墙面是白色的，所以不用上色。对深色的地方需要继续加深，再添加装饰品的颜色。为了表现北欧风格空间，要注重装饰品的颜色搭配，如图12-53所示。

图12-53

第6步 使用高光笔完善细节，对阴影区域要加深颜色，为了体现整体的浅色调，需要使用深色的阴影来衬托。到此，北欧风格空间的色彩表现就完成了，最终效果如图12-54所示。

图12-54

作业

根据现代风格空间的实景图（见图12-55）进行手绘线稿和色彩的空间表现。要求：构图完整，透视准确，线条流畅；整体色调符合空间的特点，颜色层次明确。

图12-55

第 13 课

平面布置图的手绘表现方法

在整个室内设计工作中，手绘图的类型可分为空间透视图和平面布置图。这两种类型的手绘图有着密切的联系，绘制这两种图是设计师的重要技能。空间透视图的绘制已经在第6课重点讲过，本课将讲解平面布置图的手绘表现方法。

平面布置图主要用于展示平面布局和空间整体方案设计，如图13-1所示。平面布置图通常在绘制透视图的前一步完成，也就是说，要先确定平面布置的方案，再进行透视空间的设计。

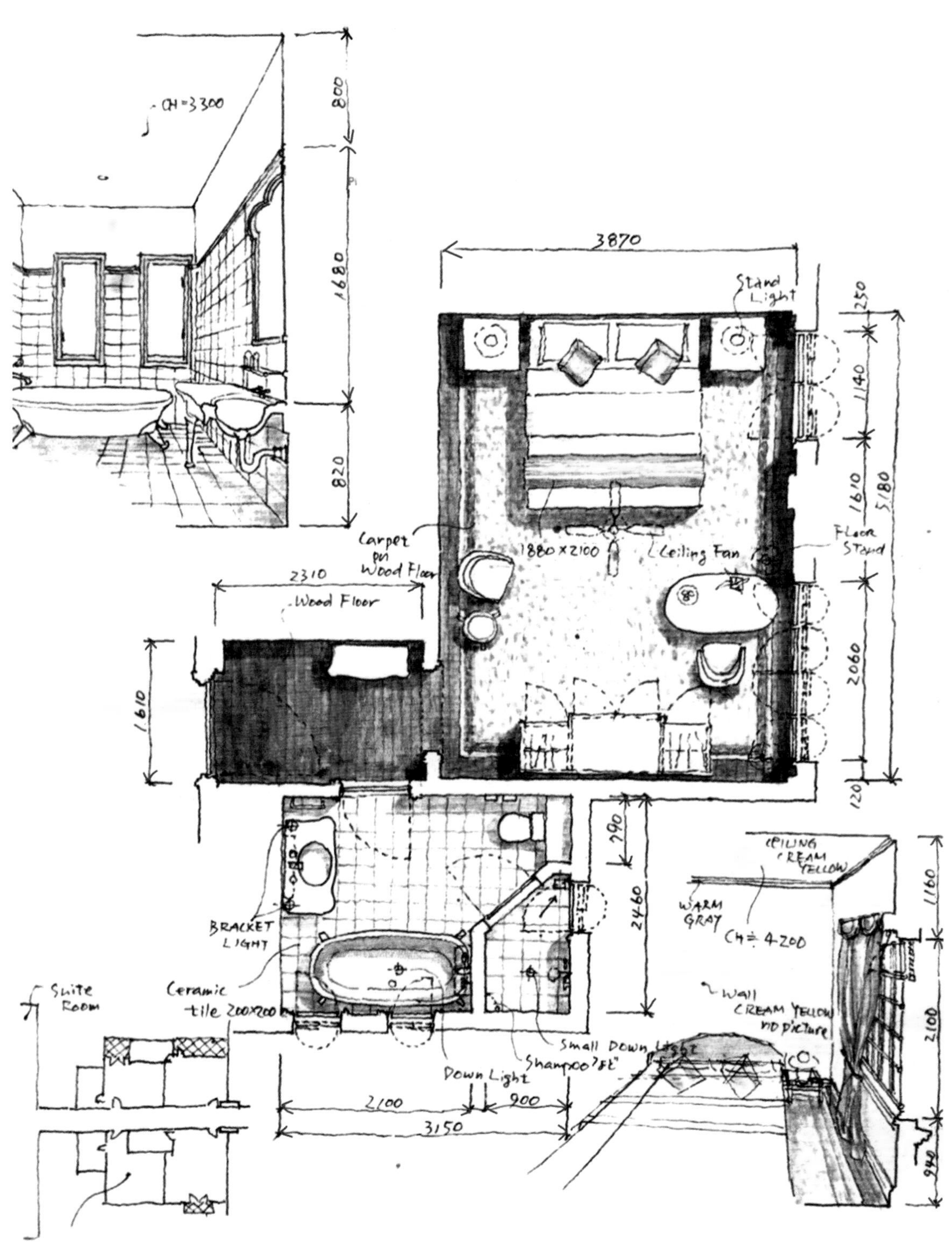

图13-1

平面布置图是每个室内设计师都需要掌握的手绘图类型。它的表现方法有很多，有的设计师会用计算机制图，有的设计师会进行现场手绘表现，如图13-2所示。手绘表现不太限制场地与时间，是一种比较灵活的方式。

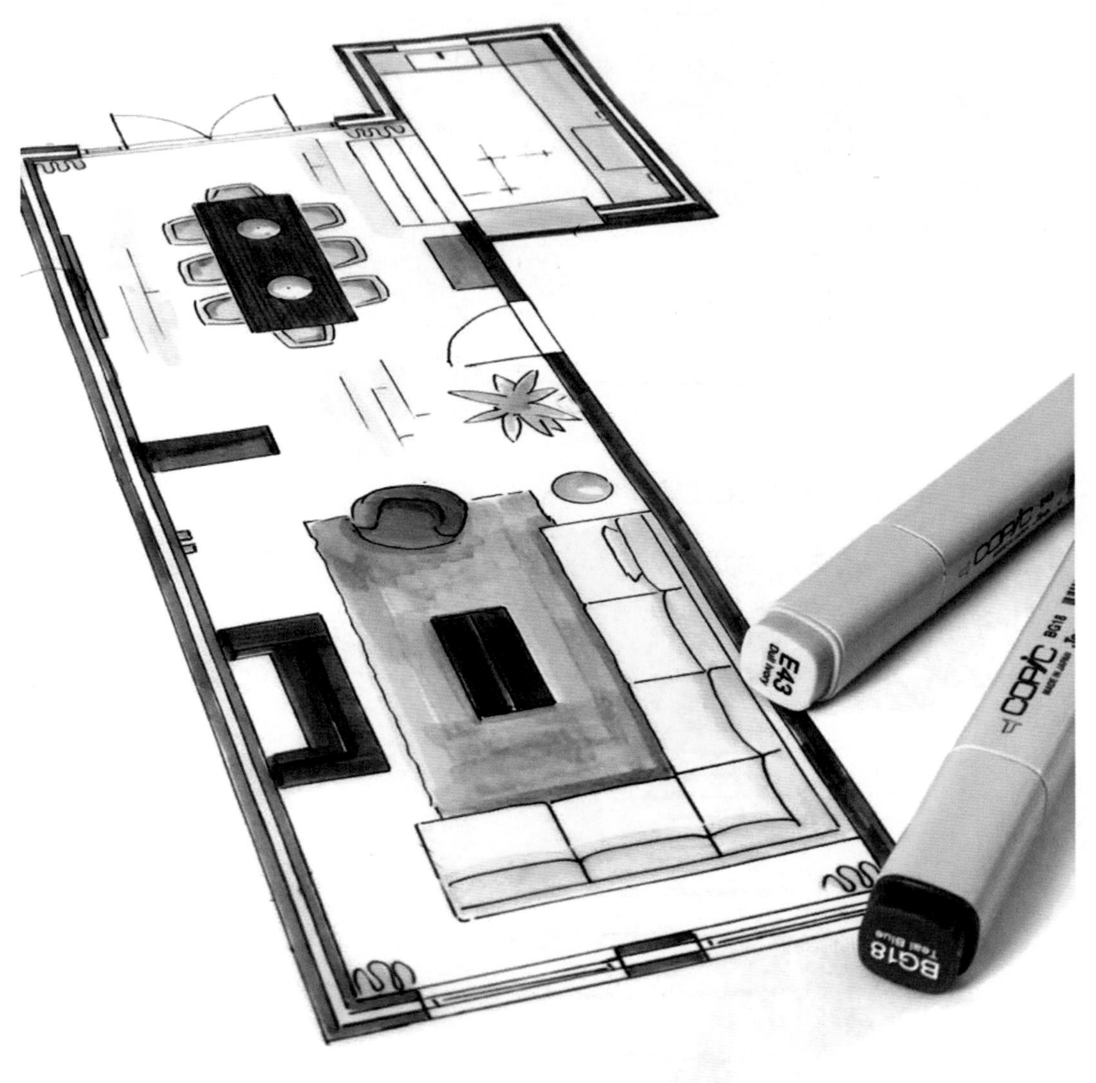

图13-2

第1节 平面布置图绘制基础

刚开始绘制平面布置图时，需要掌握其绘图方法和技巧，包括对比例的把握、家具的平面画法、植物的平面画法等。掌握这些方法和技巧以后，就可以开始画小户型的平面布置图，如图13-3所示。等熟练之后，再画大面积的平面布置图和工装的平面布置图等。

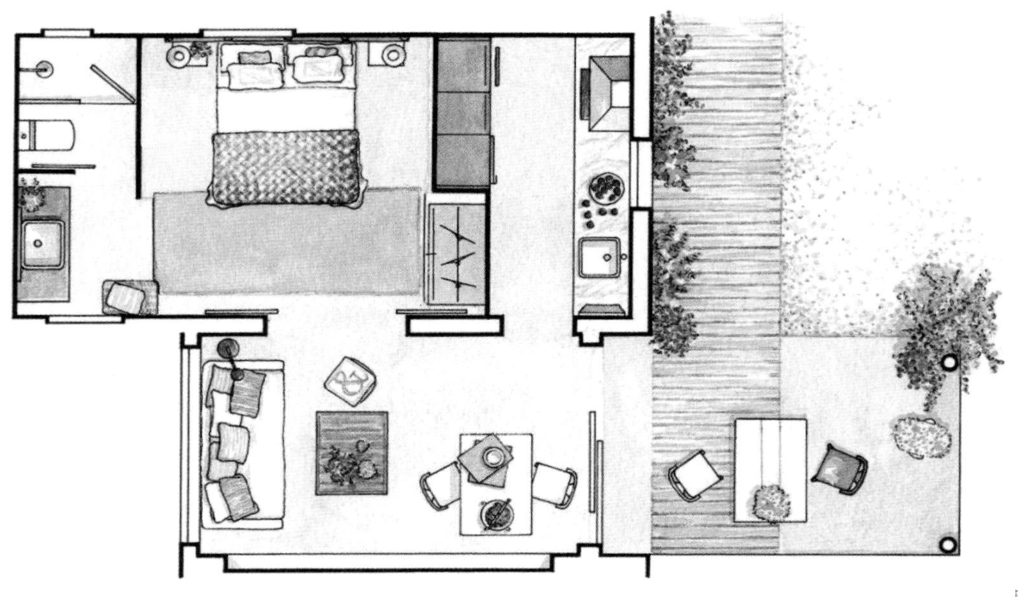

图13-3

知识点 1 平面布置图线条比例

线条比例是平面布置图的基础，因为平面布置图都是二维的，画的时候线条大多是横平竖直的，所以应主要把握线条之间的比例，如图13-4所示。

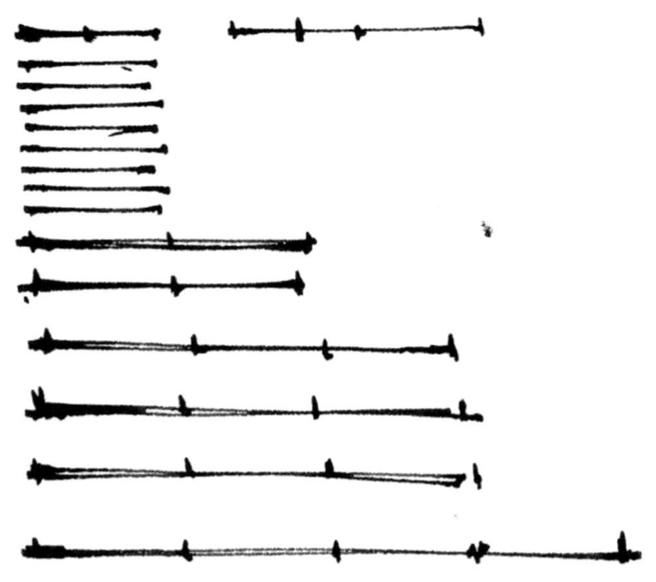

图13-4

要把握线条的比例，有以下几种练习方法。

- 进行绘制长短线条的练习。先进行横向线条的绘制练习，画一段2 cm左右的线条，然后重复地画大致一样长的线条，如图13-5所示，以提升对线条长短的控制能力。

图13-5

· 如果对线条的长短控制不好，可以先画一个几何图形，再在几何图形里进行线条排列的练习，如图13-6所示。

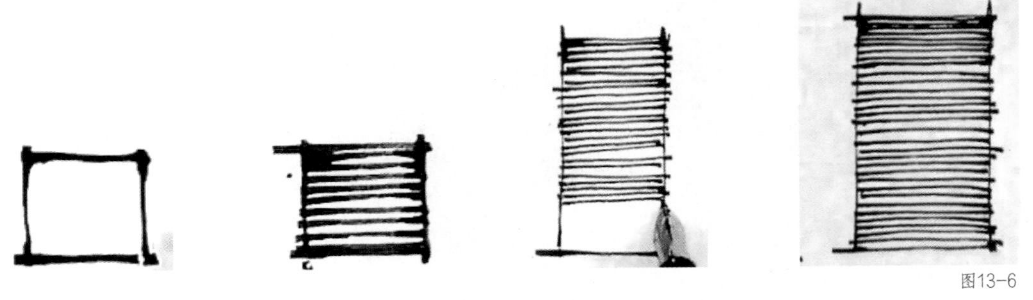

图13-6

· 较短的线条绘制练习完成后，就能画长一点的线条了。如果觉得长线条不好控制，可以把长线条分成两段来画，这也是在进行排列的练习；更长的线条可以分成3段来画，如图13-7所示。

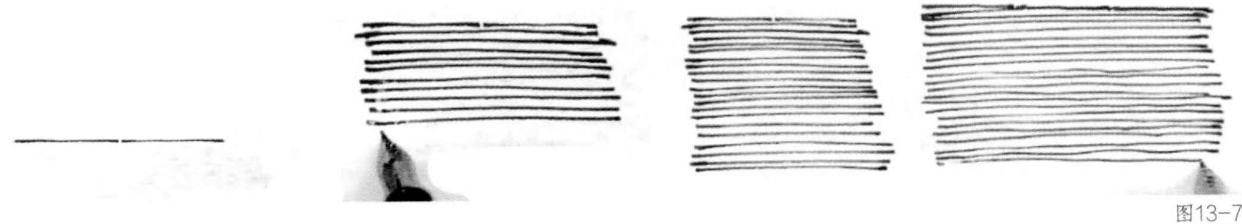

图13-7

· 横向线条绘制练习完成以后，再进行竖向线条的绘制练习，方法是类似的，先从短的线条开始。画竖向线条的时候，把笔放到右侧，更容易看清线条的长度，如图13-8所示。

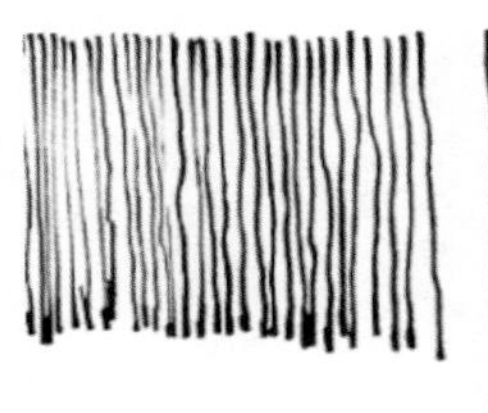

图13-8

· 进行过横向线条、竖向线条绘制练习后，就能开始进行其他方向的线条的绘制练习。如果根据一点透视原理来画线条，那么长的和短的线条绘制都可以练习，如图13-9所示。

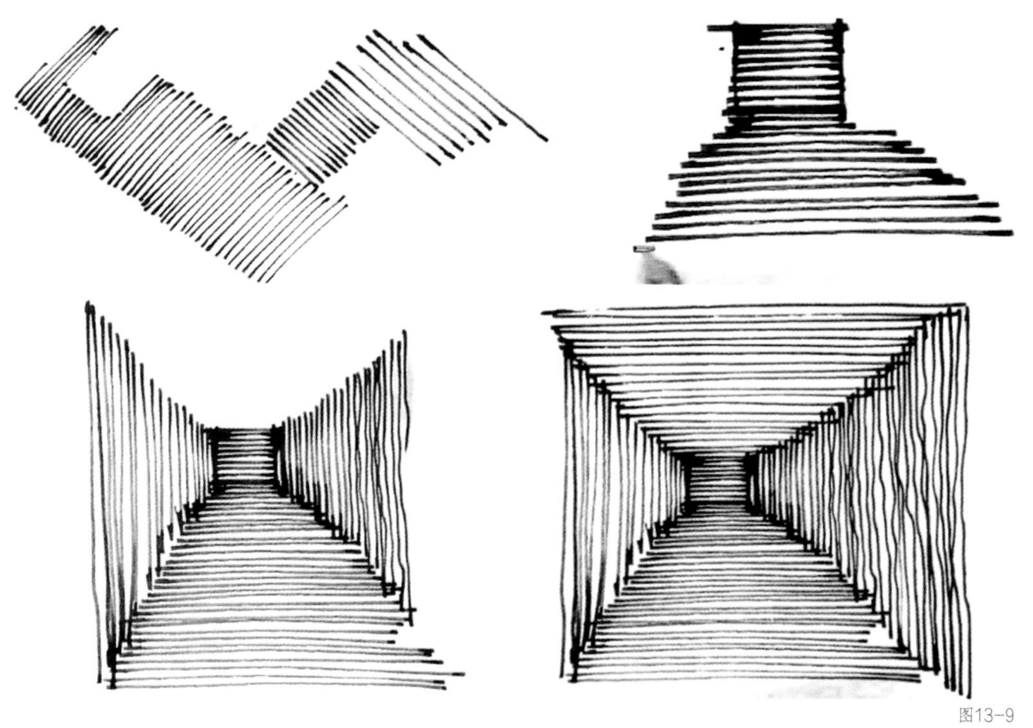

图13-9

知识点 2 几何图形比例

在熟练掌握长短线条的画法后，可以开始进行几何图形的绘制练习。如图13-10所示，先绘制正方形，绘制时要把每个正方形画得准确；正方形绘制练习完成以后，再进行长方形的绘制。

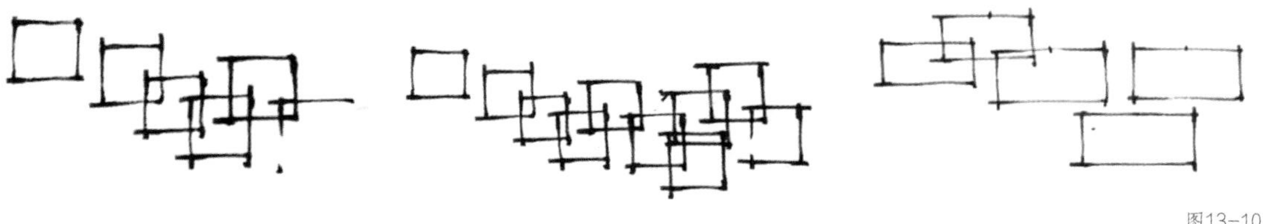

图13-10

在熟练掌握小的几何图形的画法后，可以进行较大面积的平面绘制练习。如图13-11所示，要画出长短不一的线条来组成一个大的不规则的几何图形，可以自行定义线条的长短。

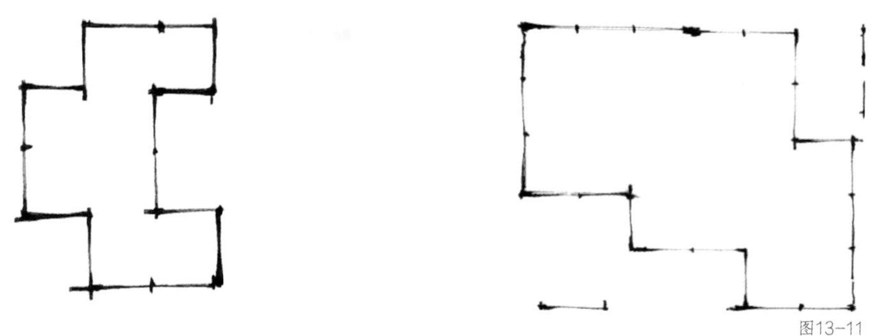

图13-11

掌握好几何图形的比例不仅对绘制画家具和空间的平面布置图有很大的帮助，还能增强个人的控笔能力和对比例的控制能力。

第2节 家具平面布置图绘制

平面布置图中的所有物体都以平面的形式来展示，其中平面的家具用来表示具体的功能分区。在平面布置图中绘制家具需要注意家具在平面图中的尺寸和家具的功能，因此，在画的时候不仅需要比例准确，还需要画出不同家具的特点，如图13-12所示。

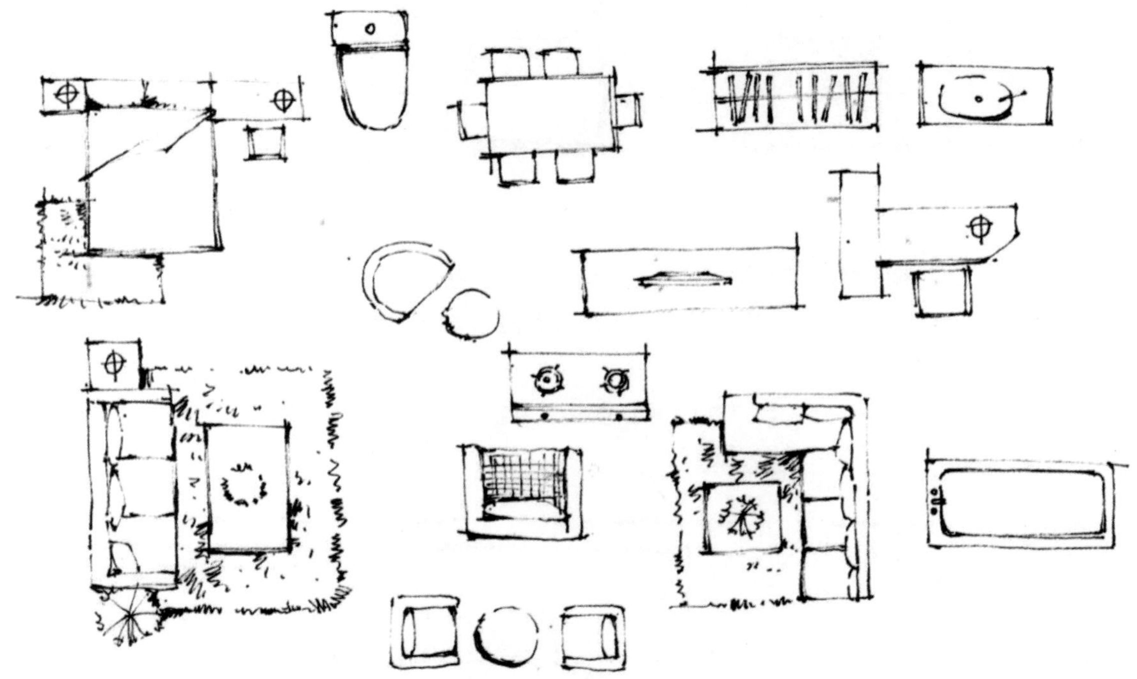

图13-12

知识点 1 家具的平面绘制

家具的平面绘制是绘制平面布置图的基础，此处先从简单的家具（比如椅子）的平面绘制开始介绍。首先，要知道一把椅子的真实尺寸，通常椅子的平面尺寸是0.5 m×0.5 m，可以画出一个正方形来表示椅子，再表现椅子的材质或造型的特点。接下来，讲解椅子平面的不同绘制方法。

1. 画常见的餐椅

先画一条横向线条，假设画了0.5 m，然后画一样长的竖向线，再画一个长方形来代表椅子的靠背，如图13-13所示。

图13-13

2. 画带有扶手的沙发

第1步　在画之前假设沙发宽度为0.8 m，画出一条横向线条以表示0.8 m的长度，再画一样长的竖向线条，如图13-14所示。

图13-14

第2步　根据沙发的结构，画出沙发的扶手和靠垫，画一个或者两个靠垫都可以，如图13-15所示。

第3步　假设光源在沙发的左侧，先用线条画出沙发上的投影，体现出立体的效果，再加上一些不规则的线条排列来体现沙发的材质，如图13-16所示。

图13-15

图13-16

3. 画双人沙发

第1步　双人沙发的平面绘制方法也是类似的。先画一条线以确定家具的尺寸，假设双人沙发长1.6 m，宽0.8 m，在画的时候要注意线条的比例，横向线条的长度是竖向线条的两倍，如图13-17所示。

第2步　画出双人沙发的扶手和沙发的靠垫，在画的时候线条可以柔和一些，可以绘制曲线来体现材质的特点，如图13-18所示。

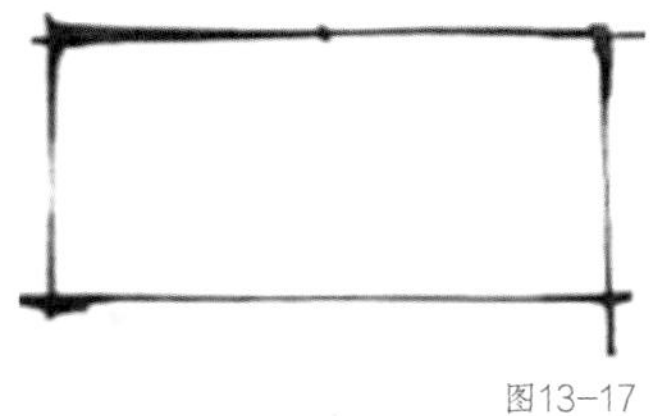

图13-17

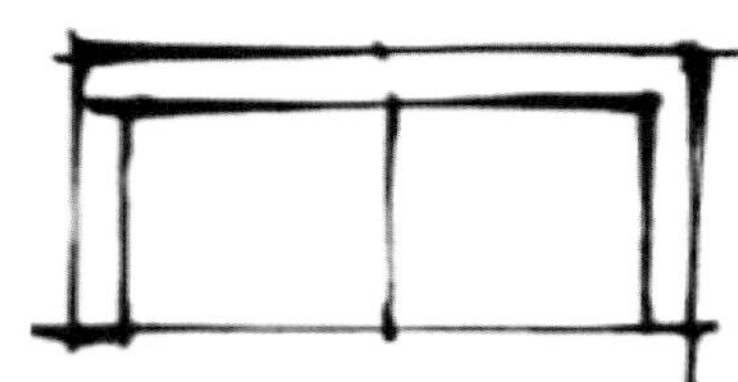

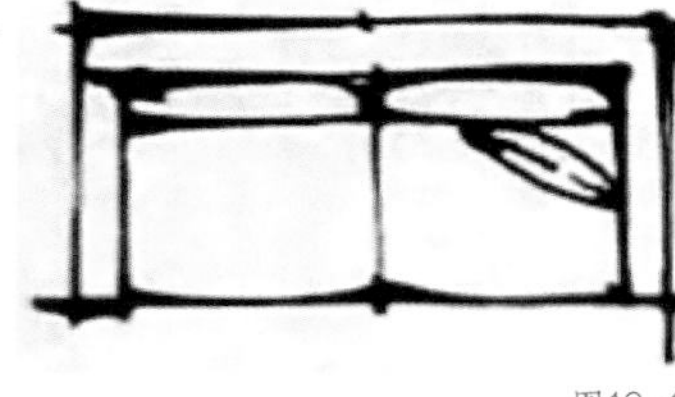

图13-18

知识点 2 家具组合的平面绘制

在进行家具组合的平面绘制时，需要考虑不同家具之间的比例关系。根据第一条线，确定其他线条的长度；根据第一件家具，确定其他家具的大小。此处以卧室空间为例，画出其家具组合平面图的方法如下。

第1步　按照床的真实尺寸来把握比例关系。先画出床的宽度（1.8 m），再画出床的长度（2 m），竖向线条比横向线条稍长，如图13-19所示。

第2步　根据床的结构，画出床头板的厚度和靠垫、床上用品的陈设，如图13-20所示。这个部分不是固定的，可以根据需要的设计风格来画，现代风格的可以画得简约一些，古典风格的则可以画得复杂一些。

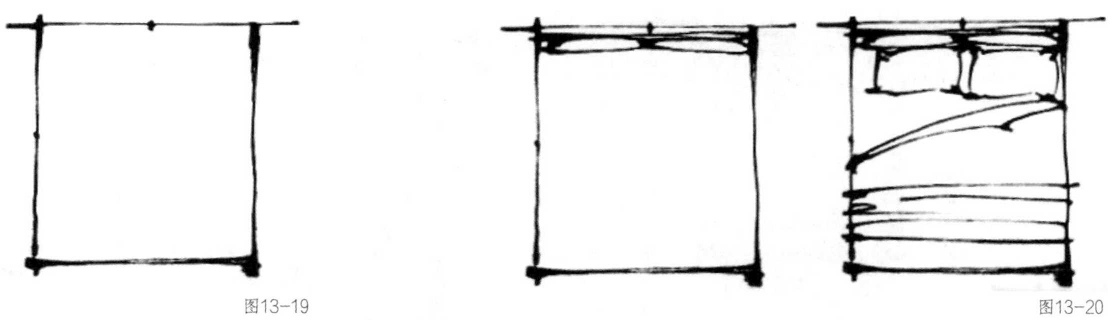

图13-19　　图13-20

第3步　根据床的大小，画出床头柜和床尾凳等。如果床的长度是2 m，那么床头柜的长度大约是0.45 m，宽度大约是0.5米，在平面图中绘制出床头柜的竖向线条，大约是床长度的1/4。床尾凳根据床的横向尺寸来画，地毯的大小和比例则根据空间的大小与家具组合的大小来确定，这些并不是绝对的，可以根据需求或风格进行调整。在地毯的边缘可以画一些短线来体现其材质，如图13-21所示。

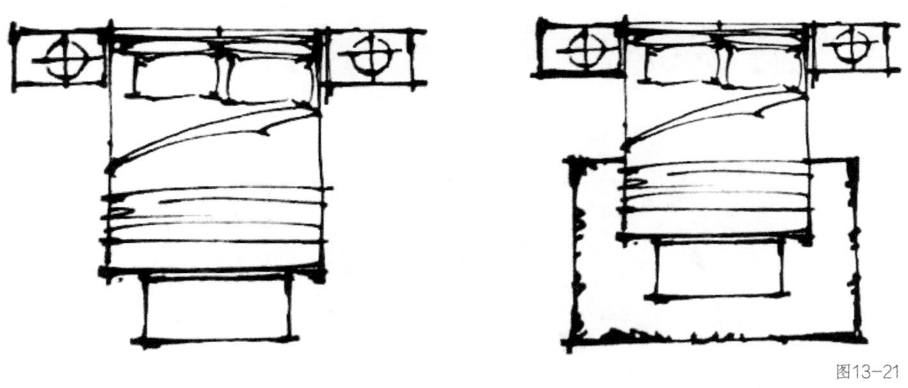

图13-21

第4步　表现光影效果。根据光线的方向，加重背光面的线条以体现光影效果和立体感；在布艺材质的侧面，也可以绘制一些线条来体现其材质；在靠垫上加一些图案或细节，会使画面更生动，如图13-22所示。

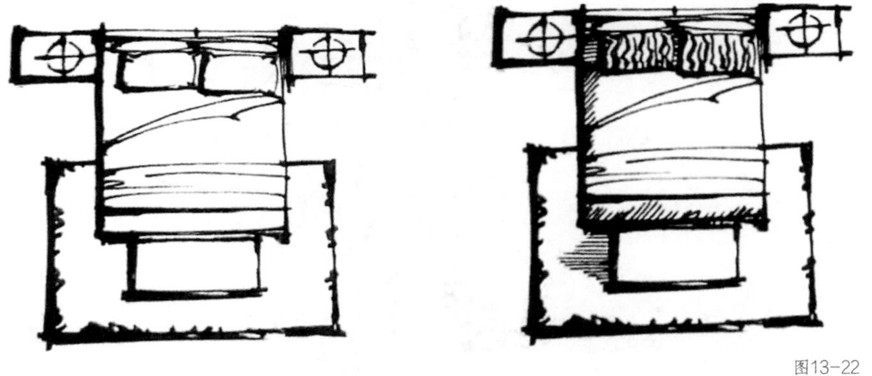

图13-22

第5步　绘制细节。在床尾凳上画出带曲线的格子，表现出软包的质感。在地毯上加一些图案，在背光面用横向线条进行排列以体现整体的投影关系，最终效果如图13-23所示。

图13-23

在画平面布置图之前，大家可以按照以上方法去练习不同家具的平面绘制方法，如图13-24所示。积累了丰富的经验以后，在进行设计工作的时候才能得心应手。

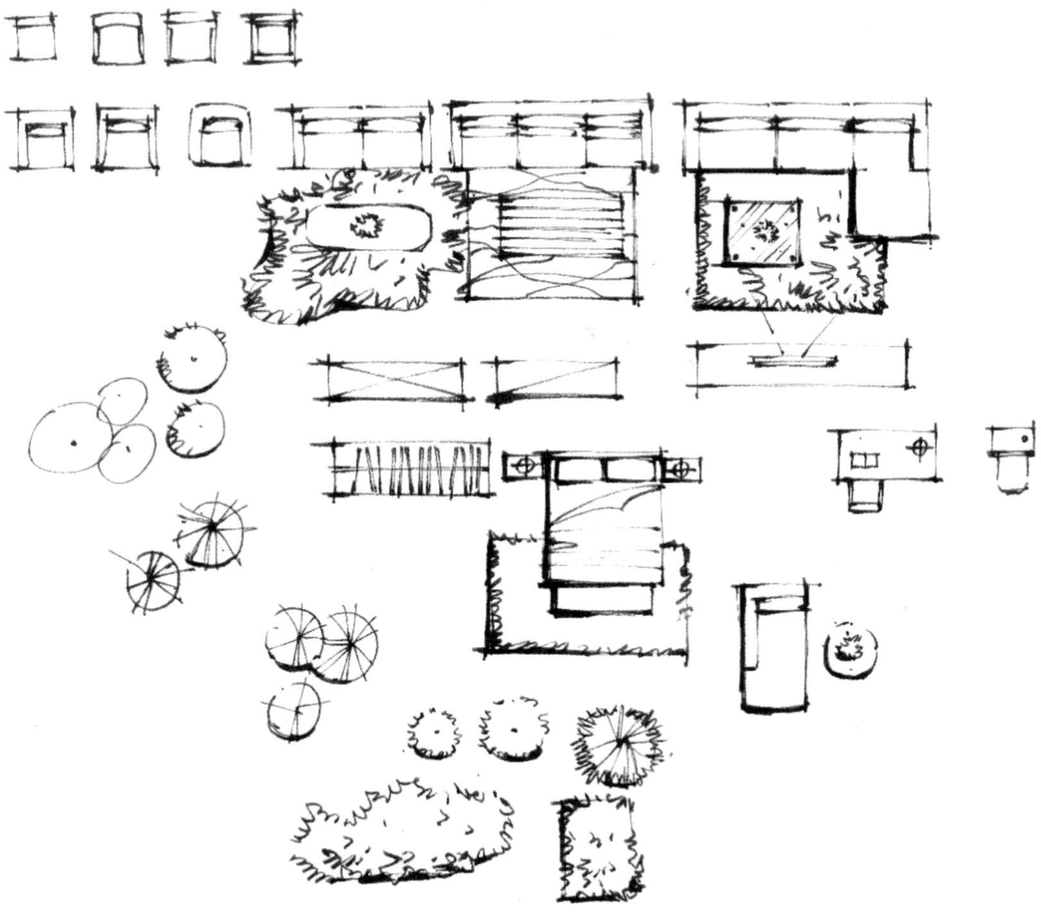

图13-24

另外，还有植物的平面绘制，其线条排列和立体的植物画法是类似的，只不过是以平面的形式来表现的，如图13-25所示。

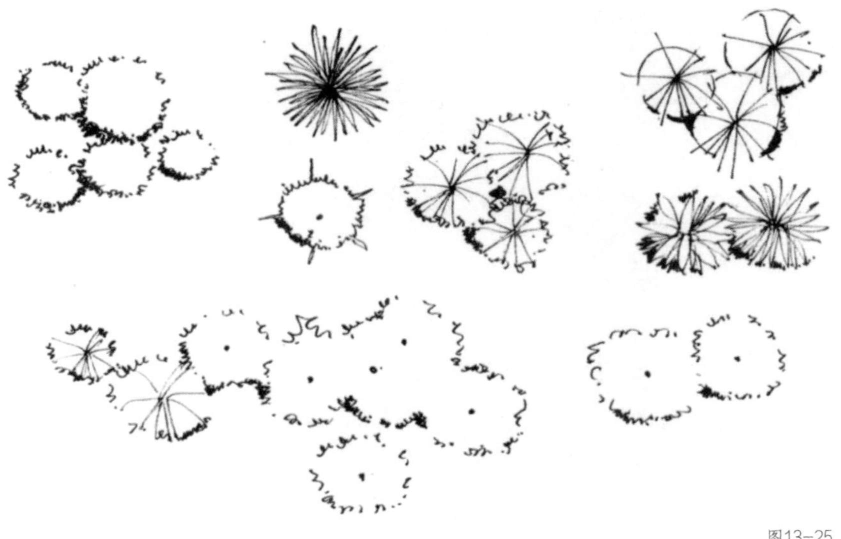

图13-25

第3节 卧室平面布置图绘制

在刚开始画平面布置图时，可以先从卧室入手，小卧室在比例上更好把握，如图13-26所示。绘制一个空间的平面布置图需要考虑很多的比例关系，包括家具的比例、空间的比例等。在学习的前期可以先进行临摹练习，掌握基础技法以后，再在绘制过程中融入自己的设计方案与想法。

图13-26

知识点 1 卧室平面布置图的分析与草图绘制

图13-27

在画平面布置图之前，可以进行分析与草图绘制练习。先了解卧室的大小和整体布置，具体包括空间里家具的数量和大致的比例及尺寸等。接下来，简单讲解卧室平面布置图的草图绘制方法。

第1步　绘制一个几何图形，长度比宽度稍长即可，如图13-27所示。

第2步　按照空间的真实尺寸，对线条进行大致平均分段，以对空间整体的比例有大致的把握，如图13-28所示。

第3步　按照分好的段数，进行空间规划和家具绘制。如果每段的长度是1 m，床的宽度是1.5 m，那么绘制的时候床宽占1格半，如图13-29所示。

第4步　根据空间的尺寸，把所有要摆放的家具都以简单几何图形的方式画出来，体现出家具的大概位置，如图13-30所示，这样就可以顺利梳理空间的规划、功能分区，加强对比例的把握。

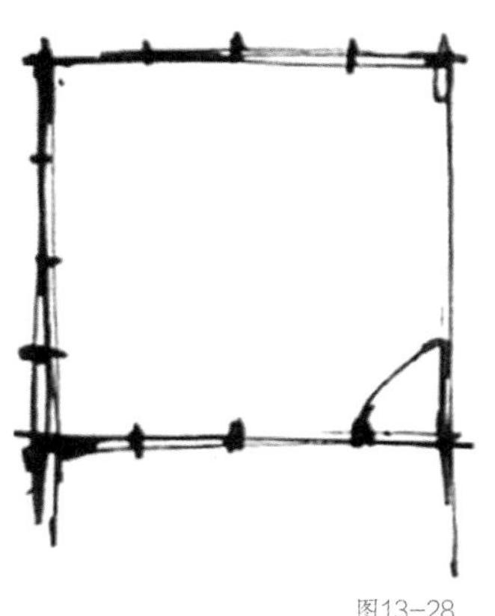
图13-28

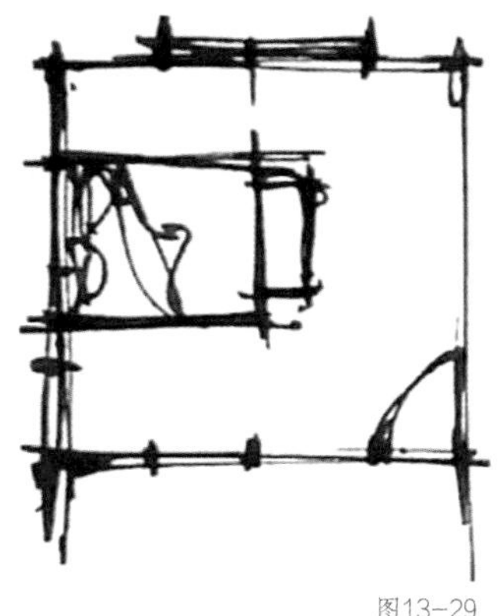
图13-29

图13-30

知识点 2 卧室平面布置图的绘制方法

草图完成以后就可以绘制比较清楚的平面布置图了。根据工作的需求，可以绘制不同的平面布置图，可以简单一些，也可以深入一些。有了草图的绘制基础，对空间整体比例的把握会更准确。下面是卧室平面布置图的绘制方法。

第1步　在A4纸上画一条横向线条，平均分成4段，假设这条线的总长度是4 m，那么每一段的长度为1 m，如图13-31所示。

图13-31

第2步　画出竖向线条，其长度可以与横向线条的一样，如图13-32所示，如果想画长，就增加1 m。

第3步　加上窗户和门的位置，图13-33所示。具体的方案需要根据窗户和门的位置来进行设计。

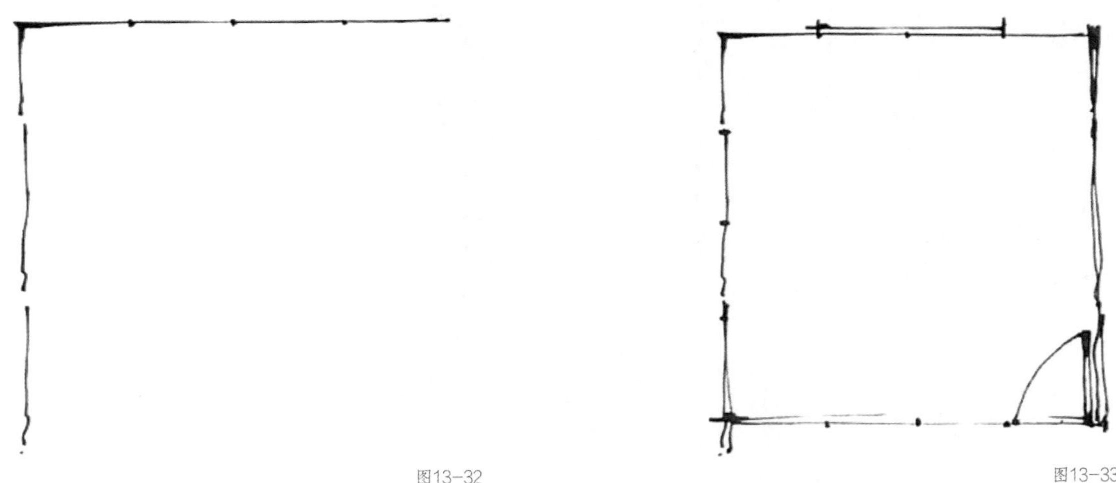

图13-32　　图13-33

第4步　根据墙体的尺寸，确定家具的尺寸。如果要画一张1.5 m×2 m的床，就根据线条的分段来衡量出长度，如图13-34所示。

第5步　按照同样的方法，绘制空间中的其他家具，如图13-35所示。注意，在实际的工作中，要先和客户沟通家具的摆放位置，了解客户的需求，然后进行整体的规划。

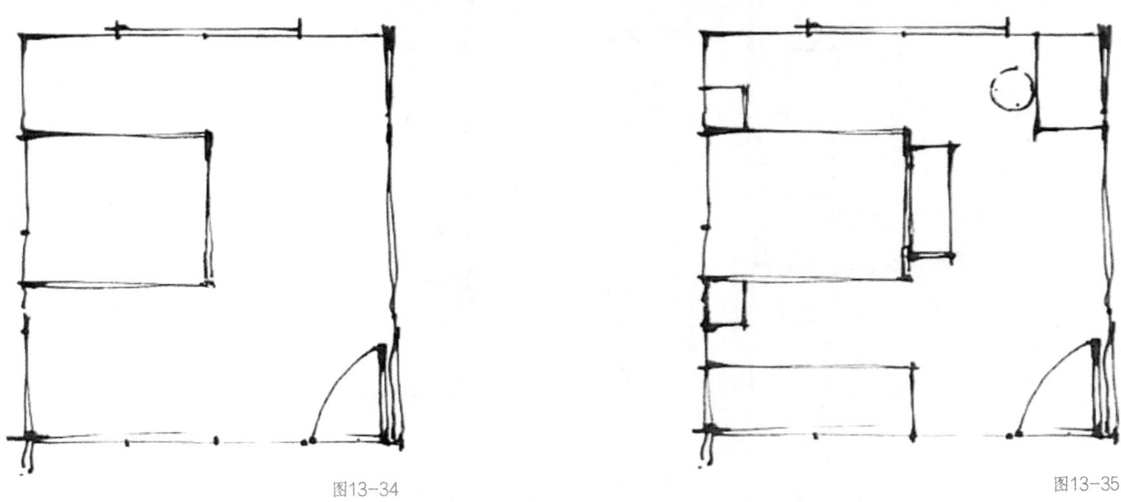

图13-34　　图13-35

第6步　在家具上画一些可以表现家具特点和材质的线条，表示家具的功能，图13-36所示。

第7步　根据光线的方向，在家具的背光面绘制投影，体现家具的立体感，并补充细节，如图13-37所示。

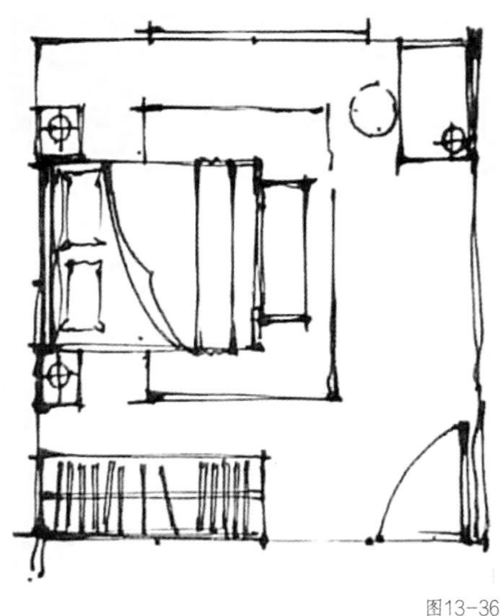
图13-36

图13-37

第8步　表现出地面的木地板材质，画的时候要注意家具和木地板之间的比例，如图13-38所示。

第9步　绘制背光面阴影区域的细节，如图13-39所示。根据绘图需要，这一步能加强整体的空间感。

图13-38

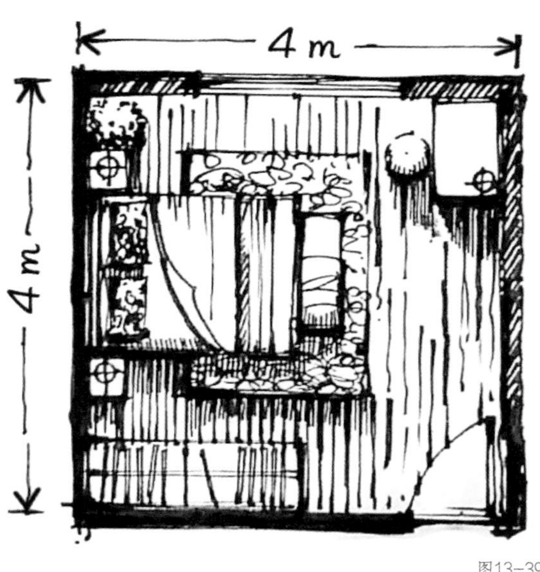

图13-39

以上是卧室平面布置图的绘制方法。若在实际工作中接触到不同房间的平面布置图，可以根据以上方法来进行绘制。

第4节 平面布置图的色彩表现

除了能以线稿的形式表现外，还能结合色彩来表现平面布置图。有色彩的平面布置图在视觉上给人更丰富的感觉，可以更好地进行功能和空间的划分，如图13-40所示。

图13-40

知识点1 平面布置图的线稿绘制

平面布置图的比例是非常重要的，整个构图和每个空间的比例都要经过认真估算。只有空间的比例准确，才能根据墙体的长度来绘制家具。在前期可以多进行草图尺寸、比例的分析，等熟练掌握了，再开始绘制。下面是平面布置图线稿绘制的方法。

第1步 选择一张CAD（Computer Aided Design，计算机辅助设计）图纸的平面布置图，如图13-41所示。观察这张图的整体空间尺寸和平面图大小。

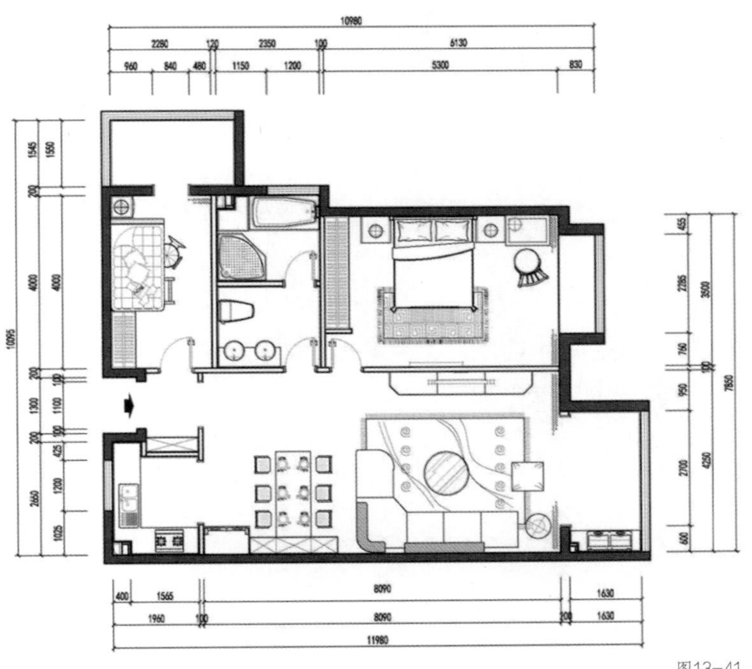

图13-41

第2步　从左往右画，这里从左上角的小卧室开始画。先画草图，根据草图来分析比例，然后画小卧室的墙线，如图13-42所示。

第3步　先画出第一个房间，然后根据第一个房间的比例来绘制别的房间，如图13-43和图13-44所示。

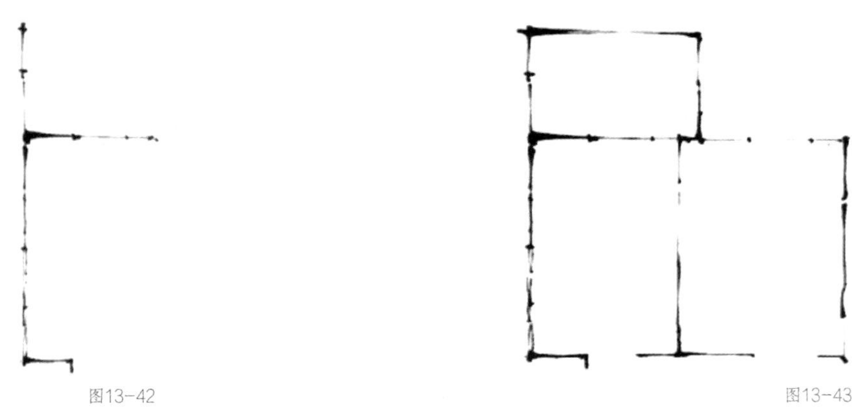

图13-42　　图13-43

第4步　完成整个空间的平面尺寸的绘制，再根据房间的尺寸、比例来绘制家具。绘制家具也可以先从左上角的小卧室开始，根据墙体线的长度，确定家具的大小，如图13-45所示。

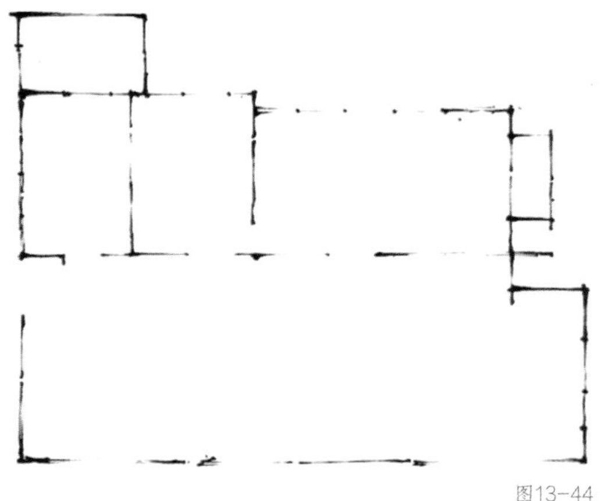

图13-44

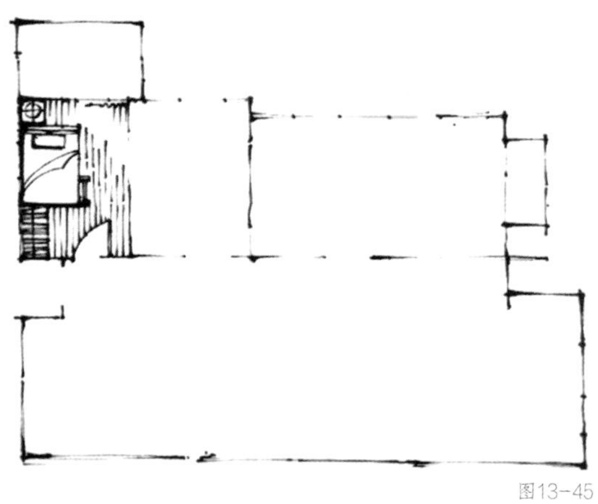

图13-45

第5步　画卧室空间的家具，画的时候，根据每个空间的墙体尺寸，把握比例，如图13-46所示。

第6步　完成每个小空间的绘制，组合起来就是整个两居室套房的平面布置图，如图13-47所示。图13-48是上色之后的效果。

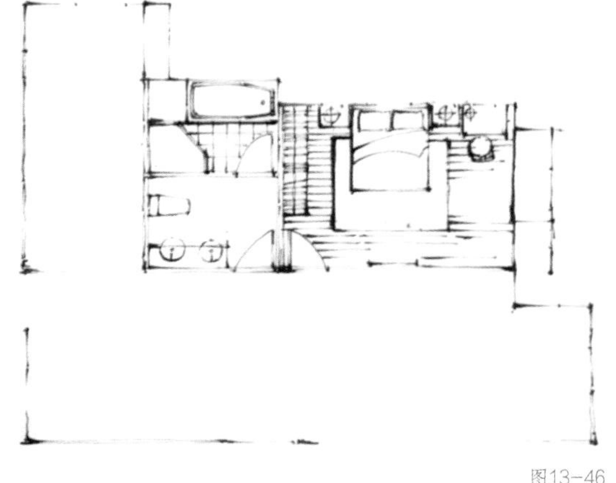

图13-46

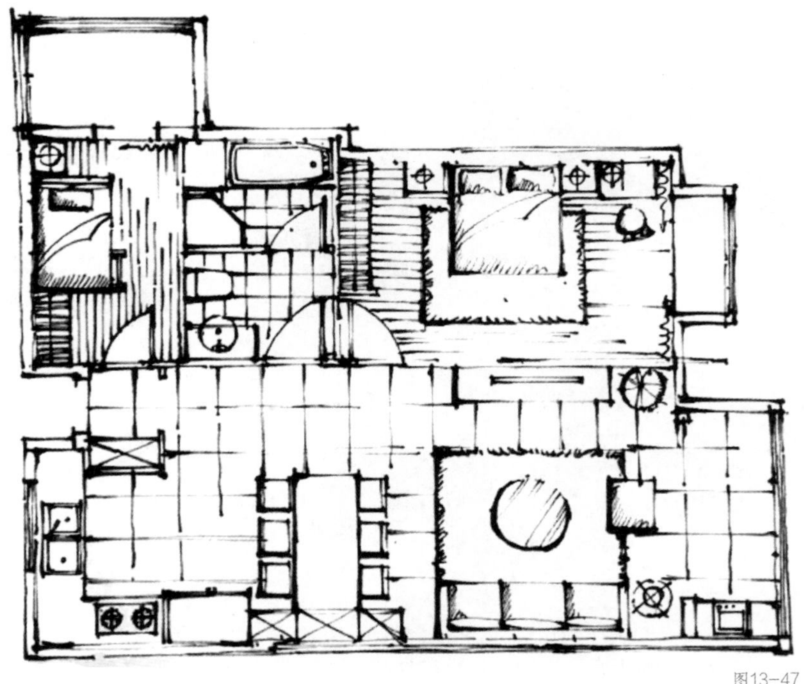

图13-47

图13-48

知识点 2 平面布置图的色彩表现

在给大面积的平面布置图上色前，可以学习小家具、植物和家具组合的色彩表现方法。图13-49展示的是植物的色彩表现，在给平面布置图中的植物上色时可以运用点画的方法，笔触柔和过渡，表现出简单的光影来增强植物的质感。

图13-49

在给家具的平面和立面上色时，笔触要有过渡，或者运用叠加颜色的技法，来表现家具的体积感，避免其显得单薄，如图13-50所示。对家具组合也可以使用同样的方法，注意不同家具颜色的搭配。

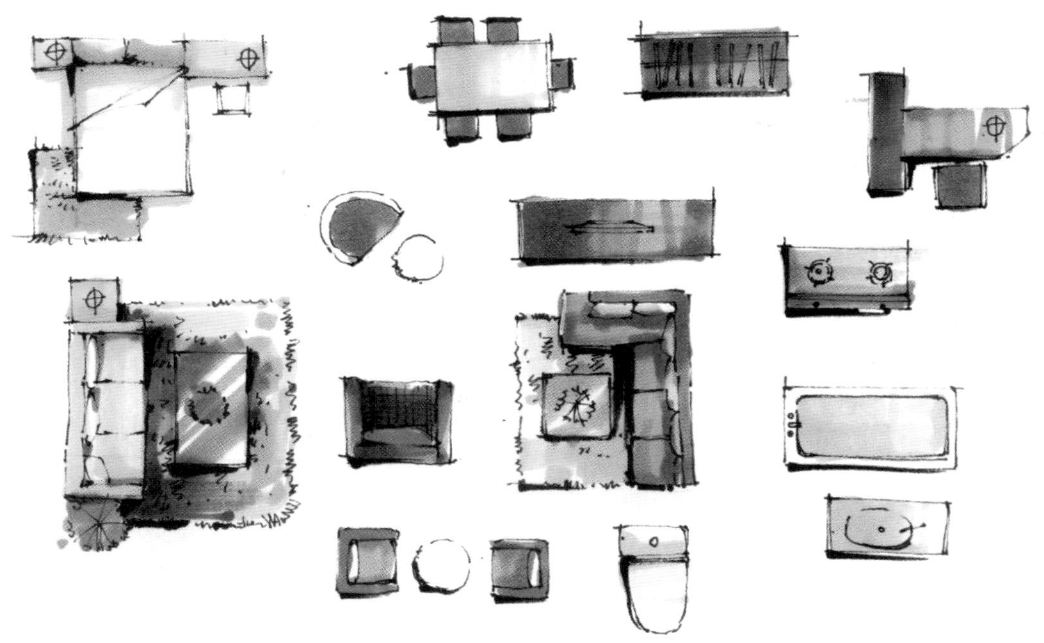

图13-50

在掌握了家具平面布置图的色彩表现之后，就可以从小空间开始进行线稿到色彩的表现。因为小空间的颜色一般比较少，所以难度会小一点。下面讲解平面布置图从线稿到色彩的表现方法。

第1步 按照尺寸、比例，绘制空间的整体结构，如图13-51所示。

图13-51

第2步 在平面布置图上做整体规划，并绘制空间和单件家具，如图13-52所示。

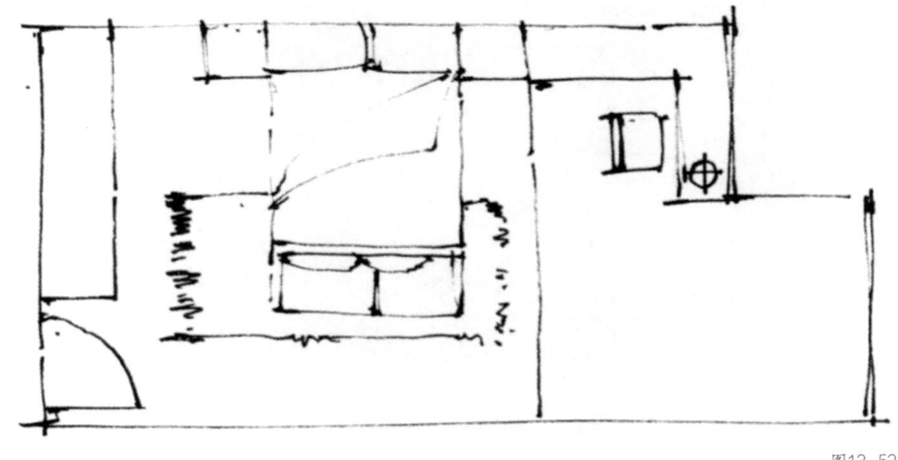

图13-52

第3步 根据设计的需求，表现地面的材质，如图13-53所示。

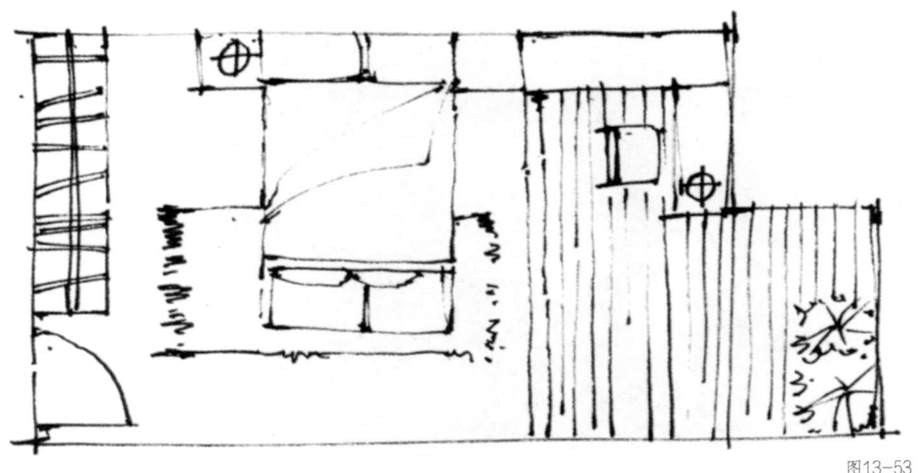

图13-53

第4步　绘制空间的墙体结构，如图13-54所示。

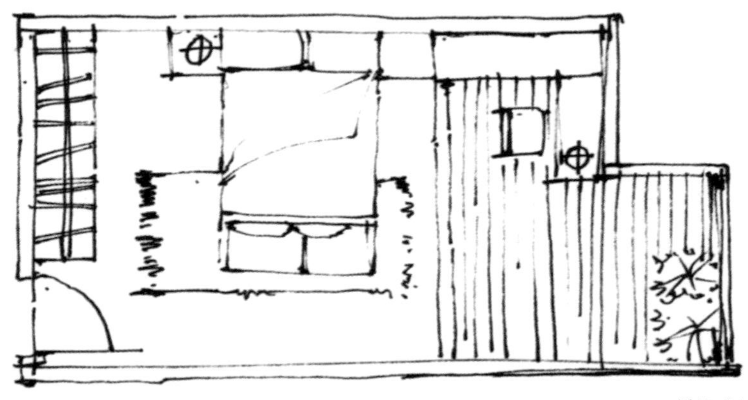

图13-54

第5步　添加地面材质等的颜色，颜色可以有深浅的变化，同时要考虑将其与家具的颜色形成对比，如图13-55所示。

图13-55

第6步　根据地面的颜色，给家具等上色，两者之间要产生明度的对比或纯度的对比，这样可以体现出颜色的层次，突出家具的位置，更直观地展示出空间的整体布置与规划。最终效果如图13-56所示。

图13-56

当学会小户型套房的色彩表现后，就可以尝试大户型套房的色彩表现了。因为大户型套房的面积大，所以在色彩上会有更多的选择，但是要注意色调的统一。下面讲解大户型套房的色彩表现方法。

第1步 选择一个大户型套房线稿，进行色彩表现。从卧室开始，虽然平面布置图的颜色没有太多的限制，但是要尽量选择纯度较低的颜色，运用平涂的技法。添加木地板的颜色，这里先用97号马克笔进行平涂，再用96号马克笔加深地板的暗面，亮面的位置可以适当留白以表现光照，再用WG3号马克笔绘制床的背光面，表现出立体感，如图13-57所示。

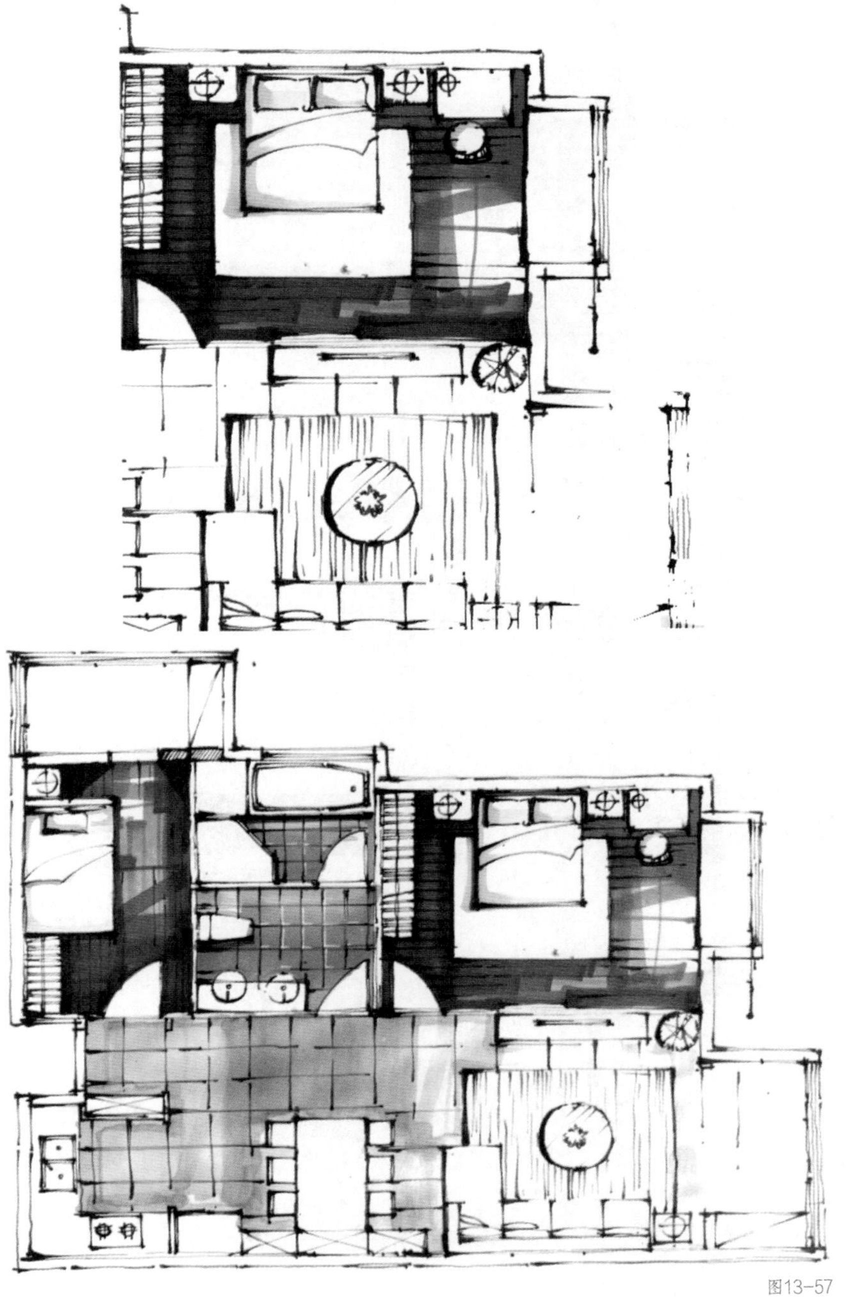

图13-57

第2步　给卫生间上色，用WG3号马克笔直接平涂卫生间的地面，对家具边缘可以多涂两遍，以加深颜色，体现出投影的效果，如图13-58所示。

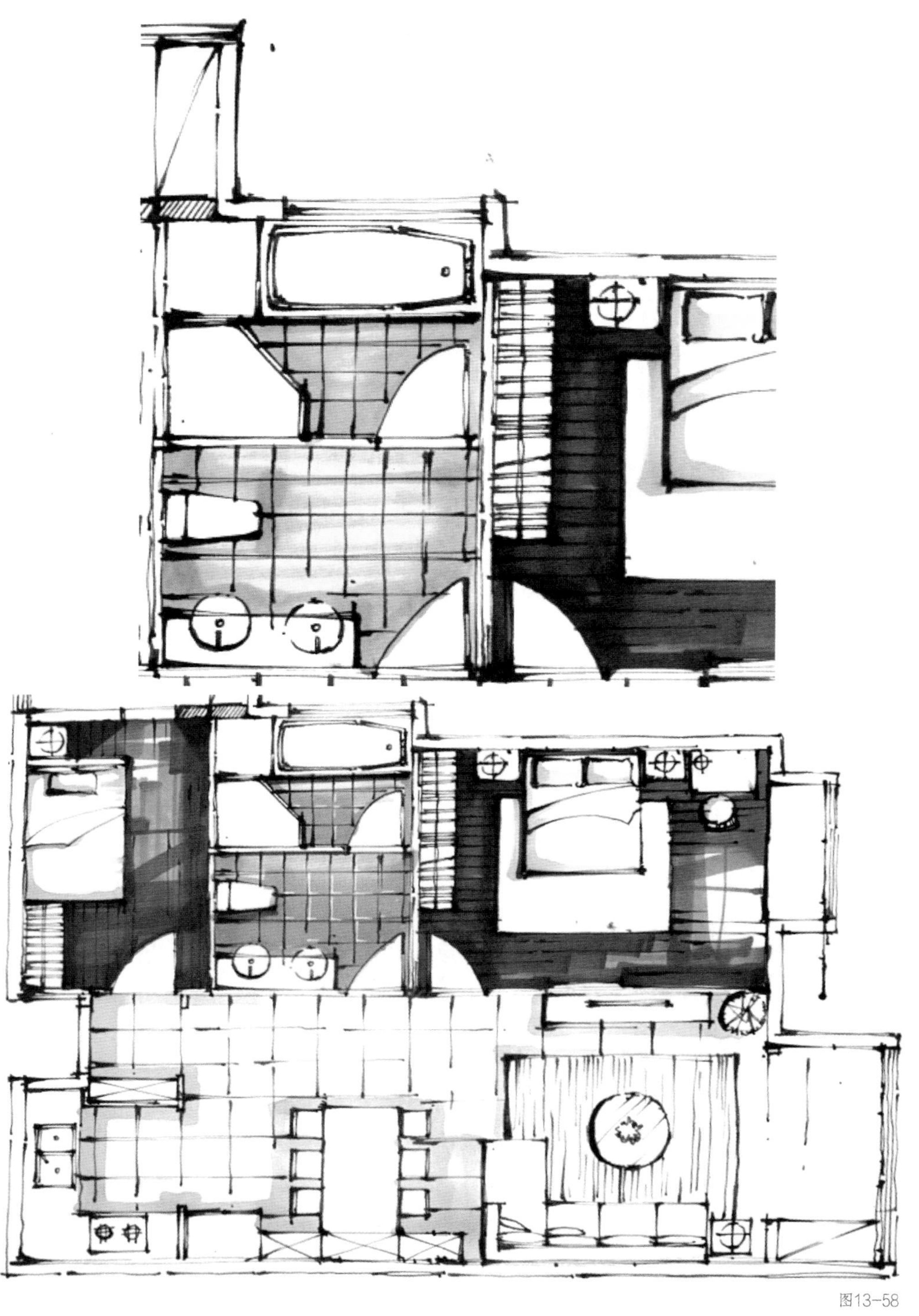

图13-58

第3步　对于卧室的平面布置图，可以统一使用一种颜色，同样需要在亮面适当留白，再加深家具周边的颜色，如图13-59所示。

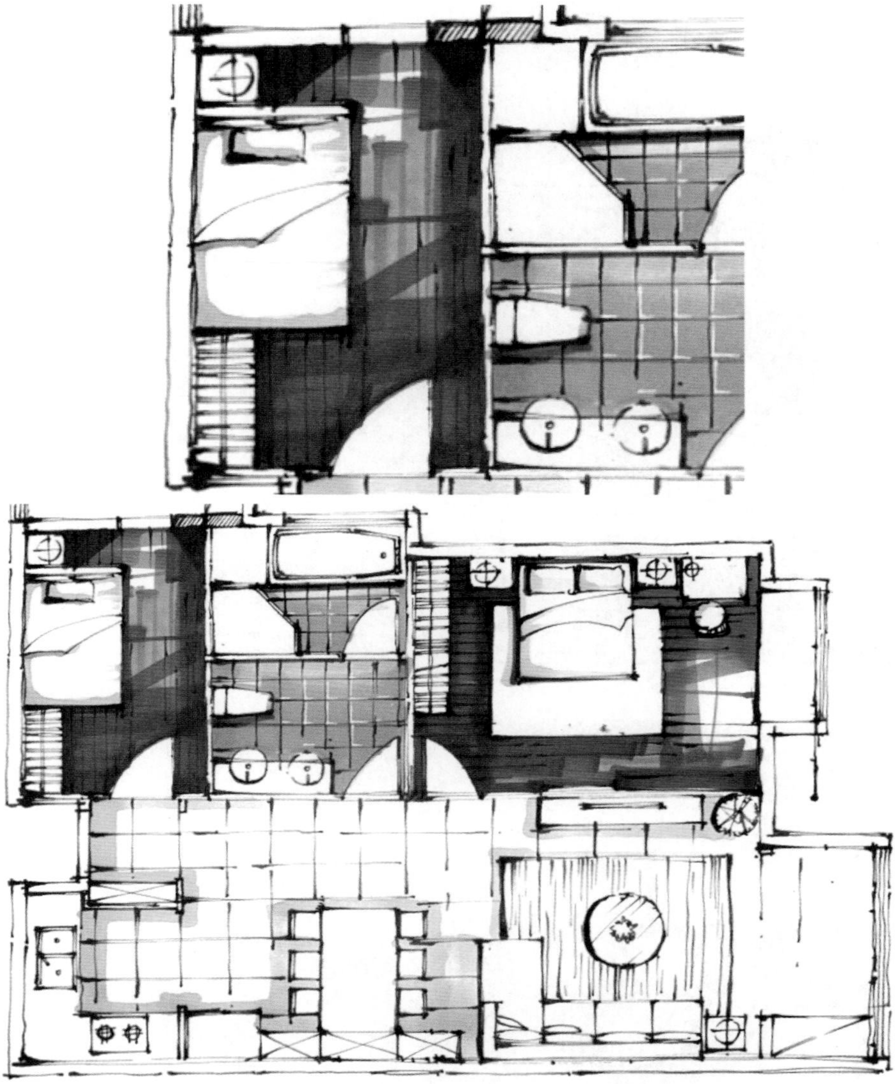

图13-59

第4步 对客厅和餐厅也可以添加一样的颜色，使用GG3号马克笔绘制，展示出不同的功能分区。在上色时，先画家具的周围，然后大面积地平涂，如图13-60所示。

图13-60

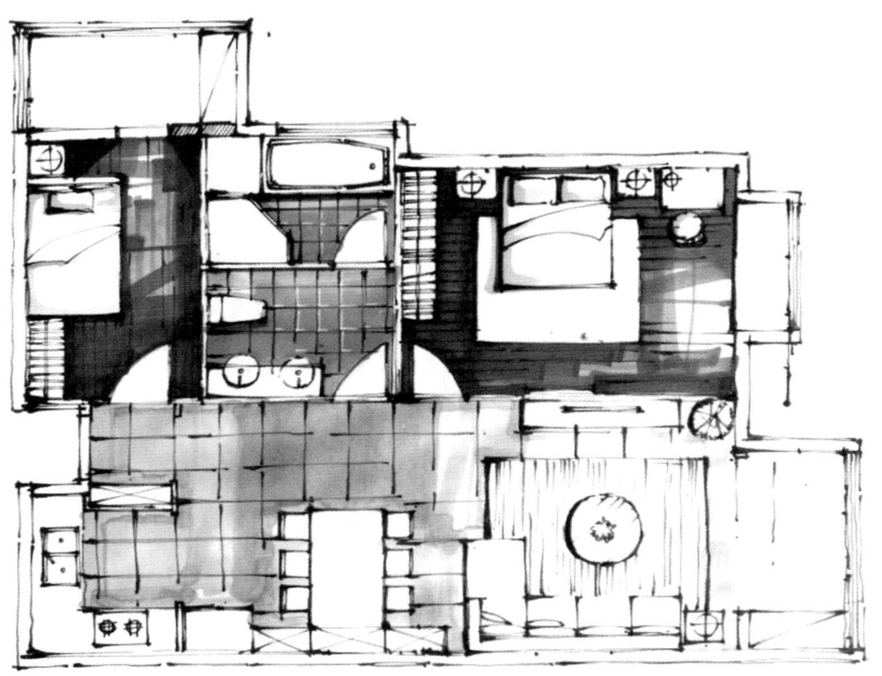

图13-60（续）

第5步　逐步加深客厅和餐厅地面的颜色，家具的边缘用WG9号马克笔绘制，体现出家具的投影，如图13-61所示。

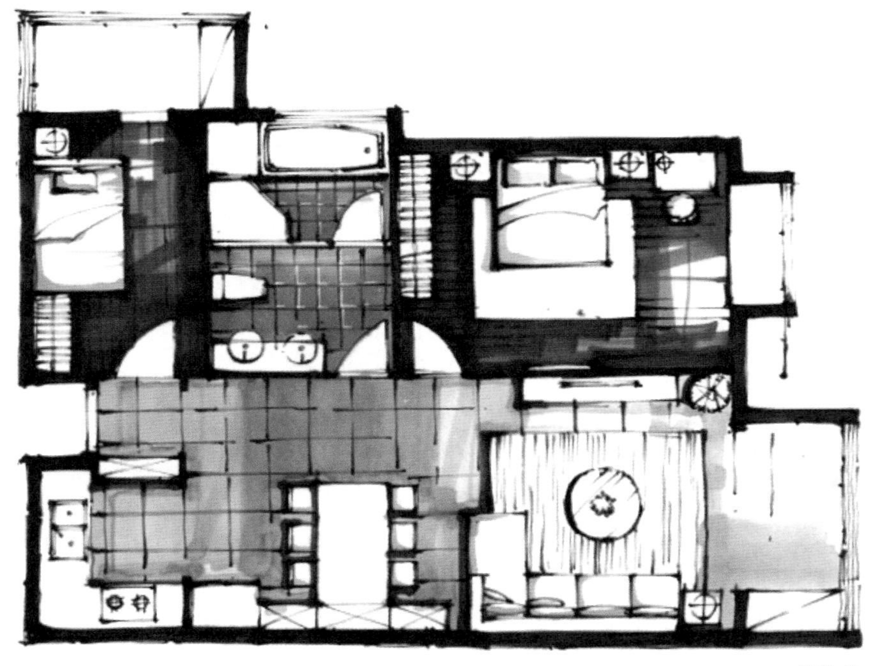

图13-61

以上就是大户型套房的色彩表现方法。大家可以多加练习，按照这样的步骤和方法可以绘制各种空间的平面布置图，并进行线稿和色彩表现。